Online-Meetings, die begeistern!

smARt lesen – Augmented Reality by Haufe

Mit der App smARt Haufe wird Ihr Fachbuch interaktiv!

Mit der App können Sie digitale Zusatzinhalte wie Videos und Arbeitsmaterialien zu Ihrem Buch abrufen. Der Content wird Ihnen direkt auf Ihrem mobilen Endgerät angezeigt. Sie können ihn abspeichern und jederzeit – auch ohne dass Ihnen das Buch vorliegt – erneut öffnen.

So einfach geht's:

1. **App herunterladen**
   Laden Sie die kostenlose App „smARt Haufe" im App-Store (iOS oder Android) auf Ihr Smartphone oder Tablet.

2. **Produkt auswählen**
   Wählen Sie über die Produktauswahl das Ihnen vorliegende Buch aus.

3. **Seiten im Buch scannen**
   Starten Sie die „Scannen"-Funktion und scannen Sie anschließend die gewünschte Abbildung mit der App. Alle Bilder mit Zusatzcontent sind mit diesem Icon gekennzeichnet.

4. **Digitalen Content nutzen, teilen und speichern**
   Der hinterlegte Content wird Ihnen nun angezeigt. Sie haben zudem die Möglichkeit, den Content zu teilen oder als Favorit zu speichern.

Testen Sie die App gleich hier an diesem Bild oder auf dem Buchcover.

Mehr erfahren auf: **www.haufe.de/smart**

Andrea Heitmann

Online-Meetings, die begeistern!

Digitale Rhetorik mit Spaß und Struktur

1. Auflage

Haufe Group
Freiburg · München · Stuttgart

Bibliografische Information der Deutschen Nationalbibliothek

Die Deutsche Nationalbibliothek verzeichnet diese Publikation in der Deutschen Nationalbibliografie; detaillierte bibliografische Daten sind im Internet über http://dnb.dnb.de/ abrufbar.

Print:	ISBN 978-3-648-15141-9	Bestell-Nr. 10664-0001
ePub:	ISBN 978-3-648-15143-3	Bestell-Nr. 10664-0100
ePDF:	ISBN 978-3-648-15144-0	Bestell-Nr. 10664-0150

Andrea Heitmann
Online-Meetings, die begeistern!
1. Auflage 2021

www.haufe.de
info@haufe.de

Bildnachweis (Cover): Tabea Vogel | tabeavogel.ch; Erikona, onurdongel, iStock.com
Bilder im Innenteil: Tabea Vogel | www.tabeavogel.ch; RICOWde/Getty Images (76); Kees Smans/Getty Images (119); nnerto/Adobe Stock (126)

Produktmanagement: Jürgen Fischer
Redaktionelle Mitarbeit: Benjamin Wulff, www.wulff-pr.com
Lektorat: Text+Design Jutta Cram, 86157 Augsburg

Inhaltsverzeichnis

Vorwort von Michael Ehlers

Rhetoriktrainer und Managementberater

Liebe Leserinnen und Leser,

wir kennen sie inzwischen zur Genüge: die Nasenlöcher unserer Chefs und Kollegen, virtuelle Hintergründe aus dem Weltraum oder plötzlich erscheinende Lianen und Amazonaspflanzen im Konferenzraum in Castrop-Rauxel. Wie oft haben Sie in den letzten Monaten die Sätze »Könnt ihr mich hören?« oder »Könnt ihr mich sehen?« vernommen? Oft. Ich weiß. Ich auch. Wenn auch eine natürliche Lernkurve bei den Menschen zu beobachten ist, liegt in dieser neuen Disziplin der rein digitalen Kommunikation in virtuellen Meetingräumen immer noch viel Potenzial. Ein Potenzial, das jetzt endlich gehoben wird.

Rhetorik ist die »Kunst der Rede«. Glücklicherweise haben sich sehr viele Menschen bereits in dieser Kunst ausgebildet. Zu meinem Glück seit über 30 Jahren auch sehr viele bei mir. Das ist nämlich meine Profession. Eine dieser Teilnehmenden meiner Rhetoriktrainings war auch die Autorin dieses großartigen Werks: Andrea Heitmann. Die wachen Augen vor dem brillanten Verstand sind sofort aufgefallen. Fleiß und Disziplin hoch. Genauso wie die Beliebtheit bei der Gruppe, durch ihre Freundlichkeit und die bereits stark ausgeprägten Kommunikationsfähigkeiten. »Du müsstest dringlichst eine Kollegin von mir werden«, habe ich zu ihr gesagt, denn gute Rhetoriktrainerinnen gibt es noch lange nicht genug!

Umso mehr freue ich mich, dass Andrea diesen Weg gegangen ist. Und Sie, liebe Leserin, lieber Leser, dürfen sich auch freuen. Denn Andreas Karriere ging steil bergauf und eine der logischen Konsequenzen ihres Wissensdurstes und der Umsetzungsstärke liegt nun vor Ihnen: »Online-Meetings, die begeistern!« – das Buch.

Die »Digitale Rhetorik« ist eine neue Disziplin. Obwohl es auch schon vor der 2020er-Pandemie digitale Konferenzen gab, war das der unnatürliche Boost für eine digitale Revolution, die zahlreiche Experten immer und immer wieder für die Firmen unserer Breitengrade gefordert haben. Wir sind uns sicher: Die Folgen des enormen Lernprozesses, den unsere Gesellschaft durchlaufen hat, werden unsere Kommunikationszukunft nachhaltig verändern. »Die Zukunft ist hybrid.« Digitale Meetings werden bleiben, weil es dafür einen ökonomischen Grund gibt. Und in digitalen Konferenzen gilt, was auch in der »Fleischwelt« gilt: Wer etwas zu sagen hat, der sollte reden können. Echtes Wissen und echtes Können allein reichen in der heutigen Welt nicht aus, um langfristig erfolgreich zu sein und dabei dennoch Entspannung und Glück zu verspüren. Das Wissen und Können muss auch Ausdruck finden.

Die Kamera, das Videobild und der digitale Ton schenken uns viel. Kommunikation ohne Reisekosten. Aber allein die Kamera nimmt uns auch viel. Wie aber im normalen Meeting uns rhetorische Fähigkeiten und ein kluges Regelwerk helfen, in kurzer Zeit zu optimalen Ergebnissen zu kommen, so gibt es das natürlich auch in der digitalen Welt.

Andrea Heitmann ist es in erstaunlich kurzer Zeit gelungen, diese Regeln und Fähigkeiten zu identifizieren, sie in Methoden zu wandeln und in eigenen Onlineseminaren auszuprobieren. Dank ihrer einladenden Arbeit in den sozialen Netzwerken, wie zum Beispiel LinkedIn, hat sie sofort Tausenden Menschen geholfen, besser und entspannter in Onlineseminaren, -workshops und -konferenzen zu sitzen oder diese sogar zu leiten.

Ihre Fähigkeit, systematisch vorzugehen, findet nun ihre Quintessenz in diesem wunderbaren Buch.

Lassen Sie sich führen, unterhalten und lernen Sie mit Freude. Überraschen Sie Ihre Teilnehmenden bei zukünftigen Online-Meetings. Entwickeln Sie Freude an der neuen Disziplin »Digitale Rhetorik«. Für einen Ausbilder ist das absolut Größte, wenn eines Tages ein Lernender zum eigenen Meister wird. Alles, was ich heute über digitale Rhetorik weiß, habe ich von Andrea gelernt.

Ihnen allen viel Spaß und Erfolg mit der digitalen Rhetorik.

Einleitung

Herzlich willkommen, liebe Leserinnen und Leser

Wirklich angenehm waren sie noch nie. Nur hat die relativ geringe Häufigkeit, in der sie stattgefunden haben, dafür gesorgt, dass wir uns nicht weiter damit auseinandergesetzt haben. Die Rede ist von digitalen Gesprächen, Online-Meetings und Videokonferenzen. Heute sieht das schon ganz anders aus. Nachdem im Frühjahr 2020 ein 160 Nanometer kleines Virus namens SARS-CoV-2 die Welt, wie wir sie kennen, auf den Kopf gestellt hat, sind die digitalen Formen der Gesprächsführung nicht mehr aus unserem Alltag wegzudenken. Von jetzt auf gleich verlagerten sich sämtliche Gespräche und Meetings auf ein anderes Medium im digitalen Neuland. Ein Katalysator: Plötzlich konnten Unternehmen Digitalisierungsvorhaben, für die sie unter normalen Bedingungen Monate oder gar Jahre gebraucht hätten, in wenigen Wochen zum Abschluss bringen. Und siehe da: Die Zusammenarbeit aus dem Homeoffice heraus funktioniert auch in Europa!

Doch was macht das mit unserem Sozialverhalten sowie den bewährten und lang erprobten Gesprächsstrategien? Können wir sie einfach so für die digitale Welt übernehmen? Und wenn ja, wie kommt es dann, dass wir in Onlinegesprächen oft von einem unangenehmen Gefühl begleitet werden? Dass wir plötzlich unsicher werden, wenn wir unsere Präsentationen halten, obwohl es früher eine unserer leichteren Übungen war? Dass wir uns weniger konzentrieren können? Und dass wir uns im Online-Meeting oftmals nicht mehr so vertraut und auf Augenhöhe mit guten Kollegen austauschen wie im direkten Gespräch?

Jetzt ist es an der Zeit, diese besonderen Umstände näher unter die Lupe zu nehmen und all den Fragen auf den Grund zu gehen. Natürlich liegt die Hauptverantwortung erst mal bei den Organisierenden und Moderierenden der Onlinecalls. Diese müssen verstehen, welche Auswirkung das andersartige Medium auf unsere Kommunikation und das soziale Miteinander hat. Und sie müssen lernen, wie sie trotz Monitorbarriere, streikender Technik und fehlender Nähe ihre Inhalte wirksam und nachhaltig vermitteln und ein »Wir-Gefühl« erzeugen können. Das ist aber nicht alles. Denn was ist mit den unzähligen Personen, die sich tagein, tagaus von einem Online-Meeting in das nächste klicken und keines davon organisieren oder moderieren? Den Personen, die sich jeden Tag aufs Neue den schlecht organisierten oder moderierten Onlinecalls hilflos ausgeliefert fühlen? Müssen diese sich weiterhin als Beifahrer sehen, unfähig, etwas Positives zum Geschehen beizutragen?

Meine Antwort darauf lautet ganz klar: Nein! Ich weiß aus Erfahrung, wie wertvoll es ist, wenn auch den Teilnehmenden dazu verholfen wird, sich souverän und professionell in Onlinecalls einzubringen. Mit den richtigen Methoden sowie einem bisschen Mut und Engagement kann jeder den Verlauf und Erfolg von Online-Meetings positiv beeinflussen – zur Freude aller Beteiligten und zur Erleichterung und Dankbarkeit der Organisierenden.

Das Thema »digitale Rhetorik« ist für mich eine Herzensangelegenheit. Seit über zehn Jahren unterstütze ich bereits erfolgreich Menschen dabei, souverän und mit Leichtigkeit im professionellen Umfeld zu kommunizieren. Mein Schwerpunkt hat sich mit der Zeit immer stärker auf die Kommunikation im digitalen Umfeld konzentriert. Durch meine Arbeit als Trainerin in internationalen Unternehmen bin ich ohnehin schon lange in Kontakt mit Online-Meetings und -gesprächen gewesen. Oft genug war ich selbst Leidtragende schlecht organisierter und moderierter Videokonferenzen. Ich habe mich immer gefragt, wie sich diese Form der Kommunikation interessanter, wirksamer und positiver gestalten lässt. Dafür habe ich viel recherchiert, ausprobiert und mir letztlich ein umfangreiches Wissen und Methoden angeeignet, erprobt und optimiert, die ich bis heute erfolgreich in meinen Onlinegesprächen, -Meetings und -Trainings einsetze und anderen Menschen vermittle. Nach und nach kamen stetig mehr Anfragen aus meinem Netzwerk, wie es gelinge, Onlinecalls nachhaltig positiv zu verändern, Menschen auch online aus der Distanz zu begeistern und zu inspirieren – und wieder mehr Spaß, Freude und Leichtigkeit im Homeoffice-Berufsalltag zu verspüren.

Als dann auch in meinem Onlinekurs »Digitale Rhetorik« die Teilnehmenden fragten, ob ich ein praxisnahes Buch zum Thema schreiben könne, das die Hintergründe digitaler Interaktion erläutert, wurde für mich klar: So ein Buch fehlt auf dem Markt. Ein Buch, das nicht nur technische Aspekte, stumpfe Methoden oder komplexe Theorien vermittelt. Sondern eines, das den Menschen mit seinen Bedürfnissen und das Miteinander bei Online-Meetings in den Fokus stellt. Ein praktischer und tiefgründiger Alltagsguide für die Videokonferenzflut – für mehr Verständnis im digitalen Meetingdschungel. Das habe ich nun für Sie getan.

Ich möchte Sie mitnehmen auf eine kleine Reise durch die digitale Rhetorik: In diesem Werk beleuchten wir die Wechselwirkungen in der Onlineinteraktion, gehen medienpsychologischen Verhaltensmustern auf den Grund und lernen, wie wir in digitalen Gesprächen, Online-Meetings und Videokonferenzen mehr Wirkung erzielen. Sie bekommen praxisnahe und einfache Methoden und Techniken an die Hand, um auch online professionell und überzeugend zu wirken. Und Sie erfahren, was es darüber hinaus in Bezug auf Vorbereitung und Nachbereitung noch braucht, um aus Onlinegesprächen »eine runde Sache« zu machen. Der positive Nebeneffekt: Den anderen Beteiligten macht die Interaktion direkt mehr Spaß und das Gespräch ist deutlich erfolgreicher.

In diesem Buch möchte ich Ihnen deshalb nicht nur Methoden, Tricks und nützliche Werkzeuge für die Gestaltung von und die Teilnahme an Online-Meetings mitgeben, sondern Ihnen vielmehr das »Warum« hinter digitaler Psychologie und digitaler Rhetorik vermitteln. Wenn Sie verstehen und nachvollziehen können, was uns Menschen online antreibt, was unser Handeln und Wirken bestimmt und warum dieses andersartige Gesprächsformat die Regeln der Kommunikation auf den Kopf stellt – dann können Sie es kontrollieren und gezielt positiv beeinflussen. Dabei stelle ich Ihnen Arbeitsmaterialien, Videos und Übungen zur Verfügung, die Sie für sich nutzen können.

Verstehen Sie all die im Buch beschriebenen Regeln nicht als unfehlbar. Sie dienen Ihnen vielmehr als Leitplanken und Inspiration. Sie sind Wegbereiter und Wegbegleiter für Ihre eigene persönliche Lernreise zum Online-Meeting-Profi. Gerne können Sie diese Regeln an Ihre Bedürfnisse anpassen.

Lassen Sie uns nun gemeinsam daran arbeiten, dass Online-Meetings für alle Beteiligten erfreulich und reichhaltig werden! Ich wünsche Ihnen eine unterhaltsame und aufschlussreiche Lektüre.

Herzlichst

Andrea Heitmann

Hinweis zum Aufbau des Buches

Die folgenden Buchkapitel bauen aufeinander auf. Ich rate Ihnen, das Buch vom Anfang bis zum Ende durchzuarbeiten. Das bietet Ihnen den größten Nutzen. Dennoch können Sie das Buch auch wie ein Nachschlagewerk verwenden, wenn Sie ganz konkret etwas anschauen möchten. In diesem Buch verwende ich unterschiedliche Begrifflichkeiten zum Thema Videocall: Online-Meeting, Onlinegespräch, digitales Gespräch, Videokonferenz, Onlinecall. Ich habe die Begriffe absichtlich möglichst allgemein gehalten – möchte an dieser Stelle aber darauf hinweisen, dass ich damit alle möglichen digitalen Gesprächsformen meine: Trainings, Webinare, Workshops, Kurse, Coachings etc.

Hinweis zur geschlechtergerechten Sprache

Dieses Buch richtet sich an alle Menschen. Ich habe mich bemüht, eine geschlechterneutrale Sprache zu verwenden und alle Geschlechter gleichermaßen anzusprechen. An manchen Stellen habe ich aber bewusst zugunsten des Leseflusses darauf verzichtet. Ich spreche jedoch auch in diesen Fällen immer alle Geschlechter gleichermaßen an – und werte in keinem Fall oder ziehe ein Geschlecht dem anderen vor.

Hinweis zum Datenschutz

Bitte informieren Sie sich ausgiebig zum Thema Datenschutz. Videoaufzeichnungen und die Verwendung bestimmter Medien und Tools erfordern die Zustimmung der Teilnehmenden und den Nachweis von Quellen. In diesem Buch werden wir nicht weiter auf das Thema Datenschutz eingehen. Wenn Sie sich unsicher sind, welche Tools und Medien Sie nutzen dürfen, fragen Sie in Ihrer Rechtsabteilung nach oder informieren Sie sich ausgiebig bei Fachexperten darüber.

1 Grundlagen und psychologische Besonderheiten der digitalen Rhetorik

1.1 Die »Goldene Himbeere« für Online-Meetings

Hand aufs Herz: Wann war das letzte Mal, dass Sie ein Online-Meeting mit Inspiration erfüllt hat – mit Motivation, Spaß oder anderen nachhaltig positiven Gefühlen? Sie können sich nicht daran erinnern? Damit sind Sie nicht allein. Nur, woran liegt das? Schließlich besteht das Problem nicht darin, dass Videocalls nicht funktionieren.

Täglich finden Millionen und Abermillionen Videokonferenzen statt, die für gewöhnlich schlecht organisiert oder schlecht moderiert sind – oder beides. Der Redeanteil liegt zum Großteil bei nur einer Person, die bei ungünstigem Licht, mit wackeligem Bild und stotterndem Sound monoton vor sich hin spricht und ihre PowerPoint-Präsentation im »Betreutes-Lesen-Stil« vorträgt. Da ist es nicht verwerflich, wenn den Teilnehmenden schnell der Gedanke kommt: »Wo kann ich hier denn das Programm wechseln?« – und sie sich kurzerhand entscheiden, nebenbei E-Mails zu checken oder anderweitig auf und davon zu surfen. Kurz vor Schluss kommt die Bitte, ob die Vortragende ihre Präsentation noch per E-Mail versenden kann. Und damit nimmt ein weiteres Onlinegespräch ein Ende, bei dem sich die meisten denken: »Die Zeit hätte ich auch besser verbringen können.« Kommt Ihnen das bekannt vor?

Wechseln wir kurz die Perspektive. Stellen Sie sich nun bitte vor, *Sie* seien die Person, die ein Online-Meeting durchführt, das reif für die »Goldene Himbeere« wäre – den Negativfilmpreis der Oscarverleihung. Sie blicken auf Ihrem Bildschirm in die gelangweilten Gesichter der Teilnehmenden und stellen ernüchtert fest: »Mir hört ja gar niemand zu.« Gefühlt sind alle mit etwas anderem beschäftigt. Und wenn doch jemand zuhört, zeugt sein Gesichtsausdruck nicht gerade von Begeisterung oder Konzentration, sondern eher von gequälter Höflichkeit oder Langeweile. Das wiederum hat eine direkte Wirkung auf Sie und Ihre Überzeugungskraft. Sie werden skeptisch, vielleicht sogar nervös, unsicher – und so nimmt der Teufelskreis seinen Lauf. Meine Frage an Sie: Wer trägt denn jetzt die Schuld an diesem Dilemma? Die Teilnehmenden, die sich einfach für nichts mehr begeistern lassen und total demotiviert sind? Die Moderierenden, die langweilig die Sätze aus ihrer PowerPoint-Präsentation ablesen und die Anwesenden nicht involvieren? Oder beide Seiten?

Werfen wir einen genaueren Blick auf die Wechselwirkungen digitaler Psychologie, so erkennen wir: Schuld ist das Systemkonstrukt, in dem wir uns hier bewegen. Teile dieses Konstrukts sind

- der Monitor und die Webcam, auf die wir schauen,
- wir selbst als soziale Wesen und
- unser im digitalen Raum anders arbeitendes Gehirn.

All dem liegt eine veränderte Mediennutzung zugrunde, die sich in den letzten 100 Jahren rasant weiterentwickelt hat: Von Printmedien (Bücher, Zeitungen, Briefe) über elektronische Medien (Radio, Fernsehen, Telefon) bis hin zu digitalen Medien (Computer, Internet, Smartphones) hat ein enormer Wandel stattgefunden – in einem historisch sehr kurzen Zeitraum. Was sind schon 100 Jahre im Verhältnis zu den ca. 4,6 Milliarden Jahren, die unser Planet Erde bereits existiert?

Abb. 1.1: Geschichte der Medien

Mit dem Aufkommen der digitalen Medien lesen wir heute nach wie vor Bücher und schauen fern. Aber unsere Medienauswahl, -wahrnehmung und -wirkung haben sich aufgrund der Angebotsbreite gewandelt – allen voran aufgrund der digitalen. Wir lesen Nachrichten in Echtzeit und kaufen mitternachts online ein. Wir vernetzen uns in Sekundenschnelle und kommunizieren über Social Media, wo wir nicht immer unser reales Selbst darstellen, sondern oft auch ein Ideal- oder Wunschbild von uns. Das Wunschbild, das immer gut aussieht, gut drauf ist, ästhetische Mahlzeiten zu sich nimmt und zu allem Weltgeschehen etwas Kluges beizutragen hat. Unser Zugang zu Information und Inhalten ist nahezu unbegrenzt, was dazu führt, dass wir uns schneller von Inhalten im Web ablenken lassen. Eine Freundin sagte passenderweise einmal zu mir: »Ich brauche länger dafür, einen Film auf Netflix auszuwählen, als ihn anzuschauen. Das Überangebot ist erschlagend.« Tatsächlich scannen wir oftmals Onlineinhalte nur kurz und entscheiden dann innerhalb weniger Sekunden, ob wir weiterlesen oder wegklicken, zur Seite wischen oder knallhart »disliken«. Werden wir digital nicht unterhalten, sind wir schnell wieder weg, auf einer anderen Website, bei einem anderen YouTube-Video oder einem anderen Facebook- oder Instagram-Profil. Es hat fast den Anschein, als verlernten wir aufgrund der digitalen Mediennutzung, uns für längere Zeit auf ein und dieselbe Sache zu konzentrieren. Zumindest verändert die Nutzung digitaler Medien unsere Erwartungshaltung und Aufmerksamkeit. So auch beim Lesen. Kommt es Ihnen auch manchmal so vor, als müssten Sie sich beim Lesen eines gedruckten Buches inzwischen stärker konzentrieren oder als würden Sie öfter abschweifen?

Die britische Psychologin Dr. Gemma Briggs sagt in einem BBC-Beitrag: »Wie viel Aufmerksamkeit wir einer Aufgabe widmen, hängt davon ab, welche Anforderungen die Aufgabe stellt« (Maybin 2017). Die Aufgabe des Bücherlesens hat sich so gesehen nicht verändert. Aber unsere *Erwartung* an das Bücherlesen hat sich mit der digitalen Mediennutzung verändert. Wir haben uns dadurch eine neue Erwartungshaltung angeeignet: Alles muss kurzweiliger sein, wir wollen unterhalten, bedient oder belohnt werden, beispielsweise durch Kommentare oder Likes in sozialen Medien. Diese digitale Leseerwartung bestimmt dann auch unsere analoge Leseerwartung. Und plötzlich erscheint es uns mühsam, dem langsamen Aufbau eines komplexen Handlungsstranges zu folgen. Am Ende ist dieses Verhalten ein Suchtverhalten, das nicht zuletzt von unseren Hormonen gesteuert wird. Viele Likes oder spannende Reize in kurzer Zeit sorgen für eine erhöhte Ausschüttung von Dopamin, einem »Glückshormon«, im Gehirn. Eine Ausschüttung, wie wir sie »analog« mit deutlich geringerer Häufigkeit erreichen – beim Schokoladeessen oder dem Gläschen Rotwein am Abend vielleicht.

Wir können also festhalten: Unser Konsum digitaler Medien sorgt für eine neue Haltung gegenüber Inhalten *aller* Medien – auch analoger. Und das wiederum hat Auswirkungen auf unser Verhalten in Onlinegesprächen.

Lassen Sie uns noch einen Abstecher nach Hollywood machen, denn dort liegt eine weitere Ursache für unsere Konsumentenhaltung vor dem Monitor. Was versuchen Regisseure und Filmproduzenten alles, um unsere Aufmerksamkeit zu gewinnen: Es werden Millionen von Dollar in Musik, Spezialeffekte und gute Schauspieler gesteckt. Und dennoch: Streng genommen schafft es nicht einmal Hollywood konstant, die Zuschauenden über 90 Minuten vor dem Monitor zu fesseln. Und das trotz *Special Effects*, bewegender Musik, eindrücklicher Szenerien und fantastischer Darsteller. Seit der Fernseher existiert, sind wir es gewohnt, vor dieser Flimmerkiste zu sitzen und uns mit Informationen (oder eher: Unterhaltung) füttern zu lassen. Im Idealfall noch mit Popcorn oder Chips dazu. Vor dem Fernseher haben Menschen eine 100-prozentig passive Haltung, außer vielleicht der ein oder andere Fußballfan bei einem Spiel des geliebten Clubs. Die Haltung, die wir dabei einnehmen, ist unglaublich fordernd: »Bediene mich! Unterhalte mich!«

Nun ist der Fernseh- und Kinokonsum unidirektional, geht also nur von einer Seite aus: Die Flimmerkiste bespielt uns. Das einzige Interaktionsmedium mit dem Fernseher ist die Fernbedienung, mit der wir das Programm wechseln können. Im Kino können wir nicht mal das. Wir können höchstens den Saal verlassen, sollte uns der Film nicht gefallen. Online hingegen ist die Interaktion mit *Likes*, *Dislikes*, Kommentaren und Teilen von Inhalten wesentlich vielfältiger, ja fast *omni*direktional, also in alle Richtungen laufend. Das trägt mitunter zu unserer »Swipe-Mentalität« auf dem Smartphone bei. Wir schauen uns 30-sekündige *YouTube*-Videos an, dann muss schon der nächste Höhepunkt oder Input kommen. Interessant, witzig, begeisternd, sonst wird »gewischt« – das digitale Pendant zum Verleih der »Goldenen Himbeere«.

!

Zwischenfazit

Die Art, wie wir digitale Medien nutzen, hat Auswirkungen auf unser Nutzerverhalten. Wenn wir uns das bewusst machen, können wir Videocalls in einem anderen Kontext betrachten und uns dementsprechend darauf vorbereiten: als organisierende Person, weil wir den digitalen Call anders organisieren und durchführen müssen als ein Offlinegespräch, und als teilnehmende Person, weil wir so verstehen, warum unsere Aufmerksamkeit nachlässt – und was wir dagegen tun können.

1.2 Neue Mediennutzung: Aufmerksamkeit wie ein Fisch

Gehen wir nun – die »Swipe-Mentalität« im Hinterkopf – zur Aufmerksamkeitsspanne in digitalen Medien über. Laut der Studie »Attention Spans« von *Microsoft Canada* (Microsoft Canada 2015) ist diese innerhalb der letzten 15 Jahre von zwölf auf nur acht Sekunden gesunken. Die Studie kann nicht als repräsentativ angesehen werden, regt aber definitiv zum Nachdenken an. Schon nach acht kurzen Sekunden sollen wir – wenn auch nur blitzartig – gedanklich abschweifen? Damit lägen wir übrigens fast gleichauf mit den Goldfischen, die eine Aufmerksamkeitsspanne von neun Sekunden haben. Blubb!

Woran liegt das? Wir leben in einem Überfluss an Informationen – insbesondere im Internet. Dort sind wir Geschwindigkeit, Echtzeitnachrichten und unbegrenzte Verfügbarkeit gewohnt. Und wir wissen: Wenn uns ein Thema nicht interessiert, können wir schnell von einem Thema zum anderen wechseln. Aufgrund dieser Reizüberflutung verfolgen wir die Dinge mit einem anderen Filter und Fokus. Wir reagieren oft nur noch auf Impulse und mentale Trigger, mit denen uns das intelligente Internet umfassend bedient.

Die amerikanische Schriftstellerin Linda Stone soll bereits 1998 den Begriff *Continuous Partial Attention* (»ständige Teilaufmerksamkeit«) – kurz CPA – geprägt haben. Am 30. November 2009 schrieb sie einen Blogbeitrag zu CPA (Stone 2009). Laut Stone hat CPA nichts mit Multitasking zu tun, da beides auf unterschiedlichen Motiven beruht. Beim Multitasking haben wir das Bestreben, produktiver und effizienter zu sein: Wir schreiben eine E-Mail, während wir den Telefonhörer am Ohr haben und unser Mittagessen in uns hineinschlingen. Wobei es Multitasking streng genommen gar nicht gibt. Denn auch beim Multitasking machen wir nichts gleichzeitig. Unser Gehirn wechselt nur so schnell zwischen den Tätigkeiten hin und her, dass es sich für uns so anfühlt, als würden wir zeitgleich mehrere Dinge tun. Ein guter Beweis dafür ist diese Übung: Machen Sie mit der linken Hand kreisende Bewegungen auf Ihrem Bauch und klopfen Sie mit der rechten Hand zeitgleich auf Ihren Kopf. Wahrscheinlich klopfen Sie jetzt mit kreisenden Bewegungen Ihren Bauch. Studien zufolge hat das vermeintliche Multitasking negative Nebeneffekte (Baethge/Rigotti 2010, S. 23 ff.). So verspüren wir deutlich mehr Stress und die Gedächtnisleistung und Konzentrationsfähigkeit fällt ab.

Bei der CPA hingegen ginge es darum, auf keinen Fall irgendetwas vermeintlich Wichtiges zu verpassen. Wir sind wie ein lebendiger Knoten in einem Netzwerk. Wir wollen uns vernetzen und wir wollen vernetzt sein. Wir suchen permanent nach Möglichkeiten, Aktivitäten, Angeboten und Kontakten, die für uns interessant sein könnten, von denen wir profitieren könnten. Sind wir online, begeben wir uns auf eine permanente unterbewusste Suche nach visuellen Hinweisreizen, die in irgendeiner Art nützlich für uns sein könnten – und sei es auch nur in Form von Dopaminausschüttungen, also Glückshormonen.

Setzen wir dieses Phänomen nun in den Kontext digitaler Gespräche, ist es nicht verwunderlich, dass beispielsweise die ausschweifende und intensive Gestik eines Redners im Videocall unsere Aufmerksamkeit erregt, nicht aber den Inhalt seiner Aussagen bekräftigt. Bis unser Gehirn erkennt: »Oh, war nicht wichtig, war nur der Finger im Bild«, ist es bereits zu spät: Die Ablenkung – weg von den Inhalten – ist schon geschehen. Und was gesagt wurde, haben wir verpasst. Wir streben online förmlich nach ständiger Ablenkung. Wir switchen schnell von A nach B. Und die Algorithmen fördern dieses Bedürfnis, indem sie uns triggern und kontinuierlich mit »interessanten« Impulsen versorgen. Zu spät nehmen wir wahr, dass uns die Fähigkeit, unsere eigenen Handlungen bewusst zu steuern und auch zu reflektieren, zunehmend abhandenkommt. Wir sind immer weniger in der Lage, bewusst irrelevante Informationen zu filtern oder zu ignorieren und uns ausschließlich auf die relevante Information längerfristig zu fokussieren. Und genau das sorgt dafür, dass wir den Inhalten einer »gewöhnlichen/schlechten« Videokonferenz nicht lange konzentriert folgen können.

Ein anschauliches Beispiel dazu, wie stark wir Impulsen und Hinweisreizen folgen, bietet Georg Milzner in seinem Buch »Wir sind überall, nur nicht bei uns« (Milzner 2017).

Milzner überträgt dort den medialen Rundgang, den wir im Netz machen, auf die reale Welt. Das sieht bei ihm in etwa so aus:

AUF DEM WEG ZUR FINANZBERATERIN

Stellen Sie sich vor, Sie sind auf dem Weg zu einem Termin mit Ihrer Finanzberaterin. Unterwegs treffen Sie 23 Bekannte. Mit jedem davon sprechen Sie drei bis vier Worte oder auch mal einen Satz. Dann kommen Sie an einigen Geschäften vorbei, in denen Sie sich die Schaufenster und Auslagen anschauen. Ein paar davon sprechen Sie sehr an, sodass Sie in die Geschäfte hineingehen. Währenddessen fällt Ihnen ein, dass Sie noch etwas zum Flohmarkt bringen wollten – und erledigen das auch ganz schnell. Dabei kreuzt sich Ihr Weg mit fünf Kollegen und Kolleginnen, mit denen Sie sich kurz zum neuesten Projekt austauschen. Sie fachsimpeln einige Minuten lang. Anschließend sprechen Sie weitere 19 Personen an, die zufällig Ihren Weg kreuzen. Sie fragen sie, ob sie sich mit Ihnen verbinden und Sie näher kennenlernen möchten. Von sieben bekommen Sie direkt die Bestätigung. Die anderen sind aktuell anderweitig beschäftigt. Und dann kommen Sie endlich bei Ihrer Finanzberaterin an.

Das, was Georg Milzner hier beschreibt, spielt sich natürlich auf dem Smartphone auf dem Weg zur Finanzberaterin ab. Denn: Wie realistisch wäre diese Tour offline? Wie lange würden Sie dafür brauchen und wie anstrengend und ermüdend wäre sie für Sie? Das Beispiel zeigt: Es liegt ein riesiger Spalt zwischen unserem Offline- und unserem Onlineverhalten. Online tun wir viel schneller und viel mehr Dinge als offline. Dieses Onlineverhalten hat dabei massive Auswirkungen auf unsere Aufmerksamkeitsfähigkeit.

Haben Sie sich an der einen oder anderen Stelle wiedergefunden? Ertappen Sie sich auch hin und wieder dabei, wie Sie sich vor dem Bildschirm vom Wesentlichen ablenken lassen? »Oh eine Nachricht! – Oh, ein neuer Post! – Oh, die Schuhe habe ich mir doch gestern angeschaut. Witzig, dass sie auf dieser Seite auftauchen! – Oh, das ist aber ein unterhaltsames Video!« – etc.? Die Herausforderung für Sie als organisierende wie auch teilnehmende Person von Onlinegesprächen ist, die eigene Aufmerksamkeit bewusst selbst zu steuern und nicht steuern zu lassen.

1.3 Digitale Psychologie: Neuland fürs Gehirn

Fragen Sie sich jetzt immer noch, warum wir andere und unglaublich hohe Anforderungen erfüllen müssen, um die Anwesenden in einem digitalen Gespräch zu fesseln, zu begeistern und mit unseren Inhalten zu überzeugen? Sobald Ihnen diese Wechselwirkungen der veränderten Erwartungshaltung im digitalen Raum erst einmal klar sind, werden Sie verstehen, warum Ihre bisher bewährten Gesprächsstrategien aus Präsenzveranstaltungen nicht mehr dieselbe Wirkung erzielen: Sie können die Art, wie Sie offline kommunizieren, nicht einfach in die digitale Welt übertragen.

Über Jahrhunderte hinweg haben wir Menschen versucht, herauszufinden und zu erklären, wie und warum Beziehungen offline geformt werden. Was macht sie aus? Wie verläuft die Kommunikation? Wir sind nach wie vor nicht an einem Punkt angelangt, an dem wir sagen könnten: Wir haben es zu 100 Prozent verstanden. Es gibt unzählige Kommunikationsmodelle aus unterschiedlichsten Fachbereichen. Zu erwarten, dass all diese Modelle eins zu eins auf das digitale Umfeld angewandt werden können, ist Wahnsinn. Sie sind nicht einfach übertragbar auf das Verhalten, das wir online in virtuellen Gesprächen zeigen. Digitale Interaktion und Medienpsychologie sind verhältnismäßig junge Forschungsgegenstände – und Forschung braucht bekanntlich Zeit. Wer über 30 Jahre alt ist, erinnert sich wahrscheinlich noch gut an die Zeit ohne Internet. An all diejenigen unter 30: Ja, so eine Zeit hat es tatsächlich gegeben. Und spätestens in den letzten zehn bis 15 Jahren mit der fortschreitenden Digitalisierung ist offensichtlich geworden, dass unser Verhalten und unsere Bedürfnisse online andere sind als offline. Damit müssen wir erst einmal zurechtkommen.

Dass auch Offline-Präsenzveranstaltungen à la »Frontalunterricht« oder »betreutes Lesen« selten einen positiven Effekt auf die Zuhörenden haben, ist inzwischen zahlreich erwiesen. Bei Online-Meetings ist dieser Punkt nicht anders. Nur stellen die veränderten Rahmenbedingungen viele Funktionsweisen unseres Gehirns auf den Kopf. Wir müssen bei der Organisation, Vorbereitung und Durchführung von Onlinekonferenzen unsere vertrauten Gewohnheiten verlassen und umdenken. Das ist gar nicht so leicht – schließlich handelt es sich um bewährte Verhaltensweisen und unbewusste Gesprächsstrategien, die wir bisher automatisch angewandt haben, nicht zuletzt, weil wir sie von Geburt an lernten. Es gibt Verhaltensweisen, die uns schon mit in die Wiege gelegt werden, die wortwörtlich »angeboren« sind. Der nonverbale Ausdruck von Freude, Trauer, Wut oder Scham ist beispielsweise ein Urverhalten, das sich über die Jahrtausende in unsere DNA einprogrammiert hat – genauer gesagt: in unser limbisches System, einen Teil unseres Gehirns. Merken Sie sich diesen Begriff. Er wird uns im weiteren Verlauf des Buches immer wieder begegnen. Aber dazu später mehr. Entscheidend ist: Wir sind im wahrsten Sinne des Wortes seit Jahrtausenden darauf programmiert, unser Gegenüber auf eine bestimmte Art und Weise wahrzunehmen. Wir lernen auch schon früh in unserer Kindheit, das Verhalten anderer Personen in unserem Umfeld abzuschauen, nachzuahmen und unsere Mitmenschen und Umgebung als Gesamtheit wahrzunehmen. Und jetzt taucht plötzlich ein neuartiges Medium auf, das all diese vorprogrammierten Verhaltensweisen und Reaktionsmuster aus der Bahn wirft.

Folgende drei Hauptmerkmale verändern sich in der digitalen zwischenmenschlichen Interaktion:

1. **Reduzierte Hinweisreize**
   Im Onlinegespräch können wir nicht mehr die ganze Person, sondern nur noch einen kleinen Teil von ihr sehen. Gestik und Mimik stehen in einem anderen Verhältnis zueinander und wichtige Hinweisreize fehlen. So nehmen wir einen nervös wippenden Fuß, der uns sonst unterbewusst etwas von unserem Gegenüber vermittelt hätte, nicht mehr wahr.
2. **Verzerrte Wahrnehmung/Übertragung**
   Das Onlinegespräch verzerrt unsere Wahrnehmung, beispielsweise durch ein schlechtes Kamerabild oder eine abgehackt klingende Stimme über den Kopfhörer. Das beeinflusst die Wirkung der gesprochenen Worte auf den Empfänger oder die Empfängerin – und kann zu Missverständnissen führen.
3. **Das soziale Miteinander fehlt**
   Im Onlinegespräch befindet sich jeder in seiner eigenen Umgebung. Wir nehmen nicht mehr gemeinsam den gleichen Raum wahr, wie wir es aus der Face-to-Face-Kommunikation kennen. Das Gefühl eines sozialen Miteinanders ist somit nicht gegeben. Diese physische Distanz führt unterbewusst auch zu einer zusätzlichen emotionalen Distanz zwischen den Gesprächsteilnehmenden. Hinzu kommt, dass wir uns bisher in der Regel nicht selbst gesehen haben, wenn wir ein Gespräch führten. Folglich sind wir in Gedanken zu viel bei uns, unserer Wirkung und unserem Erscheinungsbild, als dass wir auf das soziale Miteinander einzahlen.

Diese Unterschiede sorgen dafür, dass Inhalte per Videocall anders durchdringen und wahrgenommen werden. Die Folge: Der erwünschte Arbeitsfluss bleibt von einer Webcam zur nächsten auf der Strecke und verkümmert in einer Verkettung von Missverständnissen und Frustration. Woran das liegt?

Das Problem ist: Die wenigsten von uns befassen sich mit diesen Besonderheiten und der Frage, wie sie im digitalen Raum wirken, sich verhalten und innerhalb dieses neuen Rahmens kommunizieren sollen. Und damit, wie unser Gehirn im digitalen Raum arbeitet. Daran möchten wir jetzt arbeiten, sodass Sie ein Gespür dafür entwickeln, wie Sie digitale Rhetorik nutzen können, um mehr Wirkung in Ihren Onlinegesprächen zu erzielen.

Welche weiteren Besonderheiten hat die Kommunikation über digitale Kanäle noch?

1.3.1 Emotionale Distanz

Der Monitor ist wie eine Wand, die uns komplett von unseren Gesprächspartnern isoliert. Er bildet eine Barriere zwischen uns und den anderen. Im Videogespräch über die Webcam entsteht aufgrund der physischen Distanz eine zusätzliche emotionale

Distanz, die wir erst einmal überbrücken müssen. Ein Gespräch mit physischer Anwesenheit ist eindeutig emotionaler. Es ermöglicht ganz andere Formen der sozialen Interaktion und bringt ein höheres Interesse an den Personen mit sich. Der amerikanische Politiker Jesse Jackson hat einmal gesagt: »Eine Rede abzulesen ist wie ein Telefon zu küssen. Irgendetwas fehlt.« Ähnlich ist das auch in der digitalen Interaktion mit Menschen.

Die positive Nachricht: Die menschliche Spezies ist sehr anpassungsfähig. Die fehlende Nähe und die reduzierte Wahrnehmung von Emotionen überbrücken viele online bereits mit Emojis und GIFs. Inwieweit Smileys und Co. im Businesskontext angebracht sind, dürfen Sie selbst entscheiden. Wenn wir in die Webcam sprechen, können wir Emojis ohnehin schlecht einsetzen. Wichtig ist: Behalten Sie den Umstand der emotionalen Distanz stets im Hinterkopf, wenn Sie Onlinebesprechungen durchführen oder daran teilnehmen. Wenn Sie für einen möglichst optimalen Onlinekommunikationsfluss sorgen wollen, ist es Ihre Aufgabe, immer wieder emotionale Nähe herzustellen. Wie Sie das erreichen, erfahren Sie später.

1.3.2 Geschwindigkeit

Wir haben online eine andere Zeitwahrnehmung als offline. Wir sind quasi darauf programmiert, dass online alles schneller geht. Sobald wir in eine Situation kommen, in der wir einen kleinen Augenblick warten müssen, bis etwas läuft, werden wir ungeduldig. Die Reaktion im Gehirn: »Warum geht das denn jetzt nicht weiter?« Wir sind frustriert, weil wir nichts tun können und uns machtlos fühlen. Immerhin sind wir schnelles Internet und flüssig laufende Computer mittlerweile gewohnt – 4G, 5G, Breitbandausbau und Computertechnologie sei Dank. Alles muss schnell funktionieren. Und hängt sich doch mal etwas auf, sehen wir uns in die späten 1990er-Jahre zurückversetzt. Eine Seitenladezeit über mehrere Sekunden? Das geht ja gar nicht! Wir befinden uns schließlich im 21. Jahrhundert! Es ist schon am Telefon seltsam, wenn die Person am anderen Ende der Leitung für einen kurzen Moment nichts sagt, weil sie vielleicht am PC etwas heraussucht. Auch hier kommen uns wenige Sekunden länger vor, als wenn wir die Person direkt vor uns hätten. Geht Ihnen das ebenfalls so? Für unsere Videocalls bedeutet das, dass wir häufiger und intensiver Impulse setzen müssen, um den Anwesenden zu vermitteln: Es geht immer noch weiter.

1.3.3 Anonymität

Welche Rolle spielt Anonymität in Ihrem Leben? Das Internet ermöglicht Ihnen auf unterschiedliche Art entweder einen hohen oder einen geringen Anonymitätsgrad. Wie unterscheiden sich die beiden Seiten voneinander?

Beginnen wir mit Variante 1: **hoher Anonymitätsgrad**. Im Internet können Sie eine andere Anonymität wahren als offline im direkten Kontakt: Stellen Sie sich vor, Sie haben ein Onlinedate. Sie tauschen sich im Chat mit Ihrem Date aus, Sie reden über Ihr Leben, über Vorlieben, über Hobbys etc. Sie schütten Ihr Herz aus über eine Kollegin, die Sie auf hinterlistige Art und Weise schlecht aussehen lassen möchte bei der Chefin. Oder einen guten Freund, der Sie bitter enttäuscht hat. All das geht relativ einfach und fühlt sich gut und vertraut für Sie an. Und dann steht das erste analoge Date bevor. Das erste richtige Date. Sie freuen sich riesig, sind aber auch sehr aufgeregt und unsicher, was Sie erwartet. Immerhin treffen Sie nun in der »echten Welt« aufeinander und alles ist möglich: von einem enttäuschten »Oh okay, so sieht die Person also wirklich aus« bis hin zu einer herzlichen Umarmung mit angenehmem Gefühl. Oder auch dem Gedanken: »Irgendwie war mir die Person online sympathischer.« Manche gehen sogar so weit, dass sie ihr Date erst einmal aus der Ferne beobachten, feststellen »Es passt nicht« und sich unbemerkt abwenden und gehen. Vielleicht kommt noch eine Entschuldigung hinterher – online natürlich: »Sorry, mir ist etwas dazwischengekommen. Hab es nicht geschafft.« Fertig. Vorbei. Alle weiteren Kontaktaufnahmeversuche der anderen Person können Sie nun einfach ignorieren.

Hier zeigt sich bereits ein Merkmal: Die Person, die wir online sind, stimmt nicht notwendigerweise überein mit der Person, die wir offline sind. Die Ursache? Wir können uns hinter der Anonymität des Mediums Internet verstecken. Wir können einen anderen Namen annehmen und sein, wer wir wollen. Falls uns etwas zu heikel wird, ändern wir unsere Online-Identität einfach. Wobei wir nicht nur eine Onlineidentität haben, sondern eine Vielzahl an Identitäten. Diese Anonymität gibt uns die Freiheit, Dinge zu tun, die wir uns mit unserer wahren Identität niemals getraut hätten – sowohl im Positiven als auch im Negativen. Wir sind online hemmungsloser und unbedachter mit den Dingen, die wir über uns preisgeben, gleichgültiger mit unseren Äußerungen. Es berührt uns weniger, jemanden zu enttäuschen. Die emotionale Distanz ist online einfach zu groß.

Diese Form der Anonymität macht es uns in schwierigen Gesprächen einfach, härter durchzugreifen. Denn wir sehen uns im Anschluss nicht direkt, sondern bestenfalls indirekt mit der Reaktion unseres Gesprächspartners konfrontiert. Auf sehr tragische Art und Weise wird diese emotionale Distanz in dem Film »Up in the Air« mit George Clooney dargestellt. Clooney spielt dabei den Kündigungsspezialisten Mr. Bingham, der von Unternehmen beauftragt wird, Mitarbeitenden die Kündigung auszusprechen. Das macht Mr. Bingham auch lange Zeit relativ emotionslos – ist ja nicht sein Problem. Bis zu dem Zeitpunkt, an dem sich eine Person, nachdem ihr per Videokonferenz gekündigt wurde, von einer Brücke stürzt.

Diese Seite der Anonymität, insbesondere im beruflichen Kontext, bedeutet für uns auch, dass wir schneller eine ungezwungene Haltung einnehmen und uns sogar einer unprofessionellen Wortwahl bedienen: *Home-Slang* und »Anchorman-Outfit«, also oben in Hemd und Krawatte, unten in Unterhose. Verständlich, immerhin fühlen wir uns in den eigenen vier Wänden wohl. Wir vergessen oder ignorieren Gepflogenheiten und Gesetzmäßigkeiten aus dem beruflichen Kontext und präsentieren uns auf eine Art und Weise, wie wir es offline niemals tun würden.

Variante 2: **geringer Anonymitätsgrad**. Wenn wir, in welcher Form auch immer, einen Beitrag im *World Wide Web* abgeben, ist er hyperpublik. Das Internet ist grenzenlos. Online können Sie innerhalb von Sekunden weltberühmt werden, selbst wenn das nie Ihr Plan war. So kursieren im Internet Videos von Personen, die während eines Online-Meetings auf die Toilette gehen und den Laptop dabei mitnehmen. Oder Videos von Experten, die in einer Liveschaltung mit einem Nachrichtensender sind, und plötzlich hüpft und springt das kleine Kind durch das Bild. Gefolgt vom zweiten Kind, gefolgt von einer verzweifelten Mutter, die versucht, die Kinder wieder aus dem Zimmer zu bekommen. Und schon geht das Video »viral«.

Diese Seite der Anonymität hat ebenfalls starke Auswirkungen auf unser Verhalten in Videokonferenzen. Aus der Hemmung heraus, etwas Falsches oder unfreiwillig Lustiges zu tun oder zu sagen, sagen manche Personen einfach gar nichts. Der Workflow wird beeinträchtigt und wir finden uns in einer Friedhofsatmosphäre im Videocall wieder. Diese ist ansteckend und sorgt auch bei anderen Beteiligten für eine passive Haltung.

1.3.4 Reduzierte Wahrnehmungskanäle

Wer glaubt, eine physische Besprechung eins zu eins in den digitalen Raum übertragen zu können, irrt. In der Kommunikation über *Zoom*, *MS Teams*, *Skype* und Co. fehlen wichtige Puzzleteile, die wir für unsere Wahrnehmung brauchen: Körpersprache und andere soziale Signale. In der zwischenmenschlichen Interaktion registrieren wir unterbewusst alle Arten der nonverbalen Kommunikation unseres Gegenübers – und seien sie noch so subtil. Wenn Sie sprechen und sich jemand zu Ihnen nach vorne beugt oder den Kopf leicht schräg hält, kann das als ein Zeichen von Interesse und Vertrauen empfunden werden. Lehnt sich die zuhörende Person zurück oder wendet sie die Augen von Ihnen ab, empfinden Sie das vielleicht als desinteressiert oder abgeneigt. Solche körpersprachlichen Handlungen führen aufgrund Ihres persönlichen Erfahrungsrepertoires unterbewusst dazu, dass Sie Ihre Rede mäßigen, anpassen oder anderweitig verändern.

Diese feinen sozialen Signale können Kamera und Mikrofon nicht gut bis gar nicht einfangen. Dazu gehören auch die Elemente, die unseren ersten Eindruck maßgeblich prägen: Gerüche, Hygiene, Mikromimik, Körperhaltung, Gang und vieles mehr. Ein nervös wippender Fuß oder plötzliches Zurücklehnen im Stuhl mit verschränkten Armen kann Ihnen viel über Ihr Gegenüber mitteilen. Das alles nicht oder nur wenig wahrzunehmen verursacht unterbewusst eine gewisse Skepsis den anderen gegenüber. Sind wir uns aber bewusst, dass wir in der digitalen Interaktion mit reduzierten Wahrnehmungskanälen auskommen müssen, können wir mithilfe digitaler Rhetorik zumindest teilweise gegensteuern.

1.3.5 Soziale Beeinflussung

Der Aspekt der sozialen Beeinflussung geht Hand in Hand mit dem vorherigen. Uns fehlen online die Reaktionen und Hinweisreize der Beteiligten. Im direkten Gespräch orientieren wir uns immer an den Mitmenschen und ihren Reaktionen. Das gibt uns Sicherheit und das Gefühl von Zugehörigkeit. Wir sind soziale Wesen und streben nach Anerkennung in der Gruppe. Sie kennen bestimmt das eingespielte Lachen von Zuschauenden in amerikanischen Fernsehsendungen, die sogenannte Lachkonserve (Kreisel 2003, S. 110). Das Lachen wird eingespielt, um den Menschen zu Hause vor dem Fernseher Orientierung zu geben – aus der Sorge heraus, dass sie nicht wissen, an welchen Stellen gelacht werden darf. Die eingespielten Lacher sollen bei den Zuschauenden dann ebenfalls für Lacher sorgen.

Ein weiteres Phänomen, das sich in der digitalen Interaktion beobachten lässt: Ohne soziale oder emotionale Nähe zu unseren Gesprächsteilnehmenden nehmen wir das Gespräch nicht so ernst. Der soziale Druck fehlt. Also kommen wir zu spät in das Online-Meeting oder wählen uns *last minute* ein. Es fühlt sich nicht so schlimm an, wenn wir uns zu spät in den *Zoom*-Call einwählen, als wenn wir zu spät in den Konferenzraum platzen und von allen Teilnehmenden angestarrt werden. Nur ändert es nichts an der Tatsache, dass wir durch unser Zuspätkommen das Meeting stören. Fairerweise möchte ich hier erwähnen, dass viele Termine zu Online-Meetings sehr eng beieinanderliegen – und es Teilnehmenden fast unmöglich ist, immer pünktlich zu sein. Darum müssen digitale Gespräche gut organisiert und strukturiert sein. Mehr dazu erfahren Sie in Kapitel 2.

1.3.6 Fehlendes Feedback

Dieser Punkt – das Fehlen von Feedback – hängt mit den beiden vorangegangenen Aspekten zusammen. Online bekommen wir viel weniger Rückmeldungen von den Zuhörenden. Es ist fast unmöglich, online zu erspüren, wie die eigene Präsentation bei den Anwesenden ankommt. Auf ein zustimmendes Nicken oder eine ablehnende Bewegung können wir im direkten Meeting schnell reagieren, eine Diskussion anstoßen und somit die Interaktion anregen. Sehen wir aber unsere zehn Teammitglieder als kleine Kacheln auf einem Bildschirm, können wir deren Reaktionen nicht wirklich wahrnehmen. Wir müssen Feedback ganz direkt einholen, sonst erfahren wir nicht, wie unsere Präsentation auf die anderen wirkt.

Verstärkt wird das fehlende Feedback, wenn nur die moderierende Person ihre Kamera aktiviert hat und alle anderen still und unsichtbar zuhören. Das ist eine unausbalancierte Situation, bei der die moderierende Person überhaupt nicht weiß, wie die andere Seite reagiert. Was empfindet sie? Ist sie überhaupt noch dabei? Und insbesondere nach einem langweiligen Online-Meeting denken die Teilnehmenden oft: »Feedback geben? Nein danke, ich verschwinde schnell und keiner kann etwas dagegen tun.« Sie verlassen den Call, noch bevor Sie Ihre Fragen zu Ende stellen konnten. Und schon sind wir wieder beim Thema Anonymität.

1.3.7 Missverständnisse

In der Erzählung »Der kleine Prinz« von Antoine de Saint-Exupéry sagt der Fuchs überaus treffend zum kleinen Prinzen: »Die Sprache ist die Quelle der Missverständnisse.« Schon in der analogen Kommunikation kommt es zu Missverständnissen: Eine Botschaft ist anders gemeint, als sie verstanden wird, beide Kommunikationsteilnehmer glauben, auf dem richtigen Weg zu sein – und irgendwann »knallt« es, weil sie die ganze Zeit aneinander vorbeigeredet und -gehandelt haben. In der digitalen Welt potenziert sich dieses Phänomen. Online entstehen Missverständnisse wesentlich schneller. Das beginnt schon bei der E-Mail-Kommunikation. Ist es Ihnen schon einmal so ergangen, dass Sie eine E-Mail gelesen haben und nicht deuten konnten, was die sendende Person damit gemeint hat? Das liegt einerseits sicher an der deutschen Sprache (das Gegenteil von um*fahren* ist *um*fahren). Andererseits kann die schriftliche Kommunikation den sprachlichen Ausdruck von Emotionen auch nicht gut übermitteln – Emojis hin oder her.

In der gesprochenen digitalen Kommunikation per Video kommt es vermehrt zu Missverständnissen – unter anderem aus den oben genannten Gründen: reduzierte Wahrnehmungskanäle, fehlende soziale Beeinflussung und fehlendes Feedback. Je weniger soziale Signale wir auffangen können, desto mehr Raum für Fehlinterpretationen öffnet sich. So kann geäußerte Kritik als viel stärker empfunden werden, als sie gemeint war – weil beispielsweise die freundschaftliche Hand auf der Schulter dabei gefehlt hat, die signalisiert: »Das ist eine gut gemeinte, konstruktive Kritik, die ich dir ans Herz legen möchte.« So etwas kann eine ganze Verkettung negativer Ereignisse in Gang bringen, die nachhaltig die Zusammenarbeit im Team gefährdet: Die kritisierte Person fühlt sich von der Kritik nicht motiviert, sondern schlechter als zuvor. Da sie im Homeoffice sitzt, sehen die Teammitglieder nicht, dass die Person den ganzen Tag betrübt ist und nicht mehr fokussiert arbeitet. Was mit einem gemeinsamen Plaudergang zur Kaffeemaschine in wenigen Minuten geklärt wäre, kann online zu einer anhaltenden Verschlechterung des Arbeitsflusses beitragen.

1.3.8 Angst vor Ungewohntem

Nach Aussage des Philosophen Richard David Precht (Goldmann 2018) befinden wir uns gerade am Anfang der sogenannten vierten industriellen Revolution. Verkürzt erklärt beginnt die erste industrielle Revolution im 18. Jahrhundert mit der Erfindung der Dampfmaschine und dem Übergang von der Agrar- zur Industriegesellschaft. Die zweite industrielle Revolution bezeichnet die Elektrifizierung und den Übergang zur Massenproduktion. Die dritte industrielle Revolution beginnt ca. 1970 – mit dem Aufkommen der Elektronik, den ersten Computern und der Automatisierung von Prozessen. Die vierte industrielle Revolution ist das Zeitalter der Digitalisierung, der Industrie 4.0 und des Internets der Dinge.

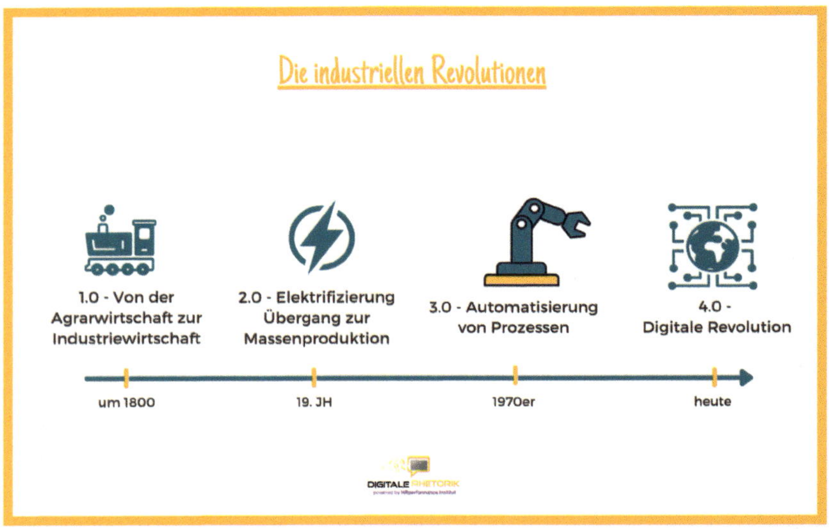

Abb.1.2: Die industriellen Revolutionen

Gemein haben all diese Epochen, dass sie bedeutende Umbrüche in der Gesellschaft hervorriefen. Und: dass sie für viele anfangs eher angsteinflößend wirkten. Das ist psychologisch bedingt. Unbekanntes und Ungewohntes macht uns erst einmal Angst. Viele Menschen fühlen sich auch heute noch unwohl dabei, vor einer Webcam zu sitzen und in ein Mikrofon oder Headset hineinzusprechen. Unser Gehirn liebt Routinen und Gewohnheiten. Routinen sind Komfortzonen, in denen sich das Gehirn auskennt und nicht besonders nachdenken muss. Die Dinge funktionieren einfach. Sobald sich aber an einer Routine etwas ändert, fliegen wir aus dieser Komfortzone heraus – und das stößt bei uns erst einmal auf Ablehnung. Wer schon einmal einen klassischen Changeprozess gestaltet oder durchgemacht hat, weiß, wovon ich spreche.

Diese kleinen Kameras am Monitor sind unserem Gehirn etwas suspekt. Wahrscheinlich hat Hollywood hier wieder Anteil daran: In Spionagefilmen bedeutet es meist nichts Gutes, wenn irgendwo eine kleine Kamera gefunden wird. Außerdem verzerrt die Kameraübertragung je nach Qualität das eigene Bild und die Bewegungen wirken hölzern und unnatürlich. Das irritiert uns zu Recht und wir werfen erneut einen kritischen Blick auf unsere Selbstansicht. All das steigert unsere Sympathie für diese Geräte nicht wirklich.

1.3.9 Fehlende Bewegung

Unser Gehirn kann Informationen besser aufnehmen und ist zu kreativer Leistung fähig, wenn wir uns bewegen. In einem regulären Meeting haben wir immerhin die Möglichkeit, mal kurz aufzustehen, etwas zu holen, etwas an der Leinwand zu zeigen oder visuell auf dem Flipchart zu veranschaulichen. Wenn wir etwas präsentieren, stehen wir in der Regel nicht starr auf der Stelle, sondern bewegen uns – je nach Typ – mal mehr, mal weniger. Das bringt Dynamik und Abwechslung in eine Besprechung. Im Onlinegespräch ist das nicht mehr möglich. Wir sitzen oder stehen vor dem PC. Bewegen wir uns zu sehr, verschwinden wir aus dem Kamerabild oder lenken die Teilnehmenden mit unserem »Rumgehampel« nur ab (hierzu mehr im Kapitel 3). Dynamik, so viel ist klar, erzeugen wir in der digitalen Interaktion nicht durch Bewegung.

1.3.10 Fehlende Transit- und Erholungsphasen

Für ein reguläres Meeting planen wir in der Regel eine Vorbereitungszeit ein, suchen den Raum aus und reservieren ihn, falls nötig. Als teilnehmende Person begeben wir uns ein paar Minuten vor Beginn zum Meetingraum, um nicht zu spät zu kommen. Bevor das Meeting beginnt, unterhalten wir uns mit den Kolleginnen und Kollegen und fangen so die Stimmung im Raum auf. Nur selten folgen zwei Meetings unmittelbar aufeinander. Allein schon deshalb, weil für den Übergang zum nächsten Meeting häufig ein Ortswechsel, und sei es auch nur von einem Raum in den nächsten, notwendig ist. Für Online-Meetings müssen wir uns über diese zeitraubenden Aspekte keine Gedanken machen. Ein Meeting endet im Kalender um 16:00 Uhr, das nächste fängt um 16:00 Uhr an.

Was dabei oft vergessen wird, ist, dass wir menschliche Bedürfnisse haben. Wenn wir im Büro sind, gehen wir beispielsweise mit unseren Arbeitskollegen in die Mittagspause. Wir haben einen kurzen und ungezwungenen Austausch in der Kaffeeküche zwischen den Meetings. Oder anders ausgedrückt: Wir geben unserem Gehirn kurz eine Erholungsphase und Abwechslung. Online aber klicken wir uns von einem Meeting in das nächste. Der Raum ist immer der gleiche – nur einen Klick entfernt. Und dennoch gelingt es uns oftmals nicht, pünktlich zu sein – nicht zuletzt, weil wir dem gesamten Prozedere unterbewusst weniger Wertigkeit zuordnen als einem regulären Meeting. Dabei sind diese Erholungs- und Transitphasen wichtig, um neue Energie zu tanken und die Gedanken zu ordnen. An dieser Stelle meine Frage an Sie: Haben Sie sich schon einmal mit Kollegen zu einer gemeinsamen »digitalen Kaffeepause« getroffen? Was spricht dagegen? Oder haben Sie ein Online-Meeting schon mal bewusst zehn Minuten länger angesetzt, um zu Beginn eine gemeinsame Kaffeepause einzubauen? Oder um zehn Minuten früher fertig zu sein und den Anwesenden zehn Minuten Zeit zu schenken? Sie glauben gar nicht, wie positiv sich das auf die Motivation der Beteiligten auswirkt. Zudem erleichtern Sie nicht nur den psychischen Wechsel zwischen den unterschiedlichen Meetingthemen, sondern schaffen auch Abwechslung, Erholung und zahlen auf das soziale Konto ein.

1.3.11 Technische Besonderheiten

Die Technik: Freund und Feind des Menschen, Quelle und Lösung unserer Probleme. Funktioniert sie, ist unsere Erwartungshaltung an sie befriedigt, mehr aber auch nicht. Funktioniert sie dagegen nicht, trägt sie Schuld an allem Übel, auch an unseren eigenen Fehlern und Macken. Doch wir können uns noch so sehr über sie ärgern – sie schweigt uns in ihrer überheblichen Daseinsfunktion nur an. Die Technik gewinnt immer, selbst dann, wenn wir unsere Selbstbeherrschung verlieren und den abgestürzten PC wutentbrannt aus dem Fenster schleudern.

Aufgrund der technischen Komponente gibt es in einem digitalen Gespräch viel mehr Variable, die schiefgehen können, und Gesprächsparameter, die wir nicht oder nur schwer beeinflussen können. So beginnt ein Onlinegespräch oft nicht wie das analoge Gespräch mit einer souveränen Begrüßung, gefolgt von »Wie geht's?«. Stattdessen sehen wir eine etwas orientierungslose Kontaktaufnahme – verloren im »digitalen Weltraum«: »Hallo? Hallo? Können Sie mich hören? Ich höre Sie nicht. Kann mich jemand sehen?« Das verursacht Stress bei allen Beteiligten und kann die Atmosphäre unnötig anspannen, bevor das eigentliche Gespräch überhaupt losgeht. Dasselbe gilt für die Qualität der Technik, die von den Teilnehmenden eingesetzt wird. So kann ein schlechtes Mikrofon die Stimme verzerren und eine zweitklassige Webcam kann flackern oder nur verpixelte Bilder produzieren.

Halb so wild, denken Sie? Das mag auf den ersten Blick so erscheinen, hat aber eine unmittelbare Konsequenz auf die Art und Weise, wie Sie von den anderen wahrgenommen werden. Schlechte Technik beeinträchtigt die Gesprächsqualität, erschwert den Gesprächsverlauf und lässt Sie unprofessionell wirken.

Zwischenfazit

!

Sie haben nun einen ersten Eindruck gewonnen über die psychologischen Hintergründe und Besonderheiten, die Ihnen die Kommunikation über Video erschweren. Das sind unterschiedlichste Herausforderungen, die Sie teilweise gar nicht und teilweise ganz gezielt steuern und beeinflussen können. Sie verstehen nun, dass Ihr Gehirn Ihnen immer wieder Streiche spielt, die auf Ihren bisherigen Erfahrungen und Routinen beruhen. Dieses Wissen ist der erste Schritt dazu, aktiv zu werden und Ihr Verhalten zu hinterfragen. Warum fällt es Ihnen schwer zu reden, sobald Sie dabei in eine kleine Kamera blicken? Warum entwickeln Ihre Hände ein unkontrolliertes Eigenleben, wenn Sie einen Vortrag im digitalen Meeting halten? Vielleicht haben Sie schon jetzt die eine oder andere Idee oder Erkenntnis gewonnen. Die digitale Rhetorik soll Ihnen helfen, sich noch mehr über die Wechselwirkungen digitaler Interaktion im Klaren zu sein, um passende Verhaltensweisen im Onlinegespräch anwenden zu können.

1.4 Was ist digitale Rhetorik?

Was ist digitale Rhetorik? Diese Frage ist schnell geklärt: Die digitale Rhetorik beinhaltet generell dieselben Elemente wie die klassische Rhetorik: Stimme, Körperhaltung, Gestik, Mimik, Wortwahl etc. Allerdings entkräftet die digitale Interaktion die Wirkungsweisen der klassischen Rhetorik. Hierzu möchte ich Ihnen ein Beispiel geben:

Denken Sie an eine Rednerin auf einer großen Bühne, vor Hunderten von Zuschauenden. Wer – oder was – steht im Zentrum des Geschehens? Im besten Fall die Rednerin. Sie kann auf alle erdenklichen rhetorischen Stilmittel, Tools und Medien zurückgreifen, um die Wirkung ihrer Worte zu unterstützen. Möchte sie eine gewisse Dynamik vermitteln, läuft sie beispielsweise auf der Bühne auf und ab (Stichwort »Bewegung«, vgl. Kap. 1.3.9). Möchte sie bestimmte Inhalte betonen, wird ihre Stimme lauter und ihre Gestik ausschweifender. Mimt sie die »wütende Politikerin«, stampft sie sogar auf den Boden oder hämmert mit dem Zeigefinger auf dem Rednerpult herum, um jedem Wort, ja sogar jeder Silbe eine gewisse Dramatik zu verleihen: »So … geht … das … nicht … wei … ter …!« Egal, was sie wählt: Die rhetorische Trickkiste steht ihr in allen Tiefen offen. Und: Sie steht im vollen Rampenlicht.

Und im Videocall? Dort sind Sie nur noch im Passbildformat zu sehen. Von großer Bühne keine Spur. Je nach Videokonferenzanbieter haben Sie eine Sprecheransicht, die den Redner größer darstellt als die Teilnehmenden – mehr aber auch nicht. Sobald eine Präsentation gezeigt wird, sehen sie gar kein Rednerbild mehr oder im besten Fall die redende Person im Minipassbildformat. Allein diese Tatsache schränkt Ihre rhetorische Wirkung stark ein. Stellen Sie sich einmal vor: In einem Videocall gestikulieren Sie wie die oben erwähnte Politikerin – und hämmern mit dem Finger auf Ihren Schreibtisch, um Ihren Worten mehr Nachdruck zu verleihen. Selbst wenn der Tisch aus massivem Eichenholz wäre, würde Ihre Webcam ordentlich wackeln. Die Folge: Den Zuhörenden wird schwindlig. Hinzu kommt, dass wir uns automatisch weniger hingezogen fühlen zu einer Person, die wir nicht oder nur zum Teil sehen können. Es entsteht eine Anonymität zwischen den Anwesenden. Auch unsere Sinneswahrnehmungen sind in der Kommunikation über den Bildschirm eingeschränkt und die gesamte Haptik fällt weg: Händedruck? Nicht möglich. Im Kundengespräch das Produkt in die Hand nehmen lassen, daran riechen, es schmecken und fühlen? Keine Chance.

Diese eingeschränkte Wahrnehmung erfordert eine neue Herangehensweise, *wie* wir Videocalls gestalten sollten. Im digitalen Meeting reicht es nicht mehr aus, Gesprächsunterlagen oder Lernmedien nach den allgemein bekannten Prinzipien und Erkenntnissen der Lerntheorie zu gestalten. Um Zuschauende online zu begeistern, müssen wir die Gesprächsgestaltung und unsere genutzten Unterlagen an das neue Medium anpassen. Wir erlangen nur Zuspruch, Vertrauen und Akzeptanz für unser Thema, wenn wir es mediengerecht aufbereiten und dadurch die Sinne und Emotionen ansprechen, zu denen wir online sonst keinen Zugang haben. Das bedeutet: Videos, digitale Whiteboards und andere Onlinetools nutzen. Dann kann ein Lerneffekt entstehen. Dann überbrücken wir die emotionale Distanz und fördern die soziale Interaktion auch im digitalen Raum. Wir Menschen sind größtenteils visuell orientiert. Die Teilnehmenden checken zu Beginn mit ihren fein ausgerichteten Antennen ab, wie eine sprechende Person emotional zu ihrem Thema steht – und wie sie das Thema übermittelt. Stimmt die Haltung mit der Botschaft und dem Inhalt überein? Ist das Gesamtbild, das sich den Zuschauenden zeigt, authentisch und mediengerecht? Daran können wir festmachen, ob die Teilnehmenden dem Inhalt folgen werden oder nicht.

Digitale Rhetorik beziehungsweise digitale Interaktion hat Stärken und Schwächen, aus denen sich Stolpersteine und Möglichkeiten ergeben. Ich möchte Ihnen eine kleine Sammlung an Punkten aufzeigen, die Stärken, Schwächen, Chancen und Risiken abbilden. Diese Aufzählung ist ganz bestimmt nicht vollständig, geschweige denn in Stein gemeißelt. Was für die eine als Stärke zählt, kann vom anderen als Schwäche wahrgenommen werden. Aber diese Aufzählung soll eine Orientierungshilfe für Sie darstellen, um die Wechselwirkungen digitaler Interaktion noch besser zu verstehen.

Wo liegen die Stärken?

- Der Anfahrtsweg (beispielsweise zum Kunden) fällt weg, sodass keine Reisekosten entstehen.
- Wir haben mehr Zeit, das Gespräch vorzubereiten. Das ist doch Balsam für die Seele: Kein Reisestress. Kein Stau. Keine Zugverspätungen und -ausfälle.
- Wir können Online-Meetings wesentlich spontaner planen als Präsenzbesprechungen. Eine kurze E-Mail genügt, die Suche nach einem Raum fällt weg und ganz orts- und zeitunabhängig können die Teilnehmenden dem Meeting beiwohnen.

- Die räumliche Ungebundenheit ermöglicht wiederum eine wesentlich höhere Teilnehmerzahl im Meeting. Ob es überall sinnvoll ist, möglichst viele Teilnehmende zu haben, soll hier nicht diskutiert werden. Fakt ist: Im Online-Meeting kann wesentlich leichter als beim analogen Meeting eine große Anzahl von Personen beteiligt werden.
- Wir können Dateien live teilen und mit anderen in Echtzeit an derselben Datei arbeiten. Das ermöglicht es uns, Kommentare und Ideen schnell zu erfassen, beispielsweise über Whiteboard-Tools.
- Wir können das Gespräch problemlos aufzeichnen und uns im Nachgang anschauen oder an weitere Personen senden, sofern die Beteiligten zustimmen.

Wo liegen die Schwächen?

- Durch das fehlende Gesamtbild der Teilnehmenden sind die Emotionen schwerer zu deuten.
- Mimik und Gestik sind wenig bis gar nicht ersichtlich, es sei denn, wir setzen sie gezielt ein (dazu mehr in Kapitel 3).
- Unsere Sinne sind massiv eingeschränkt, da wir die Teilnehmenden durch verzerrte Wahrnehmungskanäle sehen und hören.
- Physischer Kontakt und nonverbale soziale Signale fallen weg.
- Wir können unsere Werte nicht klar und deutlich vermitteln.
- Wir lassen uns leichter ablenken.
- Unsere Konzentration nimmt am Bildschirm schneller ab.
- Als organisierende Person können wir das Umfeld der Teilnehmenden nicht steuern. Das hat zur Folge, dass wir mit den Hintergrundgeräuschen leben müssen: ein klingelndes Smartphone, der Verkehr am offenen Fenster oder das Tippen am Laptop.
- Es ist schwieriger, eine flüssige Diskussion zum Laufen zu bringen: Mal sprechen alle gleichzeitig, dann brechen alle wieder ab – es ist nicht klar, wer gerade reden darf.

Welche Möglichkeiten ergeben sich daraus?

- Neues, so ungewohnt es anfangs auch sein mag, bietet uns immer Chancen.
- Das digitale Medium ermöglicht es uns, Denkmauern, Strukturen und Gepflogenheiten gewöhnlicher Meetings aufzubrechen – und somit das Online-Meeting ganz neu zu denken und Innovation zu schaffen. »Starting from scratch«, sagen die Amerikaner dazu.
- Online-Meetings sind noch Neuland. Das ist die einzigartige Möglichkeit, andersartige Methoden auszuprobieren, um die emotionale Distanz zu überbrücken oder um die fehlende soziale Interaktion kreativ zu fördern – beispielsweise, indem wir die Skepsis gegenüber diesem Medium mit der digitalen Kaffeepause in ein positives Gefühl umwandeln.

- Wir können lernen, die Wege der Effizienz im Online-Meeting auch auf analoge Meetings zu übertragen, und diese somit verbessern.
- Ein Online-Meeting muss nicht immer um Punkt oder um halb anfangen. Warum legen wir den Termin nicht ganz bewusst auf beispielsweise 14:10 Uhr oder 11:40 Uhr? So geben Sie allen Beteiligten schon automatisch zehn Minuten Vorlaufzeit.

Wo liegen die Stolpersteine?

- Durch die physische Distanz nehmen wir den Vorbereitungsaufwand schnell auf die leichte Schulter: »Ist ja nur online. Ein paar E-Mails vorab versenden und rein in das Meeting.« Das ist natürlich ein Trugschluss, denn genau dadurch entstehen schlechte Online-Meetings.
- Durch Chatfunktionen kann es zu »geheimen Absprachen« kommen, was langfristig dem Gesprächsklima schadet.
- Technische Probleme können den gesamten Gesprächsfluss stören: Es nervt alle Beteiligten, wenn sich jemand nicht einwählen kann, die Verbindung schlecht ist, ein Headset oder eine Kamera nicht funktioniert.
- Sehr kontraproduktiv ist es auch, wenn die Teilnehmenden der sprechenden Person nicht mitteilen, wenn sie diese nicht verstehen, beispielsweise weil die Mikrofonqualität schlecht ist. Und erst am Ende des Gesprächs die Info kommt: »Vielleicht schaust du mal, ob dein Mikro richtig installiert ist. Ich habe dich die ganzen zwei Stunden kaum verstanden.« Da der Teamaustausch ohnehin schon eingeschränkt ist, kann gar kein (oder zu spätes) Feedback zu geben nicht die Lösung sein.
- Es entstehen leicht Missverständnisse und Misstrauen unter den Gesprächsteilnehmenden.
- Sie brauchen ein ganz anderes Hintergrundwissen. Denn es wirkt unprofessionell, wenn Sie sich nicht mit dem Videokonferenztool auskennen und bestimmte Funktionen erst einmal suchen müssen.

! **Zwischenfazit**

Die aufgezählten Stärken, Schwächen, Möglichkeiten und Stolpersteine helfen Ihnen, die Tragweite digitaler Interaktion zu verstehen und sich Gedanken darüber zu machen, wie Sie einen Onlinecall professionell vorbereiten würden. Sie wissen nun: In Onlinegesprächen müssen wir auf eine andere Art und Weise die emotionale Verbindung herstellen. Das digitale Medium entkräftet bewährte Methoden der Rhetorik und erfordert ein Umdenken, um auch digital mit der persönlichen Gesprächsperformance wirksam zu sein. Um dieses Ungleichgewicht auszugleichen, können Sie sich folgende drei einfache, aber wichtige Regeln merken.

Machen Sie es den Zuhörenden in Onlinecalls so einfach wie möglich,

1. Ihren Aussagen zu folgen;
2. ihre Aufmerksamkeit auf Sie zu richten, sobald Sie etwas mitteilen;
3. Sie sympathisch zu finden.

Denn: Der Wurm muss dem Fisch schmecken, nicht dem Angler. Das gilt in der digitalen Rhetorik noch viel mehr! Und dabei spielt der erste Eindruck eine alles entscheidende Rolle.

1.5 Der erste Eindruck online: Eiszeit oder Lagerfeuer

Der amerikanische Komiker und Schauspieler Will Rogers soll einmal gesagt haben: »Für den ersten Eindruck gibt es keine zweite Chance.« Wie wahr das ist und was wir online dafür beachten müssen, schauen wir uns jetzt an.

Stellen Sie sich vor, Sie haben ein erstes Date mit jemandem in einem Restaurant. Wie viele Gedanken werden Sie sich vorab über Ihr Aussehen machen? Was ziehen Sie an? Welche Schuhe (und runter mit den Stereotypen: Das ist auch bei Männern ein ausgeprägter Gedanke!)? Wie sollen die Haare sein? Brille oder Kontaktlinsen? Benutze ich Rasierwasser? Wie stark oder weniger stark schminke ich mich? Lege ich Parfum auf? Wenn ja, welches? In der Regel machen wir uns viele Gedanken dazu, wie wir einen guten ersten Eindruck hinterlassen können. Es geht schließlich darum, unser Date im besten Fall noch weitere Male treffen zu können. Beginnen wir deshalb mit den Grundlagen des ersten Eindrucks allgemein, um die Veränderung zum digitalen ersten Eindruck zu verstehen.

Der erste Eindruck entsteht innerhalb der ersten 0,3 bis sieben Sekunden des Aufeinandertreffens. Er ist so etwas wie ein Personencheck, den unser Unterbewusstsein automatisch bei jedem Zusammentreffen mit einer Person macht. Beim ersten Treffen ist er wichtig für die weitere Entwicklung der Beziehung zu dieser Person. Streng genommen machen wir aber bei jedem erneuten Aufeinandertreffen immer wieder einen ersten Eindruck in ähnlicher Form. Grund dafür ist unser fundamentales Bedürfnis nach Sicherheit und Zugehörigkeit. Dieses Bedürfnis ist gemäß Experten fast so groß wie das Bedürfnis nach Essen (vgl. Maslow 1943). Wir checken also automatisch kurz ab: Wie tickt die Person gerade und was bedeutet das für mich und unsere Beziehung?

Den ersten Eindruck – offline – verschaffen wir uns anhand der folgenden Aspekte, wobei die ersten beiden Gruppen bis zu 95 Prozent ausmachen können:

1. **Die äußere Erscheinung**
   Hierzu gehört das gesamte Erscheinungsbild: Wie sieht die Person aus? Was hat sie an? Wie trägt sie die Haare? Wie riecht sie? Ist sie groß oder klein? Schmächtig oder kräftig? Wir achten also auf Körpereigenschaften, Hygiene und Kleidung. Dabei ordnen wir die Person schon in kleine unterbewusste Vorurteilsschubladen im Gehirn, den sogenannten *unconcious bias*. Das sind Stereotype, die wir aufgrund unserer eigenen Sozialisation und unserer eigenen Erfahrungen gebildet haben. Dazu ein plakatives Beispiel:
   Der neue Mitarbeiter mit Irokesenschnitt und zerschlissener Jeans ist der Arbeitskollegin nicht ganz geheuer. »Diesem Punker steht die Unordnung und Disziplinlosigkeit doch ins Gesicht geschrieben«, denkt sie, »da hat die Personalabteilung aber echt geschlafen. Wie sollen wir denn mit *dem* eine agile Teamstruktur aufbauen?« Ihr Vorurteil wird in seinen Grundfesten erschüttert, als sich herausstellt,

dass der »Punk«-Kollege einen Doktortitel hat und schon seit Jahren erfolgreich agile Methoden bei der Arbeit einsetzt. Etwas beschämt nimmt sie sich vor, ihre Mitmenschen von nun an nicht mehr so schnell in Schubladen zu stecken.
Wie sagen die Engländer so schön: »*Don't judge a book by its cover*« (Beurteile ein Buch nicht nach seinem Einband). Das ist leichter gesagt als getan. Wir tappen beim ersten Eindruck sehr schnell in diese Bewertungsfalle.

2. **Nonverbale Kommunikation**
Das nonverbale Verhalten zeigt sich in der Körperhaltung, dem Gang, den Bewegungen einer Person: Sind ihre Bewegungen hektisch und nervös? Oder eher langsam und sanft? Was denken Sie: Welcher Person würden Sie spontan mehr Vertrauen entgegenbringen? Der sanften Ruhe in Person – oder dem »verrückten Zappelphilipp«? Ähnliches gilt für den Blickkontakt der Person. Schaut sie Sie beständig und aufmerksam an? Oder weicht sie Ihren Blicken aus, schaut zu Boden oder an Ihnen vorbei? Je nachdem, wie die Person Sie anschaut, stecken Sie sie in Ihre persönlichen Schubladen.
3. **Dinge, die wir sagen**
Es gibt Menschen, die ziehen uns förmlich an. Nicht, weil sie besonders schön sind, sondern weil sie uns mit ihren Worten fesseln. Sei es mit geballtem Wissen und hoher Fachkompetenz, mit charismatischem Humor oder mit ihrer authentischen Freundlichkeit und Aufrichtigkeit. Andersherum gibt es Mitmenschen, deren Worte uns eher abschrecken oder negativ ins Gewicht fallen, beispielsweise weil sie immer sarkastisch sind, eine aggressive, martialische Wortwahl haben oder sich mit ihrem gefährlichen Halbwissen selbst widersprechen. Wie gesagt, ich wähle hier nur Beispiele. Sarkasmus kann auch positiv bewertet werden. Das kommt ganz auf Ihre persönliche Sozialisation an. In Großbritannien ist Sarkasmus oftmals ein Zeichen von Spitzfindigkeit und klarem rationalen Denken. In anderen Kulturkreisen ist er eher ein Zeichen von Respektlosigkeit. Die *eine* Wahrheit existiert in diesem Fall nicht. Was zählt, ist *der eine* erste Eindruck. Und der ist absolut subjektiv.
4. ***Wie* wir Dinge sagen**
Stimmhöhe, Modulation, Sprechgeschwindigkeit, Emotionalität in der Stimme: Das sind alles Faktoren, die den ersten Eindruck beeinflussen. Gefallen Ihnen klare, kurze, prägnante Ansagen, so wird Ihnen der Personentypus »Politiker«, der ganz viel redet, aber nur ganz wenig sagt, wahrscheinlich im ersten Eindruck missfallen. Mögen Sie eine sorgfältig gewählte Sprache, können Sie mit der »Anglizismenschleuder« im ersten Eindruck nur wenig anfangen.

All diese Aspekte erzeugen das Gesamtbild, das wir brauchen, um einen eindeutigen ersten Eindruck gewinnen zu können. Welche Aspekte sind Ihnen schon jetzt aufgefallen, die bei digitalen Gesprächen wegfallen?

Der erste Eindruck entsteht in unserem limbischen System. Das ist der Begriff, den Sie sich merken sollten. Das limbische System ist ein Teil des Gehirns, in dem gewisse

Urverhaltensweisen abgespeichert sind, die schon in der Steinzeit von Relevanz waren. Laut Harvard-Psychologin Amy Cuddy (Cuddy 2016) sind unterbewusst lediglich zwei Fragen für die Einschätzung der uns gegenüberstehenden Person relevant:

- Können wir dieser Person vertrauen (Sympathie)?
- Und können wir sie respektieren (Kompetenz)?

Das Antwortschema im Gehirn dafür lautet:

- **Freund:** sympathisch und kompetent
- **Feind:** unsympathisch und unfähig
- **Egal:** Spielt für mich keine Rolle. Nicht sympathisch, stellt aber auch keine Bedrohung dar.

Das Wort »Bedrohung« ist an dieser Stelle von besonderer Bedeutung. Schließlich war es in der Steinzeit vor allem wichtig zu wissen, ob wir einer anderen Person vertrauen und bei Gefahr auf sie zählen können (Sympathie) – oder ob sie selbst eine Gefahr für uns darstellt und uns bei der nächsten Gelegenheit in den Rücken fällt. Nur in zweiter Instanz war es relevant, ob die Person auch ein guter Jäger ist (Kompetenz).

Welche Bedeutung hat das für Ihre Onlinecalls? Vielleicht ist es Ihnen in Onlinegesprächen schon einmal so ergangen, dass Personen, die Sie sonst als aufgeschlossen kennen und wahrnehmen, plötzlich reserviert und distanziert auf Sie wirken. Online fehlt uns das für den ersten Eindruck so wichtige Gesamtbild, das wir im direkten Kontakt haben und bei jedem erneuten Aufeinandertreffen automatisch innerhalb von Bruchteilen von Sekunden abchecken und beurteilen. Aufgrund dieser wichtigen fehlenden Puzzleteile im Onlinegespräch sortiert unser Gehirn die Gesprächspartner beim ersten Eindruck erst einmal in Schublade Nummer zwei, also »Feind« ein. Das bedeutet nicht notwendigerweise, dass wir den Personen gegenüber kategorisch abgeneigt sind. Unterbewusst sind wir aber erst einmal skeptisch. Die Folge: Wir verhalten uns im Onlinegespräch selbst distanziert und reserviert, auch wenn wir die Personen kennen. Und wenn sich nun alle Beteiligten distanziert und reserviert verhalten, können Sie sich ja ausmalen, was das für die Interaktion im Meeting bedeutet: Eiszeit statt Lagerfeuer.

Das ist die erste Schwierigkeit, die wir bei einem digitalen ersten Eindruck haben. Und vielleicht wissen Sie aus eigener Erfahrung, wie schwierig es sein kann, jemanden aus einer Schublade wieder herauszulassen. In einer digitalen Umgebung fehlen uns elementare Bestandteile für ein sicheres Gefühl. Wir können uns nicht mehr auf die bekannten und vertrauten nonverbalen Schlüsse verlassen. Sie würden online nicht einmal notwendigerweise wahrnehmen, dass die Person, mit der Sie das Gespräch führen, vom Hals abwärts gelähmt ist oder nur in Unterwäsche vor der Kamera sitzt. Offline würden diese Informationen bei Ihnen bestimmte Emotionen auslösen (Mitleid, Wertschätzung, Bewunderung im ersten Fall und Belustigung, Beschämung oder Unverständnis im zweiten) – wenn auch vielleicht nur unterbewusst. Online ist vieles für uns nicht sichtbar. Es ist wie ein trüber See, in den wir uns begeben und nicht wissen, ob wir als Nächstes auf einen spitzen Stein oder einen glitschigen Untergrund treten. Deshalb tasten wir uns besonders vorsichtig, skeptisch, zurückhaltend und langsam vor. Nicht wie in einem Schwimmbad, wo wir durch das glasklare Wasser bis auf den Grund sehen können und uns hemmungslos in das »kühle Nass« stürzen.

Ein weiterer Punkt: Wir sind es inzwischen gewohnt, online eine »bessere Welt« zu sehen. Fotos werden mit *Photoshop* und Co. überarbeitet. Alles kann schöner, toller und besser dargestellt werden, als es eigentlich ist. Menschen *posen*, präsentieren sich von ihrer Schokoladenseite und die Technik tut das Übrige, um alles Unperfekte perfekt aussehen zu lassen. Wir stellen uns nicht so dar, wie wir sind, sondern wie wir von den anderen gesehen werden wollen. Gut inszeniert kann das die Wirkung verstärken. Oftmals wirkt es aber gekünstelt und nicht authentisch. Auch dieses Wissen trägt dazu bei, dass wir eine höhere Skepsis gegenüber unseren Onlinegesprächspartnern haben. Das, was offline vielleicht in mancher Hinsicht gelten mag – »What you see is what you get« (Was du siehst, ist das, was du bekommst) –, ist online nicht notwendigerweise der Fall.

Drehen wir das Ganze doch einmal um und wählen eine »Fuck-up-Strategie« für den ersten Eindruck: Wie können Sie im Onlinegespräch sicherstellen, dass Sie bei den anderen noch tiefer in die Feindschublade rutschen? Ein paar Beispiele:

- Sie weigern sich, persönlich zu werden. Also wählen Sie zuerst den künstlichen Hintergrund, den einige Videokonferenzsystem-Anbieter haben. Diese Hintergründe wirken in der Regel weniger professionell als vielmehr unpersönlich. Vor allem wenn es sich dabei nicht um ein Bild handelt, mit dem Sie etwas verbinden. Mit einem Bild aus der Auswahl von fünf bis zehn Standardhintergründen verdecken Sie etwas von sich und vergrößern so die physische und emotionale Distanz zu Ihren Onlinegesprächspartnern.
- Sie bringen sich wenig bis gar nicht in das Onlinegespräch ein, zeigen keine Reaktionen auf das Gesprochene und sprechen selbst, wenn überhaupt, monoton und ohne emotionale Anteilnahme. Ihr Blick ruht dabei auf einem zweiten Bildschirm, seitlich von dem Bildschirm, an dem die Webcam befestigt ist.
- Sie lassen die Kamera aus und behaupten, sie würde nicht funktionieren. Jeder weiß, dass es eine Ausrede ist. Aber Sie möchten einfach nicht, dass die anderen Sie sehen. Vielleicht, weil Sie sich in Ihren eigenen vier Wänden befinden und Ihnen die Privatsphäre heilig ist oder weil Ihnen die Situation, in eine Kamera zu sprechen, unangenehm ist. Während die anderen lebhaft am Gespräch teilnehmen und mithilfe digitaler rhetorischer Stilmittel dafür sorgen, dass Emotionen und soziale Signale so gut wie möglich bei den anderen ankommen, sind Sie nur ein dunkler Fleck mit zwei Buchstaben auf dem Bildschirm. Immer wenn Sie sprechen, herrscht kurze Irritation bei den Beteiligten, bis sie sich wieder erinnern: »Ach stimmt, der/die ist ja auch noch da.«

- Sie tun so, als seien Sie technisch total unbegabt. Je mehr Hinweise und Ratschläge Sie bekommen, desto frustrierter und schroffer reagieren Sie: »Ja, das weiß ich selbst, das habe ich doch schon längst gemacht. Ich bin doch nicht blöd«, fahren Sie die Kollegin an, die Ihnen einen gut gemeinten Tipp geben wollte. »Nichts funktioniert, verdammt! Das muss auch immer nur mir passieren.« Das Meeting ist gestört, weil Sie auch nicht auf den Gedanken kommen, sich auszuklinken, um erst einmal die Technik in den Griff zu bekommen.
- Sie kommen mit Ausreden und Entschuldigungen, die an den Haaren herbeigezogen sind. »Sorry, die Katze hat gerade den Stecker rausgezogen.« Dabei hatten Sie schlichtweg vergessen, den Laptop anzuschließen, und plötzlich war die Batterie leer. Auf die Frage eines Kollegen – »Ich dachte, du wärst gegen Katzen allergisch?« – gehen Sie nicht ein. »Ein äußerst seltsamer Mensch«, denken sich viele. Die Stimmung hat sich trotz physischer Distanz bei allen noch einmal verschlechtert.
- Sie haben Stimmungsschwankungen und sind in Ihrem Verhalten unberechenbar. Mal sind Sie ganz herzlich und zustimmend, dann wieder aufbrausend und mürrisch. Die Folge: Niemand traut sich mehr, Sie anzusprechen, und die Anwesenden verhalten sich im Onlinegespräch Ihnen gegenüber sehr passiv.
- Sie begegnen Ihren Gesprächspartnern mit einer arroganten, streitlustigen und überheblichen Haltung im Online-Meeting, unterbrechen die sprechenden Personen andauernd und brausen auf, wenn Sie mal unterbrochen werden. Alle Beteiligten fühlen sich unwohl und werden es sich in Zukunft zweimal überlegen, ob sie Sie in ihren Online-Meetings tatsächlich dabeihaben müssen.

Zwischenfazit !

Diese »Fuck-up-Beispiele« sind Klassiker, die ich schon häufig erlebt oder berichtet bekommen habe. Und sie zeigen, wie Sie die Harmonie in einem Onlinegespräch zerstören und den Arbeitsfluss zum Stillstand bringen können. Natürlich sollten Sie genau das Gegenteil von dem tun, was in diesen Beispielen beschrieben wurde, denn: Online gehen wir ohnehin schon mit einem Misstrauensvorschuss in das Gespräch hinein. Darum ist es wichtig, dass wir es den Gesprächsteilnehmenden so leicht wie möglich machen, uns sympathisch zu finden und eine emotionale Brücke zu bauen. Sonst wird es für alle Seiten schwer, sich aufeinander einzulassen. Und ohne Vertrauen erreichen wir keine vernünftige Zusammenarbeit. Um in möglichst kurzer Zeit einen positiven ersten Eindruck zu machen und auch aus der physischen Distanz heraus gegenseitigen Rückhalt aufzubauen, befassen wir uns jetzt mit digitaler Empathie. Empathie hilft offline wie online, eine Brücke des Vertrauens zu bauen.

1.6 Digitale Empathie: Mitfühlen über die Webcam

Allgemein verstehen wir unter Empathie die Fähigkeit, sich in die Gefühlslage des Gesprächspartners hineinzuversetzen. Das hat nichts mit Mitleid zu tun, das ist etwas anderes. Wenn Sie Empathie oder Mit*gefühl* zu Ihren Stärken zählen, verstehen Sie:

Eine Person hat mir gerade eine Information mitgeteilt. Egal, ob diese Information lustig, traurig, spannend, angsteinflößend oder sonst was für diese Person war – ich kann verstehen, dass es ihr mit dieser Situation so geht wie beschrieben. Sie können das selbst dann, wenn Sie sich in derselben Situation vielleicht anders gefühlt hätten. Das spielt in dem Moment keine Rolle, da es hier nicht um Sie, sondern um Ihre Gesprächspartnerin oder Ihren Gesprächspartner geht. Oder anders ausgedrückt: Wer empathisch ist, leidet nicht notwendigerweise gefühlsmäßig mit der anderen Person mit.

Empathie ist eine bedeutende Fähigkeit in Verkaufsgesprächen, Führungsgesprächen oder Mitarbeitergesprächen – und sie ist in Onlinegesprächen noch viel wichtiger. Denn nur durch Empathie gelingt es uns, überhaupt eine Beziehung zum Gesprächspartner aufzubauen. Wie aber können Sie das umsetzen, wenn Sie eine Bildschirmbarriere vor sich haben? Wenn Bild und Ton verzerrt sind und Sie die Beteiligten mehr schlecht als recht sehen? Wenn die sozialen Signale nicht sichtbar oder spürbar sind und Sie die Reaktionen Ihres Gegenübers gar nicht so detailliert wahrnehmen und einordnen können, wie Sie es aus Offlinegesprächen gewohnt sind?

Ein erster Schritt für digitale Empathie ist ein Perspektivwechsel – und zwar noch bevor das Gespräch überhaupt stattfindet. Fragen Sie sich selbst: Was brauchen die anderen Personen in dem Onlinegespräch von mir? Was würde mir selbst helfen? Machen Sie sich bewusst, dass Sie zwar in physischer Distanz über einen Monitor kommunizieren – dass die Personen auf der anderen Seite dieses Monitors aber immer noch Menschen sind. Allein indem Sie sich das bewusst vor Augen führen, reduzieren Sie schon einmal die Anonymität, die in digitalen Gesprächen herrschen kann. Dadurch machen Sie sich klar: Menschen schalten sich nicht aus dem Nichts ins Online-Meeting und verschwinden anschließend auch nicht wieder in diesem Nichts. Auch sie haben vor dem Gespräch schon etwas erlebt, hatten einen erfolgreichen Tag oder einen jener Tage, die sie gerne möglichst schnell vergessen möchten. Vielleicht ist ihnen auf dem Weg zur Arbeit etwas Seltsames oder Lustiges passiert oder sie haben etwas Erwähnenswertes gesehen. Dinge also, die sie bewegen und in eine bestimmte Stimmung versetzen. Oder anders ausgedrückt: Ihre Onlinegesprächspartner kommen mit einem vollgepackten Rucksack in das Gespräch, dessen Inhalt Sie nicht kennen.

Mithilfe eines Perspektivwechsels holen Sie die Person erst einmal ab. Fragen Sie sie, was sie erlebt hat, und zeigen Sie ehrliches Interesse daran, wie es ihr geht. Das kann durch offene Fragen geschehen wie zum Beispiel: Was hast du heute schon erlebt? Wie ist dein Tag bisher verlaufen? Für regelmäßige Online-Meetings kann das auch anhand von Aktivierungsübungen geschehen, beispielsweise mit einem Online-Kaffeekränzchen, das wie ein Ritual immer zu Beginn durchgeführt wird. So finden Sie und alle Beteiligten heraus: Wie geht es den anderen? Wo drückt der Schuh? Was bewegt sie heute? Was motiviert sie in dieser Situation am besten? Dieser Einstieg zum »Einfühlen« braucht in der Regel nicht viel Zeit. Sie schlagen die Brücke zur sozialen Interaktion und kreieren bewusst Raum für Beziehungsaufbau oder Beziehungspflege mit Ihren Onlinegesprächspartnern. Erste Hinweise dazu finden Sie in Kapitel 4 – eine ganze Reihe an Übungen und Methoden in Kapitel 5.

Der zweite Schritt für das Ermöglichen von Empathie im digitalen Raum ist, nach Gemeinsamkeiten mit den Gesprächspartnern zu suchen. Schon kleine Dinge (»Ich habe auch einen Hund/eine Katze«) schaffen die Grundlage für den weiteren Verlauf. Haben zwei Menschen Gemeinsamkeiten gefunden, ist der erste Schritt gegenseitiger Sympathie gemacht. Und Sympathie ist die Vorbotin von Vertrauen. Wenn wir einer Person vertrauen, sind wir eher gewillt und motiviert, uns auf ihre Gefühlswelt einzulassen. Durch die Gemeinsamkeit ist uns das Wohlergehen der anderen Person wichtiger. Und wir möchten eher wissen, wie es ihr geht.

Der dritte Schritt ist eine Technik, die aus dem neurolinguistischen Programmieren (NLP) bekannt ist: das sogenannte *Pacing* und *Leading*. Übersetzt bedeutet das »Mitgehen« und »Führen«. Im Kontext der digitalen Interaktion bedeutet es, dass wir im Onlinecall versuchen, uns in Wortwahl, Stimme und Haltung unseren Gesprächspartnern anzupassen oder sie durch unsere Wortwahl, Stimme und Haltung in eine andere Richtung zu lenken. Dazu ein Beispiel:

Sie warten nun schon seit fünf Minuten im digitalen Wartezimmer darauf, dass die Organisatorin endlich das Online-Meeting startet. Zwei weitere Minuten vergehen und schließlich lässt Sie die Person in das Meeting. Sofort merken Sie: Sie ist abgehetzt und gestresst. Also wählen Sie beim Sprechen bewusst das *Leading* und sprechen die Person mit einer ruhigen Stimme und entschleunigter Sprechgeschwindigkeit an. Sie nehmen sich bewusst Zeit, lassen die Person zur Ruhe kommen und wechseln erst zum eigentlichen Inhalt, sobald die Gesprächsatmosphäre für beide Beteiligten angenehm ist. Die beruhigende Wirkung Ihrer Stimme geht in der Regel unmittelbar auf die gehetzte Person über und deren Stresslevel sinkt.

Zwischenfazit !

Digitale Empathie und der Online-Perspektivwechsel sind die Grundvoraussetzung dafür, die Emotionen Ihrer Gesprächspartner aufnehmen, begreifen und antizipieren zu können. Wir bedienen uns unserer empathischen Fähigkeiten, indem wir

1. bewusst herausfinden möchten, in welcher Gefühlslage unser Gesprächspartner in das Gespräch kommt;
2. nach Gemeinsamkeiten suchen;
3. bewusst unsere Stimme und Wortwahl einsetzen und diese entweder an die Person anpassen – für eine weitere Gemeinsamkeit – oder die Person damit in eine andere Stimmung führen.

Sie wissen nun auch, auf welche Art und Weise der erste Eindruck entsteht und worauf er beruht. Im nächsten Schritt erfahren Sie, wie Sie den ersten Onlineeindruck bewusst prägen können. Denn der erste Eindruck entsteht nicht erst im Onlinecall. Er entsteht schon beim ersten Kontaktpunkt mit den zukünftigen Gesprächspartnern: durch die E-Mail, den Telefonkontakt, die Meetingeinladung, den Brief. Ganz gleich, auf welche Art und Weise vorher Kontakt stattgefunden hat: Jeder davon zahlt in das Erster-Eindruck-Konto ein. Also: Seien Sie kreativ und schaffen Sie bereits hier positive Assoziationen, um Vorfreude, Interesse und Neugier aufzubauen. Fragen Sie sich: Wie flexibel, freundlich und kompetent möchten Sie schon vorab wahrgenommen werden? Und: Was können Sie tun, um später im Onlinecall zu überzeugen? Die persönliche Vorbereitung ist dabei essenziell. In Kapitel 2 kommen wir noch ausführlicher darauf zurück. Wenn Sie wissen, dass die Webcam Sie nervös macht, sollten Sie sich proaktiv damit auseinandersetzen. Wenn Sie wissen, dass Sie sich vor allem zu Beginn eines Gesprächs oftmals verhaspeln, weil Sie aufgeregt sind, sollten Sie Strategien entwickeln und daran arbeiten, um das künftig zu vermeiden. Sind Sie unsicher, wie Sie vor der Kamera wirken? Schalten Sie sie an, nehmen Sie sich auf und schauen Sie selbst: Gefällt Ihnen das, was Sie sehen? Woran können Sie arbeiten, um im Gespräch noch mehr positive Wirkung zu erzielen?

Je besser Sie wissen, wie Sie vor der Kamera wirken und was Sie tun können, um Ihre Wirkung zu stärken, desto erfolgreicher sind Sie im Onlinegespräch. Auch wenn es anfangs noch ungewohnt für Sie ist: Nutzen Sie die Webcam als Übungsinstrument für sich, um an Ihrer Wirkung in Onlinegesprächen zu arbeiten. In den Folgekapiteln gehen wir noch wesentlich stärker darauf ein. Ich möchte Ihnen aber schon mal einen kleinen Vorgeschmack geben, welche Aspekte für die digitale Rhetorik relevant sind:

- Die Haltung: Wie sitzen oder stehen Sie vor der Kamera?
- Die Kamera: Wie hoch ist die Kamera eingestellt und wie ist die Perspektive auf Sie?
- Das Mikrofon: Wie gut funktioniert Ihr Mikrofon? Ist es störungsfrei und unterdrückt Nebengeräusche?
- Die Gestik: Wo haben Sie Ihre Hände – insbesondere wenn diese gerne ein Eigenleben führen?
- Die Mimik: Wie setzen Sie Ihre Mimik ein – immerhin ist sie eines der wichtigsten nonverbalen Stilmittel in der digitalen Rhetorik?
- Der Blick: Wo blicken Sie im Onlinegespräch hin?
- Die Technik: Haben Sie die Technik im Griff – oder hat die Technik Sie im Griff?

Wenn Sie kontinuierlich an diesen Aspekten arbeiten, kommen Sie zunehmend sympathisch bei den Gesprächsteilnehmenden an. Und es ist erwiesen, dass Menschen, die sympathisch wirken, automatisch als kompetent eingestuft werden (Aronson/Willerman/Floyd 1966). Solche Menschen erhalten mehr Zuwendung, werden ernster genommen – und wenn sie mal einen Fehler machen, ist der schneller verziehen als bei »Unsympathen«. Doch Vorsicht, Stolperfalle: Versuchen Sie bloß nicht krampfhaft, sympathisch zu wirken. Wenn Sie unnatürlich und nicht authentisch auftreten, werden Sie schnell wieder in die Schublade »Feind« gesteckt. Der Einsatz Ihrer empathischen Fähigkeiten ist ein Prozess, ein Ausprobieren, Reflektieren, Verändern, ein Zusammenfinden mit der Technik und ein kontinuierliches Üben, Üben, Üben. Für den gekonnten Einsatz von digitaler Rhetorik und digitaler Empathie ist ein klares Bewusstsein für das eigene Rollenverständnis ein weiterer Schlüssel zum Erfolg.

1.7 Ihr Rollenverständnis

In meiner Arbeit als Trainerin für digitale Rhetorik höre ich oftmals folgende Sätze:

- »Vor der Kamera komme ich nicht gut an, ich bin nicht telegen.«
- »Ich höre mich im Videocall ganz anders an, das bin nicht ich.«
- »Ich bin nun mal kein selbstdarstellerischer Thomas Gottschalk. Ich stehe gar nicht gerne vor der Kamera.«

Diese Argumente sind alle legitim, zeugen allerdings vor allem von der mangelnden Vertrautheit im Umgang mit dem Medium Webcam. Und keine Sorge: Sie sind nicht allein. Das passende Verhalten vor der Kamera ist den wenigsten angeboren – obwohl die Generationen Z und Alpha (die Nachfolger der Generation Z) wahrscheinlich weniger Schwierigkeiten damit haben, sich vor einer Kamera zu präsentieren. Dafür müssen diese Generationen wieder aufs Neue lernen, was Ruhe, Entschleunigung und Langeweile bedeuten, und verstehen, dass nicht auf jedes Handeln Feedback folgt. Das Schöne für jede Generation ist: Sie können immer dazulernen. Heute ist es in der Regel so, dass die Personen, die wir für ihr Auftreten vor der Kamera bewundern, sich das durch harte Arbeit und viel Übung angeeignet haben. Schauen wir uns einmal Schauspieler an: Derjenige, der auf 100-prozentig authentische Art und Weise den hinterlistigen Ganoven spielt, ist im wahren Leben bestimmt kein geborener Bankräuber oder Casinotrickser. Diejenige, die sich in einem Film nicht binden kann und eine Affäre nach der anderen hat, kann im wahren Leben die treuliebende Ehefrau sein. Und trotzdem nehmen wir ihnen die Rolle im Film ab, weil sie sie so gut spielen – und weil sie die Szenen mindestens mehrere Dutzend Male gedreht haben, bis es endlich gepasst hat. Nur: Davon bekommen wir nie etwas mit. Was wir sehen, ist immer perfekt.

Was heißt das für Sie? Je nachdem, was Ihr Job und was Ihre Aufgabe ist, schlüpfen Sie immer wieder in unterschiedliche Rollen hinein. Das kann die Rolle der Mutter oder des Vaters sein, die der Chefin oder des Kollegen, der Freundin oder des besten Kumpels. In jeder dieser Funktionen nehmen wir ein anderes Verhalten an, das eben dieser Rolle entspricht. Als Familienvater oder -mutter benehmen Sie sich sicherlich anders, als wenn Sie mit Ihren Vorgesetzten eine Gehaltsverhandlung führen. Und das tun Sie wie selbstverständlich, unbewusst, ohne darüber nachzudenken. Sie rutschen quasi automatisch in die Rolle hinein, die die Situation Ihnen abverlangt.

Machen Sie sich nun bewusst, dass Sie im Onlinegespräch – sowohl als moderierende als auch als teilnehmende Person – eine bestimmte Rolle einnehmen. Nicht so unbewusst und situativ wie die Rolle des Vaters oder der Chefin, sondern ganz bewusst. Und diese Rolle verlangt von Ihnen einen souveränen Auftritt vor der Kamera, besonders dann, wenn Sie moderieren oder präsentieren. Das bedeutet keinesfalls, sich zu verbiegen oder sich untreu zu werden. Wenn Sie allerdings regelmäßig mit dem Medium Videocall arbeiten möchten oder müssen, ist es Ihnen nur dienlich, wenn Sie sich mit gewissen Gegebenheiten arrangieren. So wie Sie sich damit arrangieren müssen, dass Sie einige Monate lang schlaflose Nächte haben werden, wenn Sie sich einen Hundewelpen anschaffen – auch wenn das Durchschlafen in der Nacht für Sie »heilig« ist. Aber da müssen Sie durch – und da kommen Sie durch. Das ist, was zählt. Und wie sagte William Shakespeare so schön: »Die ganze Welt ist eine Bühne und alle Männer und Frauen sind nur Spieler.« Als moderierende Person sind Sie in einer Rolle, in der Sie gewisse Fähigkeiten an den Tag legen sollten, um ganzheitlich als kompetent und authentisch wahrgenommen zu werden – um nicht verkrampft und gezwungen zu wirken. Das braucht Übung.

Wie schlüpfen Sie nun in die Rolle der moderierenden Person? Manchen Menschen hilft es, sich vor dem Videocall einmal laut zu sagen: »Ich bin jetzt Moderator. Als Moderator bin ich so (z. B.: bestimmt, lustig, freundlich usw.), blicke bewusst in die Kamera und spreche so (z. B.: laut, langsam, hoch, tief usw.).« Es geht dabei nicht darum, eine Fähigkeit zu besitzen, die perfekt ausgeprägt ist. Vielmehr sollen Sie sich ausprobieren, herantasten und mit der Zeit in die Rolle hineinwachsen, in der Sie sich am wohlsten fühlen. Denn dann sind Sie in der Regel authentisch und kommen sympathisch beim Gegenüber an. Hilfreich kann es sein, sich ein Vorbild zu suchen, beispielsweise einen Schauspieler oder eine Key-Note-Speakerin, die Ihnen besonders gefällt. Schauen und hören Sie sich Ihr Vorbild mehrere Male an. Versuchen Sie, die Person nachzuahmen und die Rolle mit Ihren persönlichen Merkmalen anzureichern. Sie werden merken: Je öfter Sie diese Übung wiederholen, desto stärker können Sie sich mit der Rolle identifizieren und desto natürlicher und authentischer »spielen« Sie diese Rolle. Der Weg ist das Ziel. Und versuchen Sie nicht, sich zu verbiegen. Es geht darum, dass Sie die Rolle so interpretieren, wie Sie sich darin wohlfühlen – im Rahmen der Parameter digitaler Rhetorik.

Haben Sie beim Lesen schon darüber nachgedacht, wer Ihr Vorbild sein könnte, wenn Sie in der Rolle des Moderators oder der Moderatorin sind? Wie ist diese Person? Und wie wird Ihre persönliche Interpretation dieser Rolle aussehen? Um das zu üben, empfehle ich den sogenannten Elevator Pitch.

1.8 Der Elevator Pitch

Wahrscheinlich kennen Sie die Methode »Elevator Pitch« schon. Der Gedanke dahinter: eine Idee oder Information so kurz, prägnant und interessant wie möglich auf den Punkt zu bringen. So kurz wie eine Fahrt im Aufzug eben, also ca. 30–45 Sekunden. Diese Methode ist eine wunderbare Übung für den ersten Eindruck, denn damit lernen Sie, die Gesprächsteilnehmenden mit wenigen Worten neugierig zu machen. Auf Sie und auf Ihre Themen. Dabei ist es in meinen Augen nicht notwendig, den Elevator Pitch streng nach seinen ursprünglichen Regeln zu verfassen: Wer bin ich? Was mache ich? Für wen mache ich es? Mit welchem Problem befasse ich mich? Was ist meine Lösung dafür?

Wichtiger ist, dass Sie in der Lage sind, sich oder Ihre Themen in wenigen Sätzen interessant zu inszenieren. Überlegen Sie mal in Ruhe: Was können Sie in wenigen Sätzen und in 30 Sekunden an Leistungen, Eigenschaften oder anderen beruflichen Herzensangelegenheiten in einem persönlichen Stil von sich wiedergeben, damit Ihr Gegenüber aufmerksam oder gar neugierig wird und mehr von Ihnen hören möchte? Schreiben Sie sich das ruhig einmal auf. Fügen Sie, wenn es passt, Ihr persönliches Lebensmotto hinzu. Stellen Sie sich anschließend vor einen Spiegel – oder noch besser: direkt vor eine Webcam. Nehmen Sie sich beim Elevator Pitch auf und schauen Sie sich ihn im Anschluss an. Wie sympathisch und positiv wirkt der kleine Vortrag auf Sie? Versuchen Sie bei der Analyse, Ihre eigene Rolle zu verlassen und bewusst aus der Perspektive eines Außenstehenden auf Ihren Elevator Pitch zu blicken: Was macht die Person, die Sie da sehen, gut? Was kann die Person besser machen, um noch überzeugender zu wirken? Notieren Sie sich alles und drehen Sie noch eine Runde. Behalten Sie das Positive bei oder verstärken Sie es noch weiter. Versuchen Sie alles, was Ihnen negativ aufgefallen ist, dieses Mal anders zu machen. Und dann das Ganze noch mal von vorne.

Allein mit dieser Übung werden Sie zunehmend sicherer und selbstbewusster vor der Kamera. Sie kennen Ihre Bewegungsabläufe, wissen, was Sie vermeiden sollten, und geben ein gutes erstes Bild ab. Darauf können Sie aufbauen!

Zusammengefasst !

Sie haben nun einen ersten Eindruck über die Eigenschaften digitaler Interaktion gewonnen und haben zumindest eine grobe Vorstellung davon, worauf es im Onlinegespräch ankommt. Fassen wir noch einmal zusammen:

- In Onlinegesprächen gelten andere Regeln als offline.
- Das ist für unser Gehirn ungewohnt.
- Das digitale Medium verschiebt die gewohnten Verhaltensweisen und Reaktionsmuster, die wir aus unserer Kommunikation kennen.

- Wir müssen verstehen, wie wir online vor der Webcam auf andere wirken.
- Dafür sollten wir uns unserer Rolle im Onlinegespräch bewusst werden.
- Mit dem Einsatz digitaler Rhetorik können wir die physische und soziale Distanz zu den Gesprächsteilnehmenden weitestgehend überbrücken.
- Die ersten Sekunden, der erste Eindruck vor der Webcam sind dabei entscheidend.
- Durch bewusste Übungen können wir an unserer Onlinewirkung arbeiten.

2 Gute Vorbereitung – der Schlüssel zum Erfolg für Ihre Online-Meetings

Stellen Sie sich einen Onlinetermin vor, der nicht gut strukturiert und vorbereitet ist. Wie läuft dieser in der Regel ab? Alle kommen in den digitalen Meetingraum und reden erst mal durcheinander – oder gar nicht, bis die moderierende Person in die Runde fragt, was an Themen für heute anliegt. Und dann geht die Diskussion los. Dem einen ist Punkt A ganz wichtig, der anderen Punkt B. Eine Person weist darauf hin, dass sie zehn Minuten früher wegmuss, und eine andere ist nicht anwesend. So wird hin und her diskutiert und immer wieder ploppen neue Themen auf, die auch ganz wichtig sind und unbedingt besprochen werden sollten. Die Zeit vergeht und drei Minuten vor dem Ende des Videocalls hat die Gruppe nach wie vor nichts Handfestes erreicht. »Wer macht denn jetzt eigentlich was?«, fragt jemand zögerlich in die Runde. Die moderierende Person schlägt nun spontan eine Abstimmung vor, doch dafür ist gar keine Zeit mehr und die ersten klicken sich bereits raus aus dem Meeting und rein in das nächste. Wieder endet ein Videocall ohne Struktur, ohne Wir-Gefühl und ohne Ergebnisse.

Dieses überspitzte Beispiel verdeutlicht: Die meisten Probleme, die in einem Online-Meeting auftauchen, beruhen auf mangelhafter Vorbereitung. Mit guter akribischer Vorbereitung bleibt Zeit für Small Talk, für Auflockerungsübungen und für das Geschäftliche. Gute Vorbereitung ist mehr als nur die halbe Miete. Denn wenn Sie in allen Belangen gut vorbereitet in ein Onlinegespräch gehen, sind Sie selbstsicher und haben richtig Lust auf das Gespräch. Wenn Sie wissen, wie Sie vor der Kamera aussehen und wirken, worauf Sie achten müssen, um die Aufmerksamkeit und Anteilnahme der Beteiligten konstant hochzuhalten, und einen Plan B in der Hinterhand haben, falls die Technik Ihnen mal einen Streich spielen sollte – dann kann Sie nichts und niemand mehr aus der Fassung bringen. Wie Sie hinter all diese Punkte entspannt einen Haken setzen können, erfahren Sie in diesem Kapitel.

Das Onlineformat erfordert eine deutlich höhere Aufmerksamkeit und Flexibilität. Wer sich intensiv damit auseinandersetzt, kann trotz eingeschränkter Wahrnehmungskanäle und fehlender sozialer Nähe überzeugen. Wer sich dagegen nicht gut vorbereitet, erzielt in der Regel ein Ergebnis, das wir vermeiden möchten: PowerPoint-Schlachten im Stil »betreutes Lesen«, keine Interaktion, wenig Struktur und noch weniger Übersicht. Im direkten Gespräch können wir intuitiver sein, das Gespräch einfach mal »laufen lassen« und schauen, welche Richtung es annimmt. Wir können besser und schneller reagieren und Gespräche zurück in die von uns gewünschten Bahnen lenken, weil wir die Reaktionen der Teilnehmenden offline viel stärker wahrnehmen: Hören sie noch zu? Sind sie noch bei der Sache? Stimmen sie überein? Und so weiter. Im digitalen Raum fehlt uns all das. Wir müssen uns stärker auf die Dinge konzentrieren, mit denen wir Wirkung erzielen können – und diese auch entsprechend vorbereiten.

Bereiten Sie sich also technisch, organisatorisch, inhaltlich und persönlich auf den Videocall vor.

Ein letzter Hinweis vorab: Technische, organisatorische, inhaltliche und persönliche Vorbereitung sind hier zwar in einzelne Abschnitte unterteilt – sie gehen aber teilweise Hand in Hand und sollten nicht isoliert voneinander betrachtet werden. Je nachdem, ob Sie die Gespräche organisieren und moderieren oder nur daran teilnehmen, sind manche Aspekte mehr und manche weniger relevant für Sie. Dennoch kann es Ihnen Ideen und Anregungen geben, die Sie mit den Organisierenden oder Moderierenden der Veranstaltungen teilen können. Dieses Medium ist für die meisten komplettes Neuland. Deshalb sehe ich immer wieder sehr viel Dankbarkeit über Feedback, Ideen und Impulse, wie die Dinge im Onlinegespräch verbessert werden können – für alle.

!

Und noch eine Bitte

Melden Sie sich ab jetzt immer direkt zu Wort, wenn Ihnen im Onlinecall etwas unangenehm auffällt. Wenn Sie beispielsweise die sprechende Person nicht gut verstehen können, weil mit ihrem Mikrofon oder ihrer Internetverbindung etwas nicht stimmt – dann weisen Sie sie darauf hin. Sie wird es sonst nicht mitbekommen, was schade für alle Beteiligten ist. Direktes Feedback macht es allen leichter und ist wesentlich effektiver, als erst im Anschluss an das Gespräch eine Feedback-E-Mail zu versenden.

2.1 Technische Vorbereitung

2.1.1 Achtung: Turbulenzen

Kennen Sie Chesley Sullenberger? Der amerikanische Passagierpilot musste im Januar 2009 einen Airbus A320 im New Yorker Hudson River notlanden, weil ein Vogelschlag kurz nach dem Start die Turbinen der Maschine beschädigt hatte. Eine spektakuläre Notlandung mit genau null Toten. Sullenberger sagte später in einem Interview, er habe noch nie eine Wassernotlandung in einem Ballungsgebiet simuliert – und schon gar nicht unter so unfassbar schlechten Bedingungen und in einer so kurzen Reaktionszeit. Aber: Piloten können so etwas, weil sie darauf trainiert sind, immer zu denken: Was wäre, wenn …? »Sully« hatte sich über die Jahre hinweg für jedes noch so absurde Szenario einen Plan B zurechtgelegt. Also überlegte er nicht lange, beendete den Funkkontakt, damit er sich zu 100 Prozent konzentrieren konnte, und brachte die Passagiermaschine – wie selbstverständlich – im Wasser sicher runter.

Warum erzähle ich Ihnen von diesem Vorfall? In Online-Meetings haben wir mehr als eine zusätzliche Komponente, die uns einen Strich durch die Rechnung machen könnte. Plötzlich streikt das WLAN, die Verbindung vom Funkkopfhörer bricht ab oder das Betriebssystem macht beim Starten der Videokonferenzanwendung ein einstündiges

Update. Ich habe im Laufe der Zeit festgestellt: In Online-Meetings gibt es technisch nichts, was nicht schiefgehen kann. Deshalb kann ich Ihnen nur ans Herz legen: Bereiten Sie sich gründlich auf Ihre Onlinecalls vor. Überlegen Sie im Voraus »Was wäre, wenn ...?« – und halten Sie das ein oder andere Plan-B-Szenario in der Hinterhand. Dann steuern Sie souverän durch turbulente Phasen des Onlinegesprächs.

Diese Regel gilt unabhängig davon, ob Sie das Onlinegespräch organisieren oder lediglich an ihm teilnehmen: Machen Sie Ihre technischen Hausaufgaben. Onlinecalls sind seit der Coronakrise im Businessalltag angekommen und werden daraus nicht mehr verschwinden. Wenn Sie sich einmal gründlich mit der technischen Vorbereitung auseinandersetzen, legen Sie den Grundstein für alle weiteren Videocalls in Ihrem Leben. Das ist die absolute Basis. Werfen wir nun einen Blick auf die nötige Technik.

2.1.2 Die Kamera

Die meisten Laptops haben heutzutage solide Kameras integriert. Warum eine externe Webcam dennoch von Vorteil ist, erfahren Sie gleich. Zunächst möchte ich die Frage beantworten: Warum überhaupt ein Telefonat mit Kamera?

Mit dem Bild sprechen wir den vielleicht wichtigsten Sinneskanal für den Austausch von Informationen an: das Auge. Alles, was wir über das Auge wahrnehmen, bleibt tiefer bei uns hängen und können wir besser abrufen. Eine bildliche Verknüpfung hilft unserem Gehirn, sich leichter an Dinge zu erinnern. Fehlt das Bild, kann nur schwer ein Lerneffekt entstehen. Zudem unterstützt beim Gespräch der Blick auf den Mund (und das passiert ganz unbewusst) das Verständnis. Finden Sie es nicht auch ungewohnt, mit Menschen zu sprechen, die einen Mundschutz tragen? Wenn wir die Lippen des Gegenübers nicht sehen, können wir die Person schlecht bis kaum verstehen, wenn sie undeutlich spricht.

Dazu möchte ich eine kleine Anekdote mit Ihnen teilen: Für das Arbeiten am Computer trug ich eine Zeit lang eine reine Lesebrille. Für den Blick auf den Monitor war sie perfekt. Für den Blick in die »reale Welt« eher nicht. Jedes Mal, wenn eine Kollegin oder ein Kollege an meinen Schreibtisch kam und mit mir sprechen wollte, hob ich den Blick vom Monitor – und sah erst einmal eine verschwommene Welt. Fing die Person direkt an zu sprechen, rutschte mir oftmals heraus: »Warte, ich muss schnell noch meine Brille abnehmen, sonst kann ich dich nicht hören«, was erst zu verdutzten Gesichtern und dann zu Lachern führte. Das mag paradox klingen. Diese Anekdote zeigt aber deutlich: Ist unsere visuelle Wahrnehmung gestört oder abgelenkt, wirkt sich das unmittelbar auf unser Gehör aus.

Neben dem Aspekt der Aufmerksamkeit überbrücken Sie mithilfe einer Webcam außerdem die Distanz zu Ihren Gesprächspartnern. Die Kamera gibt Ihnen die Möglichkeit, sich mithilfe digitaler Rhetorik in Szene zu setzen. Wenn alle die Webcam eingeschaltet haben, erlangen Sie als moderierende Person damit zumindest im Ansatz die soziale Kontrolle über die Teilnehmenden: Was machen die anderen? Schweifen sie mit den Gedanken ab? Sind sie mit den Händen auf der Tastatur, mit den Augen auf einem anderen Bildschirm – oder hören sie mir zu? Es kommt immer wieder vor, dass Personen sich weigern, ihre Webcam einzuschalten. Das können Sie nur schwer verhindern. Aber es schadet dem Gemeinschaftsgefühl und kann die Kommunikation verschlechtern. Hilfreich ist deshalb, vor dem Meeting ein paar Verhaltensregeln – einen *Code of Honor* – aufzustellen und die Teilnehmenden zu bitten, sich daran zu halten. Mehr dazu finden Sie in Kapitel 2.2.

Zurück zur Kamera: Warum ist eine externe Webcam besser als die im Laptop installierte?

Als Erstes ist es schlichtweg die Qualität, die bei externen Webcams besser ist. Und dafür müssen Sie nicht einmal viel Geld ausgeben. Gute Webcams gibt es bereits für ca. 50 Euro. Wichtig ist, dass die Kamera einen Autofokus hat. Abgesehen davon brauchen Sie keine besonderen Features. Zudem, und das ist noch bedeutender, kann die Ausrichtung und Höhe leichter verändert werden. Manche Laptops haben die Kamera direkt oberhalb der Tastatur, unterhalb des Monitors installiert, also sehr tief. Das bedeutet, man sieht übergroße Finger, sobald die Person etwas auf der Tastatur macht – was wieder sehr irritierend ist (Abb. 2.1). Die Höhe ist wichtig für den Blickkontakt. Denn der soll beim Sprechen in die Webcam möglich sein. Damit Sie nach wie vor auch die Teilnehmenden beobachten können, während Sie in die Webcam blicken, lohnt es sich, eine externe Webcam auf einem kleinen Tischstativ vor dem Monitor zu platzieren. So haben die Teilnehmenden das Gefühl, Sie blicken sie direkt an, selbst wenn Sie an der Webcam vorbeischauen – auf die Kacheln der Teilnehmenden oder die Präsentation, die Sie über den Bildschirm teilen. Falls Sie keine Möglichkeit für eine externe Webcam haben, können Sie den Laptop auch mit simplen Alltagsgegenständen auf die richtige Höhe bringen. Dafür eignen sich ein Stapel Bücher, eine große Salatschüssel oder auch vier bis acht Klopapierrollen. Das Problem ist dann allerdings, dass Sie die Tastatur schlechter bedienen können. Deshalb wäre eine externe Tastatur von Vorteil, was ich Ihnen bei einem Laptop ohnehin empfehle, damit die Distanz zur Webcam und somit die Proportionen im Bild ansprechender sind. Dazu später mehr.

Wie ist die ideale Einstellung für die Höhe der Kamera? Die Kameralinse ist ungefähr auf Stirnhöhe auszurichten. Wenn Sie dann in die Webcam blicken, haben die Teilnehmenden das Gefühl, Sie blicken ihnen »direkt in die Augen« und begegnen ihnen also auf Augenhöhe.

Welche Auswirkungen hat eine falsch eingestellte Kamera?

- Die Kamera ist zu tief eingestellt (Abb. 2.2):
  In diesem Fall haben die Teilnehmenden das Gefühl, als blickten Sie von oben auf sie herab. Das wirkt schnell überheblich. Je nachdem, wo Ihr Blick ist, kann es so aussehen, als sprächen Sie über die Teilnehmenden hinweg und adressierten eine andere Person hinter dem Bildschirm (Abb. 2.3). Auch präsentieren Sie den Teilnehmenden mit einer sehr tiefen Kameraeinstellung den Einblick in Ihre Nasenlöcher. Das Gesicht wirkt dabei unförmig und überproportional groß. Das wiederum kann unterbewusst Skepsis und Ablenkung bei den Teilnehmenden bewirken.
- Die Kamera ist zu hoch eingestellt (Abb. 2.4):
  Sie machen sich unnötig klein. Ihr Gesicht wirkt unnatürlich schmal und lang und Sie schauen mit Dackelblick zu den Teilnehmenden hinauf, was an den Blick eines Kindes erinnern kann. Damit schaffen Sie – wenn auch nur im Unterbewusstsein der anderen Teilnehmenden – kein professionelles und souveränes Erscheinungsbild. Je nach Lichtverhältnissen bekommen Sie gegebenenfalls noch große Schatten unter den Augen, was Sie müde und erschöpft aussehen lässt.

Sie sehen also: Beide Einstellungen sorgen für ein hierarchisches Ungleichgewicht zwischen Ihnen und den anderen Teilnehmenden. Achten Sie deshalb darauf, die Webcam auf Stirnhöhe zu positionieren.

Wie sollen die Proportionen für Ihr Bild sein? Wenn Sie die Webcam Ihres Laptops verwenden, sind Sie in der Regel zu dicht an der Linse. Dabei passiert es schnell, dass Ihr Kopf im Bild oben abgeschnitten ist (Abb. 2.5). Um das zu vermeiden und einen passenden Abstand zur Kamera zu haben, sollten Sie den Laptop erhöht etwas weiter von sich wegstellen und – wie oben bereits erwähnt – eine externe Tastatur verwenden. Das andere Extrem ist, dass Sie zu weit von der Webcam entfernt sind und somit sehr klein auf dem Bildschirm wirken (Abb. 2.6).

Generell gilt für eine optimale Bildaufteilung die folgende Regel: ein Fünftel oben frei, zwei Fünftel der Kopf und zwei Fünftel die Schultern/der Oberkörper.

Eine einfache Möglichkeit, die Proportionen zu überprüfen, ist, die Hand quer auf Ihren Kopf zu stellen (Abb. 2.7). Der kleine Finger soll dann am obersten Rand des Bildes sein, sodass Ihre Hand ca. ein Fünftel der Bildfläche einnimmt. So stellen Sie sicher, dass Ihr Haarschopf nicht abgeschnitten wird und das Gesicht nicht unförmig oder unproportional wirkt.

Abb. 2.1: Übergroße Finger im Bild

Abb. 2.2: Kameraeinstellung zu tief und Blick von oben herab

Abb. 2.3: Kameraeinstellung zu tief – über die Gesprächspartner hinweg sprechen

Abb. 2.4: Kameraeinstellung zu hoch

Abb. 2.5: Gesicht zu nah an der Webcam und Kopf dadurch abgeschnitten

Abb. 2.6: Kamera zu weit entfernt und Proportionen dadurch zu klein

Abb. 2.7: Optimale Kameraeinstellung und Proportionen im Bild

2.1.3 Das Mikrofon

Genau wie die Investition in eine externe Webcam ist der Kauf eines soliden Mikrofons oder guten Headsets sehr lohnenswert. Die Geräte liegen preislich in der Regel bei 50 bis 80 Euro – nach oben offen. Da der Lautsprecher nur für Sie relevant ist, können Sie den im Laptop eingebauten nutzen und nur ein externes Mikrofon dazukaufen. Das ist vor allem dann optimal, wenn Sie allein in einem Raum sind und Sie sehr viele oder sehr lange Gespräche online führen. Mit der Zeit kann sich das Headset – je nach Qualität – an den Ohren unangenehm anfühlen, insbesondere wenn Sie sehr sensible Haut haben. Zudem gibt es inzwischen so gute Mikrofone oder Mini-Konferenzsysteme, dass Sie dann auch problemlos aufstehen und zum Beispiel hinter sich auf einem Flipchart etwas zeigen und erklären können – ohne dass die Tonqualität dabei leidet.

Als externes Mikrofon können Sie entweder ein Tischmikrofon nutzen oder auch ein Ansteckmikrofon wählen. Wichtig ist eine gute Geräuschunterdrückung, damit Tippen auf der Tastatur, Bewegungen mit der Maus oder andere Geräusche möglichst nicht übertragen werden. Was das Headset anbelangt, ist natürlich auch die Tonqualität wichtig. Vor allem aber müssen Sie das Tragegefühl mögen. Ich empfehle Ihnen ein Headset, das den Ton auf beide Ohren überträgt. Bei nur einem Ohr strengen Sie Ihr Gehirn unnötig stark an. Falls Sie sich noch unsicher sind: Ein Headset ist natürlich sichtbar. Prinzipiell ist die Tonqualität für die Zuhörenden über ein Headset jedoch am besten – durch die Nähe am Mund und die damit verbundene Entfernung von anderen Geräuschquellen.

Ganz gleich, ob Sie sich für ein externes Mikrofon, ein Konferenzsystem oder ein Headset entscheiden: Alle sollten unbedingt ein Kabel und einen USB-Anschluss haben.

Denn so eliminieren Sie eine technische Schwachstelle, die Ihnen während des Online-Meetings Schwierigkeiten bereiten kann – wenn zum Beispiel der Akku der Earpods nachlässt oder die Bluetooth-Verbindung abbricht und sich Ihr Smartphone plötzlich in Ihr Ohr »drängelt«. Für die meisten Headsets sind die Kabel lang genug, sodass Sie auch damit aufstehen und sich ein bisschen bewegen können.

! **Zwischenfazit**

Eine gute Webcam und ein solides Mikrofon kaufen Sie nicht für sich, sondern für die Teilnehmenden. Sie persönlich haben ja nichts davon, wenn auf den Bildschirmen der Zuschauenden ein scharf gestochenes Bild von Ihnen ist – oder? Das ist jedoch ein gefährlicher Trugschluss. Denn die Investitionen in Webcam und Mikrofon sind letzten Endes eine Investition in Ihre Wirkung, Ihre Professionalität und den Beziehungsaufbau zu den Teilnehmenden.
Machen Sie vor jedem Gespräch einen Bild- und Tontest. Diese Tests werden von allen Videokonferenzsystem-Anbietern angeboten, bevor Sie in das Gespräch eingeloggt werden. Achten Sie beim Tontest darauf, dass das Mikrofon weit genug vom Mund entfernt ist, damit später kein Atmen, Schnalzen oder Schmatzen zu hören ist. Für den Bildtest gilt: Denken Sie an die 1/5-2/5-2/5-Regel. Und denken Sie an ein passendes Setting, sprich: die Lichtverhältnisse und den Hintergrund.

2.1.4 Licht

Je nach den räumlichen Gegebenheiten haben Sie unterschiedliche Möglichkeiten, Ihr Gesicht optimal auszuleuchten und somit ein ansprechendes Bild für die Zuschauenden zu schaffen. Generell ist darauf zu achten, dass kein Licht von hinten auf die Webcam scheint. Das ist der Fall, wenn Sie mit dem Rücken zum Fenster sitzen (Abb. 2.8). Die Folge: Sie sind nur als dunkler Schatten zu sehen. Mimische Ausdrücke können nicht mehr über den Monitor wahrgenommen werden. Positionieren Sie Ihren Schreibtisch deshalb wenn möglich so, dass Tageslicht von seitlich vorne auf Sie fällt. In hellen Räumen ist dann oft gar keine weitere Lichtquelle notwendig. Wenn Sie frontal vor einem Fenster sitzen, passiert es oft, dass Sie die Augen aufgrund der Helligkeit etwas zusammenkneifen und einen unfreundlichen Gesichtsausdruck bekommen. Hinzu kommt, dass es für Ihre Augen anstrengend ist und Sie je nach Stand der Sonne noch zusätzlich geblendet werden.

Befinden Sie sich im Unternehmen, nutzen Sie am besten einen hellen Besprechungsraum. Ungünstig sind gläserne Räume am Gang, zum Beispiel auf dem Weg zur Kantine. Falls Sie kein oder nur seitliches Tageslicht haben (Abb. 2.9), können Sie sich ein sogenanntes Ringlicht oder eine Softbox anschaffen. Beides ist von den Kosten her relativ überschaubar und zum Teil schon ab 25 Euro erhältlich.

- **Ringlicht**
  Ringlichter sind prinzipiell dafür gedacht, dass sie um die Kamera herum positioniert sind. Davon rate ich für Videokonferenzen ab. Denn auch dann werden Sie zu

stark geblendet und kneifen die Augen zusammen. Ich habe zum Beispiel die Variante Tageslicht von seitlich vorne. Zusätzlich habe ich jeweils ein Ringlicht rechts und links von meinem Monitor stehen. Solange es ausreichend Tageslicht gibt, schalte ich nur das dem Fenster entgegengesetzte Licht ein. Sobald es draußen dunkel wird, werden beide Lichter eingeschaltet. Somit habe ich kein Licht vor mir, das mich blendet, und die Gesichtshälften sind optimal und gleichmäßig ausgeleuchtet.

- **Softbox**
  Wenn Sie Brillenträger sind, ist je nach der Platzierung der Ringlichter ein runder heller Kreis auf Ihren Brillengläsern zu sehen. Das kann unangenehm sein und irritiert die Zuschauenden. Deshalb würde ich Ihnen Softboxen empfehlen. Es sei denn, Sie haben die Möglichkeit, die Lichter weit genug entfernt an der Seite zu platzieren, sodass es keine Spiegelung auf den Brillengläsern gibt.

Achten Sie beim Kauf darauf, dass das Stativ stabil ist und sich gut und einfach in der Höhe verstellen lässt. Zudem ist es wichtig, dass es unterschiedliche Wärmegrade gibt und das Licht entsprechend dimmbar ist.

Abb. 2.8: Licht von hinten, zum Beispiel durch ein Fenster im Hintergrund

Abb. 2.9: Licht nur von einer Seite

2.1.5 Hintergrund

Um die Aufmerksamkeit auf sich und Ihr Thema zu lenken, wählen Sie am besten einen ruhigen Hintergrund, also: kein volles Bücherregal und auch keinen Küchenschrank. Auch ein weit nach hinten verlaufender Raum ist unpassend für einen Videocall, ebenso wie das Schlafzimmer: Das Gehirn schaltet hier sonst unbewusst auf »Schlaf«. Besser sind einfarbige Wände, vielleicht noch mit einem Bild oder eine Blumenvase im Hintergrund. Wenn Ihre Möglichkeiten zu Hause zu eingeschränkt sind, können Sie auch einen Paravent hinter sich platzieren, mit dem Sie den Hintergrund verdecken.

Dieser lässt sich mit ein bis drei Bildern oder Fotos noch etwas aufhübschen und personalisieren. Sie können ihn auch als Flipchart-Halterung nutzen.

Diese Varianten sind deutlich besser als ein virtueller Hintergrund. Erstens haben Sie die beschriebene Möglichkeit, persönliche Bilder darauf zu platzieren. Zweitens haben Sie nicht die Problematik, dass Ihr Bild durch den virtuellen Hintergrund unscharf wird oder verzerrt. Sofern Sie keinen Greenscreen haben – es muss jedoch nicht unbedingt ein Greenscreen sein, es reicht auch eine einfarbige Wand ohne Maserung –, werden Ihre Konturen nämlich schlecht vom Hintergrund getrennt. Deshalb verschwimmen Ihre Hände und Haare, sobald Sie sich minimal bewegen. Zudem ist ein virtueller Hintergrund sehr unpersönlich – es sei denn, Sie benutzen ein eigenes Foto, zum Beispiel ein Landschaftsbild, das Sie aufgenommen haben, oder haben einen personalisierten virtuellen Backdrop für Ihre virtuellen Veranstaltungen. Das wiederum zeigt etwas von Ihnen und Ihrer Persönlichkeit.

Je nach Art des Gesprächs kann es von Vorteil sein, wenn Sie durch einen persönlichen Hintergrund etwas von sich preisgeben. Ein ansprechendes Bild im Hintergrund kann direkt aufgegriffen werden und eignet sich für Small-Talk-Themen. Und schon brechen Sie damit zu Beginn des Gesprächs das Eis. Virtuelle Hintergründe bergen nebst dem, dass Ihr Bild verzerrt wird, das Risiko, dass Sie unpersönlich und verschlossen wirken. Das Zeigen der eigenen vier Wände ist sozusagen wie ein Vertrauensvorschuss den Gesprächspartnern gegenüber und bringt das Gesprächslevel schnell auf eine persönliche Ebene. Ein virtueller Hintergrund ist ein bisschen so, als wenn sich jemand im Gespräch zurücklehnt, die Arme überkreuzt und unterbewusst Verschlossenheit signalisiert. Denken Sie an den ersten Eindruck. Wir alle interpretieren unbewusst die von uns aufgenommenen Signale.

Falls Sie für ein sehr formelles digitales Meeting doch gerne einen virtuellen Hintergrund nutzen möchten, suchen Sie nach dem richtigen System dafür. Organisieren Sie als Erstes einen Greenscreen. Ein Tool für virtuelle Hintergründe, das für Mac vorhanden und für Windows noch in der Betaphase ist (Stand: Januar 2021), nennt sich »mmhmm« – und das ist kein Scherz. Den Gründern war bei der Namensgebung wichtig, dass sie den Namen auch beim Essen aussprechen können. Schauen Sie sich das Tool einmal an. So komisch der Name klingt, *mmhmm* ermöglicht Ihnen einen großartigen Umgang mit Präsentationen und Hintergründen und setzt Sie und Ihre Themen sehr gut in Szene.

Abb. 2.10: Ohne Greenscreen verzerrt der virtuelle Hintergrund Ihre Konturen

Abb. 2.11: Manche Hintergründe sind farblich ungeeignet und lenken trotz Schlichtheit ab

PRAXISÜBUNG FÜR ZU HAUSE

Das war's zum Thema Technik. Machen Sie jetzt Ihre technischen Hausaufgaben und sorgen Sie für optimale Grundvoraussetzungen der digitalen Rhetorik: dass Sie gut gesehen und gehört werden. Wenn Sie sich eine hochwertige Kamera und ein passables Headset zugelegt sowie den richtigen Spot mit den passenden Lichtverhältnissen und dem passenden Hintergrund für ein Onlinegespräch gefunden haben, dann machen Sie den Test: Veranstalten Sie ein *Zoom*-Meeting mit sich selbst – ohne weitere Teilnehmende. Zeichnen Sie den Test auf und prüfen Sie, wie Sie wirken. Im Anschluss haben Sie noch genug Zeit und Möglichkeiten, weitere Anpassungen vorzunehmen, bis Sie sich mit den Gegebenheiten wohlfühlen. Natürlich können Sie für das Feedback auch eine externe Person zurate ziehen, die Sie in Ihren Test-Call einladen.

2.2 Organisatorische Vorbereitung

Ein digitales Gespräch wird vielleicht nur von einer Person organisiert. Aber es nimmt immer mindestens eine weitere Person daran teil. Und zu einem verabredeten Gespräch zwischen zwei Personen gehört, dass sich beide Seiten vorab Gedanken über Inhalt, Ablauf und vielleicht sogar Struktur des Gesprächs machen. Natürlich sollten Sie als organisierende Person möglichst antizipieren und den Teilnehmenden vorab eine E-Mail mit nötigen Informationen senden – dazu später mehr. Aber denken Sie nicht, Sie seien von aller Verantwortung befreit, wenn Sie »nur« als teilnehmende Person bei einem Online-Meeting dabei sind. Alle Teilnehmenden sind gleichwertig. Und gerade bei Onlinecalls sind die Teilnehmenden noch stärker gefordert, zum Gelingen beizutragen. Sollte Ihnen die organisierende Person also keine Infos vorab senden, ergreifen Sie die Initiative – im Interesse aller Beteiligten. Schreiben Sie der Person eine kurze E-Mail. Zum Beispiel:

> BEISPIEL: KLÄRENDE E-MAIL
>
> *Guten Tag Frau Müller,*
> *ich freue mich sehr auf unser Onlinegespräch am Mittwoch, den 18. April, um 15:00 Uhr. Damit wir das Gespräch effizient und erfolgreich durchführen können, möchte ich mich so gut wie möglich darauf vorbereiten. Haben Sie für mich eine kurze Agenda/Übersicht der Punkte, die Sie in dem Gespräch besprechen wollen? Gibt es Punkte, zu denen ich Ihnen schon vorab Informationen oder Input liefern kann?*
> *Vielen Dank und freundliche Grüße*
> *Friedrich Frage*

So eine E-Mail ist schnell verfasst und steigert die Effizienz im Gespräch. Wir befinden uns immerhin im Businesskontext: Keiner hat Spaß daran, wenn niemand im Call auf den Punkt kommt, es keinen roten Faden gibt und in einem 30-Minuten-Termin nach 25 Minuten immer noch nichts erreicht ist. Dann handeln fünf Minuten vor Schluss alle hektisch und gestresst, es gibt unwirsche Vorwürfe und Schuldzuweisungen. Alle Teilnehmenden verlassen wenig später mit schlechtem Gefühl das Online-Meeting und klicken sich damit in das nächste Meeting. Das ist zeit- und nervenraubend und bremst den Arbeitsfluss aller Beteiligten. Also: Nehmen Sie sich auch als teilnehmende Person in die Pflicht für den Erfolg des anstehenden Onlinegesprächs.

Sind Sie die organisierende Person, sollten Sie es am besten gar nicht so weit kommen lassen, dass die anderen Sie per E-Mail nach Informationen vorab fragen. Sie wissen ja: Der erste Eindruck entsteht schon vor dem Gespräch. Wenn Sie hier schon punkten wollen, machen Sie sich ein paar Gedanken zur Detailplanung. Darunter fallen folgende Aspekte:

- das Format
- das Ziel
- die Inhalte
- die Teilnehmenden
- die Einladung

Die folgenden Abschnitte sind vor allem für die Personen gedacht, die Onlinegespräche organisieren, moderieren und durchführen. Falls Sie in der Regel eher als Teilnehmer oder Teilnehmerin dabei sind, haben die nächsten Themen für Sie keine direkte Relevanz. Ich empfehle sie Ihnen dennoch, denn vielleicht lesen Sie die eine oder andere Idee, die Sie an die Organisierenden und Moderierenden weitergeben möchten.

2.2.1 Das Format

Wenn ganze Teams isoliert voneinander im Homeoffice arbeiten, nehmen die Online-Meetings oft auch dann zu, wenn sie eigentlich nicht notwendig wären. Die Technologie wird überstrapaziert und verfehlt ihren Zweck. Wer mal kurz eine Frage klären möchte oder eine Information von einem Teammitglied benötigt, muss keinen Videocall mit der Person veranstalten. Eine knappe E-Mail oder ein kurzes Telefonat sind hier wesentlich zielführender. Manche Termine brauchen auch im Homeoffice kein Video – besonders diejenigen, die bisher telefonisch stattgefunden haben. Bedenken Sie, wie anstrengend es ist, den ganzen Tag lang über die Webcam zu kommunizieren. Sie steigen ja auch nicht jedes Mal in einen Privatjet, wenn Sie einen Kundentermin haben, oder? Das ist natürlich übertrieben, plakatiert aber den Unsinn dahinter, nur noch alles über die Webcam klären zu müssen. Überlegen Sie sich vorab: Ist das Format »Videocall« für Ihr Anliegen tatsächlich das richtige? Folgende Fragen können Ihnen bei der Entscheidung helfen:

- Gibt es mehrere Teilnehmende?
- Möchten Sie einen aktiven Austausch?
- Geht es um einen kreativen Lösungs- oder Entwicklungsprozess?
- Möchten Sie Inhalte über eine Präsentation vermitteln?
- Möchten Sie eine emotionale Bindung aufbauen, zum Beispiel in einem Coaching oder Verkaufsgespräch?
- Geht es um ein heikles Gesprächsthema, das besser in einem »persönlichen« Gespräch behandelt werden sollte?

Ein Video ist beispielsweise kein Muss, wenn es sich um eine reine Informationsveranstaltung handelt. Wenn kein Austausch gewünscht ist, sollten die Teilnehmenden die Kamera auslassen. Die moderierende Person muss nicht in 40 Gesichter im Miniaturformat auf dem Bildschirm schauen, wenn sie nur Informationen durchgibt.

2.2.2 Das Ziel

Entscheiden Sie sich für einen Videocall, stellen sich als Nächstes die Fragen:

- Was ist das Ziel dieses Onlinecalls?
- Worum geht es und worum geht es *nicht*?
- Was sollen die Teilnehmenden nach dem Onlinetermin wissen?
- Was sollen sie anschließend können?
- Wie geht es nach dem Termin weiter?
- Und: Woher wissen Sie, dass das Ziel des Onlinecalls erreicht wurde?

Eine Ziel- und Unterzieldefinition gibt dem Videocall die notwendige Struktur für Ihre Agenda. Dies erleichtert Ihnen und auch den Teilnehmenden, das Meeting effizienter umzusetzen. Darum sollten Sie die Ziele unbedingt mit den Teilnehmenden vorab teilen. Sie helfen allen Beteiligten, sich gedanklich auf das Thema einzustimmen, und geben Orientierung – wie ein Kompass. Je nachdem, wie Ihre Ziele und die E-Mail-Kommunikation vorab aussehen, können Sie die Gesprächsteilnehmenden damit neugierig machen, Spannung und Vorfreude aufbauen oder Konzentration einfordern.

2.2.3 Die Inhalte

Da Sie die Inhalte maßgeblich mitbestimmen, sollte diese Thematik sicheres Terrain für Sie sein. Seien Sie auch hier – immer Sullenberger im Hinterkopf – auf alle Eventualitäten vorbereitet. Sobald die Teilnehmenden bei Ihnen Unsicherheit spüren, entsteht ein Teufelskreis: Vielleicht bohren sie mit fordernden Fragen nach und bringen Sie noch weiter ins Wanken. Folglich sinkt ihr Vertrauen in Sie und damit die Wahrscheinlichkeit, dass sie Ihnen weiterhin aufmerksam und mit Interesse zuhören.

Geben Sie Ihrer Thematik Struktur und inhaltlich Gewicht. Es kann hilfreich sein, den Vortrag vorher zu üben und die Inhalte vor dem inneren Auge abzuspulen. Insbesondere wenn es ein umfangreicher Vortrag ist – vielleicht auch vor einer großen Zahl an Zuhörenden und zu einem Thema, mit dem Sie noch nicht so vertraut sind –, können Sie sich zudem mit einem Kollegen oder einer Kollegin besprechen und Feedback dazu einzuholen. Finden diese auch im Offlinevortrag noch inhaltlich Stolpersteine, können Sie sie aus dem Weg räumen, bevor Sie in den Onlinecall gehen. Somit minimieren Sie das Risiko für Missverständnisse und inhaltliche Abschweifungen.

2.2.4 Die Teilnehmenden

»Der Wurm muss dem Fisch schmecken«, so wird Prof. Dr. Helmut Thoma, der Gründer des Fernsehsenders RTL, zitiert. Bereits beim Start von RTL 1984 war ihm klar, wie wichtig es ist, die Zuschauenden zu begeistern und zu überlegen: Was brauchen sie, um Spaß zu haben, unterhalten zu werden, informiert zu werden, involviert zu werden usw.?

Das Gleiche gilt für die Organisation von Online-Meetings. Natürlich ist das bei Offline-Meetings auch notwendig. Nur ist eine penible Planung dort nicht so essenziell. Denn offline ist es viel einfacher für uns, spontan auf die Bedürfnisse der Teilnehmenden zu reagieren. Denken Sie noch mal zurück an die psychologischen Besonderheiten der digitalen Rhetorik: die geringere Aufmerksamkeitsspanne beziehungsweise höhere Ablenkungsrate, das veränderte Zeitempfinden, das fehlende Feedback und nicht zuletzt auch die technischen Herausforderungen, wenn Sie »mal eben« vom Plan abweichen möchten. Überlegen Sie sich deshalb vorab, wie und an welchen Stellen Sie die Interaktion im Videocall fördern können und sollen, damit die Teilnehmenden den größten Mehrwert haben (mehr zu Tools und Interaktionstechniken finden Sie in Kapitel 5). Die folgenden Fragen können Sie dabei unterstützen:

- Welche Erwartungen und Bedürfnisse haben die Teilnehmenden? Fragen Sie diese per E-Mail vorher ab.
- Sollen die Teilnehmenden etwas vorbereiten? Wenn ja, was und inwiefern dient es dem Ziel?
- Gibt es bestimmte Punkte, zu denen die Teilnehmenden direkt aufgefordert sind, etwas beizutragen? Kommunizieren Sie das transparent vorab.
- Gibt es Aspekte, die die Teilnehmenden gerne mit einfließen lassen möchten? Fragen Sie sie. So fördern Sie die Mitgestaltung an Ihrem Videocall.

Insbesondere bei regelmäßig stattfindenden Onlineveranstaltungen, wie zum Beispiel wöchentlichen Teammeetings, sind rotierende Rollen eine tolle Möglichkeit, die Teilnehmenden in das Geschehen miteinzubeziehen und sie in die Verantwortung für die Mitgestaltung zu nehmen. Dafür eignen sich unter anderem die folgenden Rollen:

- **Moderator/Moderatorin**
  Die Person startet und beendet das Meeting. Sie leitet von einem zum nächsten Thema über, vermittelt neutral bei Uneinigkeiten. Wenn es einen Livechat gibt, übernimmt sie oftmals auch die Moderation des Chats, sucht relevante Fragen heraus und stellt Sie der organisierenden Person, um sie für alle zu beantworten.
- **Zeitwärter/Zeitwärterin**
  Die Person informiert darüber, wenn die Zeit für einen Agendapunkt abläuft. Damit das nicht völlig plump und mit dem »Glockenschlag« passiert, kann vorab vereinbart werden, dass diese Person zwei Minuten vor Ablauf der Zeit eine Karte in die Kamera hält. Dann können alle ihre letzten Gedanken zu dem Thema teilen und Vereinbarungen treffen. Sollte das bis zum Ende der eingeplanten Zeit nicht möglich sein, muss in der Gruppe entschieden werden: Kommen wir jetzt zum Ende und machen mit dem nächsten Punkt weiter? Oder ist es an dieser Stelle wichtig, mit dem aktuellen Punkt weiterzumachen? Das bedeutet dann, dass für die anderen anstehenden Aspekte eine neue Priorisierung vorgenommen werden muss.
- **Inhaltsverantwortlicher/Inhaltsverantwortliche**
  Die Person sorgt dafür, dass bei den Agendapunkten nicht vom eigentlichen Inhalt abgeschweift wird. Sie darf eingreifen und darauf aufmerksam machen, dass die Diskussion sich inhaltlich vom Thema entfernt. In diesem Zusammenhang kann sie auch dafür verantwortlich sein, mit den Beteiligten zu diskutieren, ob das neue Thema jetzt weitergeführt werden soll, weil es vielleicht in diesem Moment sehr wichtig ist, oder ob es auf einen anderen Zeitpunkt verschoben wird.
- **Parkplatzwärter/Parkplatzwärterin**
  Die Person arbeitet mit dem oder der Inhaltsverantwortlichen zusammen und notiert alle Punkte, die während des Meetings aufgekommen sind, aber zu einem späteren Zeitpunkt besprochen werden sollen. Zusätzliche Aufgabe des Park-

platzwärters ist es, am Ende zu organisieren, wann diese Aspekte aufgegriffen werden sollen und wer daran beteiligt ist.

- **Entscheidungsfinder/Entscheidungsfinderin**
  Die Person greift ein, wenn es in der Gruppe nicht möglich ist, eine Entscheidung zu finden. Entscheidungsfindung kann dann entweder mit einem Tool, zum Beispiel Online-Münzenwerfen (muenzewerfen.com), erfolgen. Oder die Person setzt ein Ultimatum, wie zum Beispiel: »Noch drei Minuten, dann muss eine Entscheidung gefallen sein. Anderenfalls wird zum nächsten Agendapunkt übergegangen und die Entscheidung verschoben.«
- **Spaßbeauftragter/Spaßbeauftragte**
  Die Person ist zu Beginn des Online-Meetings dafür verantwortlich, im legeren Rahmen und losgelöst vom beruflichen Kontext alle Teilnehmenden »abzuholen«. Das kann sein:
  - eine Aktivierungsübung (dazu mehr in Kapitel 5)
  - der Witz des Tages (z. B. hier: https://www.schreiben.net/artikel/witze-zum-totlachen-2211/)
  - ein Rätsel (z. B. hier: https://www.super-sozi.de/category/ratekrimis)
  - eine aktuelle Schlagzeile mit lustigem und positivem Inhalt (z. B. hier: https://goodnews.eu/)
- **Protokollant/Protokollantin**
  Die Person notiert wichtige Inhalte und Entscheidungen, die getroffen wurden, in einem vorab festgelegten Format und mit einem vorab definierten Tool. Zudem muss klar sein, wie und wann die anderen Teilnehmenden auf die Informationen zugreifen können. In Bezug auf das Format muss das nicht im steifen Protokollstil erfolgen. Es kann auch eine Videobotschaft sein, die wie ein Interview aufgebaut ist. Der Kreativität sind wie immer keine Grenzen gesetzt.
- **Whiteboard-Fotograf/-Fotografin**
  Die Person ist dafür verantwortlich, alle entstandenen Whiteboards, Grafiken etc. festzuhalten und an die anderen Teilnehmenden im Nachgang zu versenden.
- **Co-Moderator/Co-Moderatorin**
  Je nach Art und Umfang Ihrer Onlineveranstaltung kann es sinnvoll sein, einen Co-Moderator oder eine Co-Moderatorin hinzuzuziehen. Diese Person ist im Hintergrund aktiv. Sie kann zum Beispiel die Teilnehmenden bei technischen Problemen unterstützen. Zudem ist sie hilfreich, sobald es einen Chat zu moderieren gibt oder mehr als ca. zwölf Teilnehmende dabei sind. Sie kann Links oder besondere Hinweise im Chat veröffentlichen, die Fragen im Chat beantworten, Gruppenräume managen und die Tools verwalten, die Sie während des Calls verwenden möchten.

Das sind nur einige der Möglichkeiten, die Sie in Bezug auf Rollen haben und mit deren Hilfe Sie die Teilnehmenden auf unterschiedliche Art und Weise miteinbeziehen können. Alles, was in den Beschreibungen hier aufgelistet ist, ist nicht in Stein gemeißelt.

Überlegen Sie deshalb, welche der genannten Rollen Sie in der beschriebenen oder in abgewandelter Form für Ihre Online-Meetings übernehmen können.

Wenn Sie sich für eine Rollenverteilung entscheiden, sind folgende Aspekte unbedingt zu beachten:

- Wie können Sie die Teilnehmenden in die Rollenverteilung bestmöglich miteinbeziehen, damit es nicht zu unnötig starken Abwehrreaktionen aufgrund der Angst vor dem Unbekannten oder vor befürchtetem Mehraufwand kommt? Hier werden große Anforderungen an Ihre Kommunikationsfähigkeiten gestellt.
- Welche Tools sind für die Rollen notwendig? Und: Sind die Teilnehmenden damit vertraut? Falls nicht, vereinbaren Sie mit den einzelnen Teilnehmenden Termine, um den richtigen Umgang mit der Technik zu besprechen. Bereiten Sie zur Sicherheit eine Übersicht mit den wichtigsten Informationen zu dem Videokonferenzsystem vor oder schicken Sie den Teilnehmenden einen Link zu einem Onlinetutorial/Video, das ihnen hilft, mit dem Tool vertraut zu werden.
- Wie sollen die Rollen gewechselt werden? Gibt es eine Regelmäßigkeit? Gilt das Zufallsprinzip?
- Was machen Sie, wenn jemand eine Rolle partout nicht ausüben möchte oder kann?

Rollen leben davon, dass die Teilnehmenden sie annehmen und ausfüllen. Dann entwickelt sich das Online-Meeting zu einem zielführenden Miteinander. Durch den regelmäßigen Rollentausch entsteht eine hohe Gruppendynamik, bei der es nicht langweilig wird, weil alle aktiv in den Call eingebunden sind und vor allem auch Verständnis haben für die Wichtigkeit und Besonderheiten der jeweiligen Rollen.

2.2.5 Die Einladung

BEISPIEL: EINLADUNG

Betreff: Abenteuerreise in unbekannte Welten
*Hallo Weltraumpionier*innen,*
der Strukturwandel macht auch unserer Abteilung zu schaffen. Darum möchte ich Sie auf eine Expeditionsreise ins Ungewisse einladen. Am Mittwoch, um 11:10 Uhr, treffen wir uns im digitalen Hangar unserer geheimen Raketenstartrampe. An Gepäck benötigen Sie nicht viel: Bringen Sie lediglich eine Portion Mut, Aufgeschlossenheit und Diskussionsfreude mit. Ach ja: und den Inhalt des Expeditionspäckchens, das bereits per Post auf dem Weg zu Ihnen ist.
Anbei finden Sie die nötigen Informationen für den Zugang zum digitalen Hangar – sowie Anleitungen zu den Raumfahrttools, die Sie bitte schon vorab auf Ihrem Rechner installieren. Bei Schwierigkeiten wenden Sie sich umgehend an mich – damit wir alle Probleme vor unserer Fahrt in neues Terrain beseitigen.

Vergessen Sie nicht: Es geht um die Zukunftsfähigkeit unserer Spezies – und die Riesenchance, neue Welten zu entdecken!
Bis Mittwoch – unsere Reise startet pünktlich!
Ihre Kapitänin
Angela Abenteuer

Wie würden Sie reagieren, wenn Sie von Ihrer Abteilungsleiterin so eine E-Mail erhalten würden? Weckt diese Einladung nicht viel stärker Ihr Interesse, als wenn es die übliche Einladung mit der Betreffzeile »Strategiemeeting« oder »Umstrukturierung« wäre – gefolgt von den Standardphrasen? Diese E-Mail macht sofort neugierig – und sogar ein Paket ist auf dem Weg zu Ihnen. Dabei handelt es sich zwar nur um Stifte und Karten, die Sie im Online-Meeting beschriften sollen, aber der Spannungseffekt so einer E-Mail ist doch enorm.

Dieses Anschreiben zeigt deutlich: Jeder Kontaktpunkt vor einem Onlinegespräch zahlt auf das Aufmerksamkeitskonto und den ersten Eindruck der Teilnehmenden ein – folglich auch die Einladung zum Onlinetermin. Mit einer kreativ gestalteten Einladung können Sie sich von den übrigen Einladungen abheben und Neugierde, Lust, Spannung, Interesse – ja sogar Vorfreude wecken. Das gilt für Einladungen sowohl an Kollegen, die Sie kennen, als auch an Bestandskunden oder potenzielle Kunden, die Sie nicht kennen. Die Empfänger und Empfängerinnen setzen sich gleich intensiver mit dem Inhalt der Einladung auseinander, wenn sie nicht dem 08/15-Standard entspricht. Nutzen Sie die Möglichkeit und kreieren Sie schon im Vorfeld eine positive Grundatmosphäre für Ihr Online-Meeting.

Titel

Wählen Sie einen spannenden Titel für den Termin. Ich habe schon außergewöhnliche Einladungsüberschriften gesehen, die meine Aufmerksamkeit direkt geweckt haben, wie zum Beispiel:

- Ausflug in meine Produktwelt
- Digitale Lernreise
- Power-Ranger-Treffen
- Experimentelles Teamlabor

Natürlich muss der Titel zum Anlass und in den Unternehmenskontext passen. Aber Möglichkeiten, den Titel in diesem Rahmen kreativ und originell zu gestalten, gibt es in der Regel viele.

Was gehört noch in die Einladung?

Agenda

Um die Teilnehmenden vor dem Onlinetermin thematisch abzuholen, ist eine Agenda in der Einladung sehr hilfreich. Mit einer durchdachten Agendaansprache wecken Sie nicht nur Interesse, sondern können die Teilnehmenden auch in das Agendasetting einbeziehen. Anstatt nur mit Stichworten zu arbeiten, formulieren Sie den Ablauf besser in Fragen. Kleiner Unterschied, große Wirkung. Die Fragen dürfen auch provokant sein. Vor allem aber müssen sie Aufmerksamkeit wecken und Relevanz haben, damit die Teilnehmenden sich damit auseinandersetzen. Je mehr sie sich mit der Agenda identifizieren, desto mehr werden sie sich im Gespräch einbringen. Senden Sie die Agenda deshalb rechtzeitig vorab an die Teilnehmenden. Aber Achtung: Nicht einfach schicken, sondern mit einer Aufgabe und dazugehöriger Deadline verbinden: Bis wann sollen sie Ihnen welche Rückmeldung geben?

Sie können auch über die Agendapunkte abstimmen lassen, damit die Priorisierung der Punkte von den Teilnehmenden gesetzt wird. Das erzeugt eine stärkere emotionale Nähe, denn: Sie geben ihnen damit eine Form von Macht und zeigen Interesse an ihrer Meinung, was sehr motivierend wirken kann. Ein Tool, mit dem Sie die Organisation der Agenda steuern können, ist zum Beispiel *Trello*. Unabhängig davon, was die Inhalte des Online-Meetings sind, sollten Sie zu Beginn und am Ende ungefähr zehn Minuten einplanen, in denen sich alle Teilnehmenden aktiv zu etwas einbringen und zu Wort melden können.

Bei der Gestaltung der Agenda sind Ihrer Kreativität keine Grenzen gesetzt. Sie können Bilder und Grafiken verwenden (Plattformen mit lizenzfreien Bildern sind beispielsweise *Pixabay*, *Unsplash* oder *Pexels*). Es geht dabei nicht darum, viele Stunden mit dem Design der Agenda zu verbringen. Mit ein bisschen Einsatz können Sie aber schon richtig punkten. Denn eine Agenda mit Bildern setzt wieder emotionale Anker und ermöglicht eine leichtere Orientierung im Verlauf.

Was die Zeiteinteilung angeht: Takten Sie die Agenda gerne sportlich. Aber bedenken Sie, dass im Onlineformat schnell Komponenten hinzukommen können, die Ihnen einen Strich durch den Zeitplan machen. Es geht weder darum, Ihre Gesprächspartner und -partnerinnen zu hetzen, noch darum, so viele Themen in eine Stunde zu pressen, für die Sie eigentlich drei Stunden einplanen würden. Planen Sie lieber für jeden Agendapunkt fünf Minuten Puffer ein, insbesondere wenn Sie neue Methoden oder Tools ausprobieren möchten.

Hinweis auf den Warteraum

Je nach Videokonferenz-Anbieter können Sie den digitalen Warteraum individuell gestalten. In der Regel können ein Logo sowie ein Begrüßungstext eingefügt werden. Für die Einladung ist diesbezüglich Folgendes wichtig: Schreiben Sie den Teilnehmenden, dass sie sich gerne schon fünf bis zehn Minuten vorab einloggen können: »Entspannen Sie sich doch einige Minuten vor unserem Call mit einem Kaffee im digitalen Warteraum« beispielsweise. Im Idealfall sind die Teilnehmenden dann zum Startzeitpunkt schon eingeloggt und Sie können pünktlich beginnen. Wenn Sie möchten, können Sie einen Link zu einem *YouTube*-Video im Warteraum platzieren, das sich die Teilnehmenden vorher ansehen können. Vielleicht etwas Lustiges oder Inspirierendes. Dann empfiehlt es sich sicher, in der Einladung zu schreiben, dass sich alle fünf Minuten zuvor im Warteraum treffen, um sich mit einem Video auf das Online-Meeting einzustimmen.

Falls Sie einen digitalen Warteraum benutzen, empfehle ich Ihnen, die Teilnehmenden drei Minuten vor Start in den »Hauptraum« eintreten zu lassen.

Hinweis auf aktive Teilnahme
Informieren Sie die Teilnehmenden in der Einladung, ob Sie einen interaktiven Austausch erwarten. So können sie sich mental darauf vorbereiten und sind nicht überrascht, wenn sie nach den ersten drei Minuten in einen Gruppenraum geschickt werden, um anschließend einen Vortrag zu halten. Denken Sie an die Regel, zu Beginn und am Ende immer genug Zeit einzuplanen, damit sich alle zu Wort melden oder – bei vielen Teilnehmenden – auf irgendeine Weise aktiv eingebunden werden können.

Hinweise auf Handout
Gibt es Inhalte, mit denen sich die Teilnehmenden vorab auseinandersetzen sollen? Oder auch Vorbereitungsaufträge? Dann erwähnen Sie das in der Einladung und versenden die entsprechenden Inhalte anschließend per E-Mail. Denken Sie bei den Inhalten an den Mehrwert für die Teilnehmenden. Wir Menschen setzen uns verstärkt mit etwas auseinander, wenn wir einen klaren Nutzen für uns und die Sache darin sehen. Machen Sie es den Teilnehmenden so einfach wie möglich, die gewünschte Aufgabe umzusetzen.

Gebrauchsanleitung
Als Moderator oder Moderatorin müssen Sie die virtuelle Meeting- oder Lernumgebung so gut wie möglich beherrschen. Je anwendungsfreundlicher sie ist, desto wohler fühlen sich die Teilnehmenden. Unbekanntes und Ungewohntes stößt bekanntlich erst einmal auf Ablehnung. Damit die Teilnehmenden sich von Anfang an auf bekanntem Terrain bewegen können, ist es hilfreich, ihnen vorab Screenshots mit einer Anleitung zu senden, wie das Videotool zu benutzen ist. Wenn Sie sich einmal die Arbeit mit Screenshots und Anleitung gemacht haben, werden Sie immer wieder davon profitieren können. Das wird zwar noch nicht alle technischen Probleme eliminieren, schafft aber eine gute Grundvoraussetzung für einen Call mit positiv gestimmten Teilnehmenden. Ich versende solche Anleitungen immer per Videobotschaft vorab. Dafür verwende ich das Tool *Loom*, mit dem in der Gratisversion fünfminütige Screen- und/oder Webcam-Videos aufgezeichnet werden können. Anschließend versenden Sie lediglich den Link zum Video an die Teilnehmenden und müssen keinen großen Datentransfer oder Ähnliches organisieren.

Rollenverteilung

Wenn Sie Aufgaben oder Rollen im Videocall verwenden, listen Sie am besten in der Einladung schon auf, wer welche Rolle ausführt. Wie im Abschnitt »Rollen« beschrieben, dürfen Sie die Teilnehmenden damit nicht überfahren. Für die positive Stimmung und Motivation, die Rolle professionell auszuführen, sollte der Aspekt bei den Teilnehmenden vorab bereits angesprochen worden sein. Nicht, dass sie völlig überrascht sind, sich überfordert fühlen und im Onlinecall blockieren, statt teilzunehmen. Jeder und jede sollte wissen, welche Rolle Sie ihm oder ihr zugeteilt haben – und sich zumindest halbwegs damit abfinden können.

Das Meeting im Kopf verankern

Um bestimmte Dinge nicht zu vergessen, machte mein Großvater immer einen Knoten in sein Taschentuch. Machen Sie dasselbe mit der Einladung für die Teilnehmenden – symbolisch gesprochen. Das Meeting wird dadurch einzigartig und bekommt einen höheren Stellenwert. Wie kann das konkret aussehen?

Schreiben Sie den Teilnehmenden, sie sollen einen bestimmten Gegenstand bereitliegen haben – beispielsweise eine Walnuss. Das wird sicherlich erst einmal für Irritation sorgen. Wenn Sie Ihr Thema im Videocall dann so einleiten, Sie alle hätten heute gemeinsam eine harte Nuss zu knacken, stellen Sie eine interessante Assoziation her. Die Walnuss wird dafür sorgen, dass die Teilnehmenden die von Ihnen vermittelten Inhalte wesentlich besser behalten können und sich auch stärker an diesen Onlinecall erinnern werden. Sie können auch einen Sparschäler mit einer Karotte nehmen – wenn Sie sich im Gespräch Schicht für Schicht vorarbeiten müssen, vom Groben zum Feinen, um an das Innere oder den Kern zu kommen. Sofern alle auf stumm geschaltet sind, können Sie die Teilnehmenden dazu motivieren, die Karotte während des Meetings zu essen. Kauen steigert die Gehirnleistung! Sie können jeden noch so banalen oder ominösen Alltagsgegenstand zum Online-Meeting mitbringen lassen. Alles ist gut, was darauf einzahlt, dass die Videokonferenz anders startet und abläuft als alle anderen gewöhnlichen Online-Meetings.

Der Code of Honor

Regeln erinnern schnell an Schule oder die Hausordnung. Bei digitalen Gesprächen helfen vorab vereinbarte Regeln allerdings dabei, Widerstände zu reduzieren und die Kommunikation zu erleichtern. Es geht hierbei nicht um ethische Verhaltensregeln, die ein respektvolles Miteinander einfordern. Vorrangig handelt es sich dabei um eine Anleitung zu den Rahmenbedingungen der Technik und der Interaktion.

Wenn Sie in der Einladung noch nicht zu viel Information mitsenden, können Sie die Verhaltensregeln gleich beifügen. Wenn Sie dort schon eine Anzahl an Infoblättern,

Technik-Screenshots und Give-aways im Anhang haben, sollten Sie den *Code of Honor* einige Tage vor dem Termin separat an die Beteiligten schicken. Da manche Personen empfindlich auf das Wörtchen »Regeln« reagieren, können Sie den Namen positiv formulieren, zum Beispiel:

- Leitplanken für digitale Gespräche
- Online-Meeting-Gepflogenheiten
- Richtschnur für Videocalls
- Grundsätze *oder* Prinzipien für Videokonferenzen

Welche Punkte sollten Sie im *Code of Honor* klarstellen?

- **Kamera an: Ja oder nein?**
  Hier müssen wir als Erstes zurück zu der Frage: Was ist der Anlass und das Ziel für unseren Call? Und: Wie viele Teilnehmende sind dabei? Wenn Sie nur Informationen durchgeben und keine Interaktion sinnvoll ist, kann die Kamera der Teilnehmenden auch aus bleiben. Sonst irritiert es Sie nur unnötig, in so viele reaktionslose Gesichter schauen zu müssen, und die Teilnehmenden strengt es nur unnötig an. Eine Kontrolle, ob diese wirklich zuhören oder mental ganz woanders sind, ist ab einer gewissen Anzahl sowieso nicht mehr möglich. Falls es für den Gesprächsverlauf hilfreich ist, sich gegenseitig zu sehen, dann sollte das auch für alle gelten – und entsprechend in den Regeln stehen. Ausreden wie »Oh, wusste ich nicht, ich habe gar keine« oder »Ach, meine Webcam ist schon lange kaputt« gelten nicht. Es gibt fantastische Webcams, die sehr preiswert sind. Und alternativ besteht meistens die Möglichkeit, sich zusätzlich mit dem Smartphone einzuwählen und das Video darüber laufen zu lassen.
- **Technikcheck vorab**
  Auch wenn es mühselig sein kann: Der gemeinsame Technikcheck ist ein Muss. Wie das stattfinden soll, können Sie festlegen. Ob Sie in Kurz-Calls einmal die Teilnehmenden einzeln anrufen und schauen, ob alles reibungslos verläuft, oder ob Sie eine Art Telefonkette mit ihnen machen, entscheiden Sie: In letzterem Fall ist jede Person zweimal gefragt – einmal als anrufende und einmal als diejenige Person, die angerufen wird. Wer noch weitere Fragen zur Technik hat, sollte sich vorab schriftlich an Sie wenden. Damit gewährleisten Sie hinterher ein störungsfreies und reibungsloses Onlinegespräch, da sich alle schon vorab mit dem System auseinandergesetzt haben.
- **Umgang mit technischen Problemen**
  Denken Sie wie der Pilot Sullenberger. Haben Sie immer einen Notfallplan in der Schublade und kommunizieren Sie diesen auch an die Teilnehmenden: Was machen wir, wenn es wider Erwarten zu technischen Problemen kommt? Warten oder stoppen? Es ist eine Tortur für alle Beteiligten, die minutenlang warten müssen, während die moderierende Person versucht, einer teilnehmenden Person mit der Technik zu helfen. Ich habe schon von Fällen gehört, wo das Prozedere eine halbe Stunde gedauert hat. Eine gute Regel ist: Wenn das Problem nach drei bis fünf

Minuten noch nicht behoben ist, lösen Sie sich von dem Problem und machen mit Plan B weiter. Das kann sein, dass Sie abbrechen, wenn die Qualität des Meetings stark eingeschränkt ist. Das Meeting kann zu einem anderen Zeitpunkt fortgesetzt werden. Oder Sie verzichten auf die betroffene Person und geben die Informationen im Anschluss an sie weiter. Oder diese Person ist bei der anstehenden Übung nur passiv dabei.

- **Meeting aufzeichnen**
  Wenn Sie das Meeting aufzeichnen möchten, dann müssen Sie die Anwesenden darüber informieren. Wenn Sie dies bereits vorab kommunizieren, kommt es nicht zu unerwarteten und unangenehmen Reaktionen im Online-Meeting. Falls jemand eine Aufzeichnung partout nicht wünscht, muss diese Person sich vorab bei Ihnen melden. Selbst wenn dieser Punkt in den Regeln eindeutig geklärt ist, sollten Sie als moderierende Person zu Beginn des Onlinegesprächs erneut darauf hinweisen, dass das Meeting ab jetzt aufgezeichnet wird.
- **Stumm schalten (mute)**
  Wie möchten Sie das Stummschalten handhaben? Bei großen Gruppen ist es unbedingt notwendig, dass Sie alle auf stumm stellen. Das lässt sich in der Regel im Videokonferenzsystem auch so einstellen. Sonst entstehen zu viele Hintergrund- und Nebengeräusche und die Gesprächsqualität leidet stark darunter. Sobald alle stumm gestellt sind, haben Sie es mit der Moderation leichter und können immer nur diejenige Person auf »laut« schalten, die gerade etwas beitragen soll beziehungsweise möchte. Bei kleineren Gruppen können Sie die Verantwortung auch komplett an die Beteiligten abgeben, sodass sich jeder selbst stumm und laut schalten kann. Aber: Kommunizieren Sie dies. Solche kleinen, aber feinen Informationen geben Sicherheit und schaffen eine vertrauensvolle Atmosphäre.
- **Wie wir miteinander reden**
  Je nach Gesprächsart wird mehr oder weniger miteinander diskutiert und besprochen. Um Zwischenfragen zu vermeiden, wenn Sie im »Präsentationsfluss« sind, sollten Sie in der Agenda eintragen, wann Fragen gestellt werden können beziehungsweise wann Diskussionsrunden vorgesehen sind. Zum Beispiel: »Nach jedem Themeninput haben wir ein fünfminütiges Zeitfenster für Fragen. Bitte notieren Sie sich Ihre Fragen während des Vortrags, damit wir sie dann besprechen können.« Das verringert das Risiko der Frustration und auch Nervosität bei den Teilnehmenden, da von vornherein klar ist, wann sie zu Wort kommen werden.
  Für die Fragerunden sollten ebenfalls Ablaufregeln vorab kommuniziert werden. Sonst passiert schnell Folgendes: Zuerst herrscht eine Friedhofsatmosphäre. Keiner sagt etwas. Dann fangen zwei oder drei Personen gleichzeitig an zu reden. Da sie merken, dass sie gleichzeitig reden, hören alle auf zu reden. Dann sagt erst mal wieder keiner etwas, bis sich jemand beziehungsweise mehrere gleichzeitig bemühen, jemandem zu sagen, dass er etwas sagen soll. Das ist manchmal ein bisschen witzig, in der Regel aber eher nervig und belastet den Gesprächsfluss.

Wie können die Regeln aussehen, um Fragerunden Struktur zu geben? Gehen wir davon aus, Sie haben umfangreiche Informationen zu einem Thema gegeben und öffnen jetzt die Fragerunde. Dann haben Sie folgende Möglichkeiten:

- **Fragen in den Chat schreiben:**
  Jede Person, die eine Frage hat, stellt diese im Chat. Sobald Sie zur Beantwortung der Fragen übergehen, gehen Sie im Chat chronologisch vor. Zuerst sagen Sie, wer die Frage gestellt hat. Anschließend lesen Sie die Frage vor und beantworten sie. Diese Option ist vor allem dann gut, wenn Sie viele Teilnehmende haben. Dann können die Personen auf stumm gestellt bleiben. Wenn Sie einen Co-Moderator haben, kann er sie bei der Moderation der Fragen unterstützen. Er sortiert die Fragen vor und bündelt sie. Anschließend stellt er sie Ihnen, wie in einem Interview. Zum einen wirkt das sehr professionell. Zum anderen wird so vermieden, dass Sie sich immer wieder neu orientieren müssen und manche Fragen mehrmals vorlesen.
- **Daumen hoch im Chat:**
  Jede Person, die eine Frage hat, schreibt ein »Daumen hoch«- Zeichen oder ein X in den Chat. Diese Variante funktioniert gut, wenn die Teilnehmenden nicht von Ihnen auf stumm geschaltet sind. Die Reihenfolge, in der das Daumen-Icon im Chat auftaucht, ist auch die Reihenfolge für die Fragerunde. So ist direkt klar, wer wann mit seiner Frage dran ist. Keiner muss überlegen, wann er zu Wort kommt – oder ob er sich überhaupt traut, eine Frage zu stellen. Bei diesem Vorgehen gilt zudem die Regel: Erst der Name, dann die Frage. Die Person, die an der Reihe ist, meldet sich zuerst mit ihrem Namen. Dann äußert sie ihr Anliegen. »Andrea. Ich habe eine Frage zu der Übersicht im ersten Slide.« Das ist bei sehr kleinen Gruppen noch nicht notwendig. Ab sechs Personen kann es sinnvoll sein.
- **Hand sichtbar in die Kamera heben:**
  Ohne Benutzung des Chats – und für kleine Gruppen, bei denen jeder mit Video im Call ist – kann physisch die Hand gehoben werden. Dann legen Sie als moderierende Person die Reihenfolge fest und rufen die Teilnehmenden nacheinander auf.

• **Zeiteinhaltung**
Halten Sie sich an Ihre Zeitfenster, wenn Ihre Agenda eng getaktet ist. Sie können in den Regeln vorab kommunizieren, wie viel Zeit für die Fragerunde zur Verfügung steht. Jede Person, die in der Fragerunde nicht zu Wort kommen konnte, soll ihre Frage bitte in den Chat schreiben, damit Sie diese im Anschluss schriftlich beantworten können. Das setzt natürlich voraus, dass Sie den Chat zum Ende des Calls sichern. Oder Sie geben Ihre E-Mail-Adresse an und bitten alle Teilnehmenden, die noch offenen Fragen an Sie zu schicken. Dann können Sie im Nachgang eine Übersicht mit den noch eingereichten Fragen und entsprechenden Antworten an alle versenden.

• **Ablenkungen werden auf ein Minimum reduziert**
Machen Sie die Teilnehmenden vorab auf mögliche Störfaktoren aufmerksam, die sie ausschalten können. Denn Sie sind super vorbereitet und es ist sehr unange-

nehm, wenn während Ihrer Ausführungen plötzlich das Handy eines Teilnehmenden klingelt, der nicht stumm geschaltet ist. Oder der Computerton einer Teilnehmerin regelmäßig alle darüber informiert, dass eine E-Mail eingegangen ist.

- **Hinweis auf Pufferzeiten**
  Der letzte Punkt auf Ihrer Einladung sollte der Hinweis sein, ca. zehn Minuten Pufferzeiten vor und nach dem Gespräch einzuplanen. Dadurch gewährleisten Sie, dass die Teilnehmenden nicht von einem Onlinecall in den nächsten hüpfen, ohne sich kurz zu sammeln, eine kleine Denkpause zu machen und sich emotional und technisch auf den Videocall vorzubereiten. Das ist ein weiterer häufiger Fehler: Wir messen Onlineterminen weniger Bedeutung bei und planen manchmal ein Meeting nach dem anderen. Wenn Sie in der E-Mail darauf hinweisen, sparen Sie sich später Wartezeit, weil Person A noch das USB-Kabel anschließen muss oder Person B das nötige Onlinetool noch nicht installiert hat. Alternativ können Sie das Meeting von vornherein länger ansetzen, überpünktlich fertig werden und die Anwesenden damit überraschen, dass sie zehn Minuten Zeit von Ihnen geschenkt bekommen.

Zwischenfazit !

Die Einladung bildet den Grundstein für einen erfolgreichen Videocall. Durch sie können die Teilnehmenden aktiviert, abgeholt, vorbereitet und emotional eingestimmt werden. Gute Einladungen decken alle notwendigen Informationen ab und machen Lust auf den Termin. Somit können Sie schon im Voraus signalisieren: Dieses Online-Meeting hebt sich von den anderen ab.

2.2.6 Der Reminder

Onlinetermine werden sehr viel schneller und häufiger vergessen als Präsenzveranstaltungen. Durch die physische und emotionale Distanz messen wir ihnen nicht annäherungsweise die Bedeutung eines persönlichen Gesprächs bei. Machen Sie es den Teilnehmenden so einfach wie möglich: Erinnern Sie sie 15 bis 30 Minuten vor Beginn noch einmal an den Termin – so reduzieren Sie das Risiko von Nachzüglern.

2.3 Inhaltliche Vorbereitung

Die inhaltliche Vorbereitung ist ein wichtiger Teil in Onlinegesprächen – wird aber oftmals vernachlässigt. Für ein wirksames und zielgerichtetes Meeting sollten wir uns ausreichend gut vorbereiten und uns Gedanken zu Inhalt, Struktur und Dramaturgie des Gesprächs machen. Das gilt sowohl für die Organisierenden als auch für die Teilnehmenden – unabhängig davon, wie umfangreich ihr Redeanteil ist. Bezüglich des Gesprächsablaufs gibt es in Online-Meetings ein paar wichtige Regeln, die ich Ihnen mit auf den Weg geben möchte.

2.3.1 Das Wichtigste zuerst

Warum Sie unbedingt mit dem Wichtigsten beginnen sollten, wissen Sie bereits: Im Onlineformat muss den Teilnehmenden von Anfang an klar sein, warum sie Ihren Ausführungen in den nächsten 30 Minuten konzentriert folgen sollen und nicht parallel E-Mails schreiben dürfen. Die Frage: »What's in it for me?« (Was habe ich davon?) muss für die Teilnehmenden unbedingt zu Beginn geklärt sein. Sonst sehen sie keinen Grund dafür, Ihnen ihre ungeteilte Aufmerksamkeit zu schenken. Geben Sie eine Übersicht zu Beginn und starten Sie Ihre Präsentation mit allen wichtigen Zahlen, Daten und Fakten.

In Offlinepräsentationen bauen wir gerne erst mal einen Spannungsbogen auf, der zum Ende unseres Vortrags seinen Höhepunkt erreicht. Steve Jobs war berühmt dafür, dass er am Ende seiner Reden oftmals sagte: »*One more thing*« – und dann das absolute Highlight aus dem Hut zauberte. Er hat den Spannungsbogen langsam aufgebaut und anschließend ein Feuerwerk der Gefühle abgebrannt. Wenn Sie diese Art der Dramaturgie für Ihre Onlinecalls verwenden, wird Ihnen zum Zeitpunkt des Feuerwerks niemand mehr zuhören. Im digitalen Gespräch sollten Sie deshalb mit einem großen Knall starten, um direkt die Aufmerksamkeit der Teilnehmenden am Bildschirm zu wecken. Im Idealfall folgt diesem Knall ein weiterer Knall und dann noch einer und noch einer – sodass Sie eigentlich das gesamte Gespräch über eine rhetorische Kanonensalve nach der anderen abfeuern. Willkommen in der digitalen Welt!

Allerdings geht es nicht in jedem Onlinegespräch nur um Positives. Wenn Sie ernste oder kritische Themen besprechen müssen, beginnen Sie mit dem problematischsten Thema. Dies gilt übrigens gleichermaßen für Online- und Offlinetermine, ist aber online deutlich kritischer, da Sie die Emotionen der Teilnehmenden schlechter abfangen können. Falls Sie unangenehme Nachrichten überbringen, dann also bitte am Anfang. Das gibt Ihnen die Möglichkeit, während des gesamten Gesprächs die negativen Gefühle der Zuhörenden in eine positive Richtung umzuleiten. Auf keinen Fall dürfen unangenehme Themen erst am Ende eines Gesprächs kurz vor Schluss besprochen werden – am besten noch mit einem: »Oh, das hätte ich fast vergessen: Wir verlieren das Projekt und bekommen nur noch die Hälfte des Budgets für alle weiteren Projekte.« So verlassen die Teilnehmenden mit negativen Gefühlen den Call und Sie haben keine Möglichkeit, die Emotionen abzufedern.

Eine weitere wichtige Regel ist – sofern möglich –, anstrengende und mühselige Themen mit weniger anstrengenden Themen abzuwechseln. Dadurch ermöglichen Sie eine höhere Aufmerksamkeit und Konzentration der Zuhörenden – insbesondere bei den anstrengenden Themen. Falls Sie die Priorisierung der Agenda den Teilnehmenden überlassen haben, ist dieser Punkt schwerer umzusetzen. Aber hier sind die Beteiligten ja schon durch die Abstimmung einbezogen und ins Gesprächsgeschehen involviert. Überlegen Sie sich bei der inhaltlichen Planung zudem, welche Inhalte eine

Beteiligung oder Interaktion möglich oder auch notwendig machen. Dann können Sie noch einmal prüfen, ob Sie bestimmte Inhalte umstellen sollten, um möglichst viel Abwechslung und Feuerwerk zu erzielen. Ist die erste halbe Stunde für die Teilnehmenden sehr aktiv und abwechslungsreich, die zweite halbe Stunde aber überhaupt nicht, bleiben nur die ersten 30 Minuten hängen. Überlegen Sie sich schon vorab, mit welchen Fragen Sie während des Calls die Teilnehmenden aktivieren und einbeziehen können, falls Sie zum Beispiel in einem Abschnitt keine Interaktion vorsehen.

2.3.2 Alle 30 Sekunden ein Wechsel auf dem Bildschirm

Alle 30 Sekunden ein Wechsel auf dem Bildschirm – diese Regel klingt extrem und der Gedanke daran löst bei manchem direkt Stress aus. Deshalb möchte ich Sie beruhigen: Sie ist weniger stressig, als sie sich anhört, und unglaublich wichtig für Ihre Teilnehmenden. Und: Sie gilt nur, wenn Sie etwas mit PowerPoint-Folien präsentieren. Das bedeutet im Klartext, dass sich nach 30 Sekunden etwas auf der Folie tun soll. Entweder kommt eine neue Folie (das geht dann besonders gut, wenn Sie sich an die Regeln im Abschnitt 2.3.5 halten) oder Sie haben die Folien animiert und es kommen weitere Elemente hinzu. Fakt ist: Wenn sich auf dem Bildschirm nichts tut und die Anwesenden nicht darauf »getrimmt« sind, aufmerksam zu sein, weil ein zügiger Wechsel stattfindet, werden sie sich mit der Zeit anderweitig beschäftigen und bekommen womöglich nicht mit, wenn Sie dann tatsächlich zur nächsten Folie übergehen.

Falls Sie nach wie vor denken, dass alle 30 Sekunden eine Veränderung auf dem Bildschirm zu hektisch ist, stoppen Sie doch bei der Tagesschau einmal die Zeiten. Wie lange dauert es dort, bis ein Wechsel stattfindet – entweder in Form von Zoom-in und Zoom-out oder als kompletter Bildwechsel?

2.3.3 Alle sieben Minuten die Teilnehmenden einfordern

Da unsere Aufmerksamkeitsspanne in der digitalen Welt der eines Goldfisches ähnelt, sollte im Gespräch alle sieben Minuten eine Veränderung stattfinden – in welcher Art auch immer. Das kann zum Beispiel sein:

- eine Aktivierung, bei der die Teilnehmenden ihre Ideen gemeinsam auf einem digitalen Whiteboard sammeln sollen
- eine Interaktion, bei der sich die Teilnehmenden in Kleingruppen zu einer Thematik austauschen
- eine Fragerunde, bei der jeder und jede einmal drankommen oder im Chat etwas schreiben darf
- eine Stimmungsabfrage mit Smileys im Chat
- ein Medienwechsel, beispielsweise von PowerPoint zu Video

Behalten Sie die Sieben-Minuten-Regel im Kopf, wir kommen im vierten Kapitel noch intensiver darauf zurück.

2.3.4 Nach 45 bis 60 Minuten eine kurze Pause

Je nachdem, wie lang der gesamte Videocall dauert, sollten Sie nach 45 bis 60 Minuten die erste kurze Pause machen. Ich mache immer sechseinhalb Minuten. Erstens ist es etwas, was die Teilnehmenden irritiert – das ist gut und bleibt im Kopf. Zweitens sind fünf Minuten für Kaffeeholen und Hygienepause in der Regel schon stressig – zehn Minuten aber zu lang. Dann verfallen die Teilnehmenden ins E-Mail-Lesen und sind ganz woanders, wenn sie zurück in den Videocall kommen. Und drittens zeige ich den Teilnehmenden damit: Es müssen nicht immer runde Zahlen sein, nur weil es Gewohnheit ist. Das zahlt in der Regel wunderbar auf meinen Appell ein, das Meeting auch einfach mal um 14:10 Uhr beginnen zu lassen statt immer um Punkt oder um halb. Während der Pause teile ich meinen Bildschirm mit einer Stoppuhr: 00:06:30 (https://e.ggtimer.com).

Dauert der Onlinecall eine Stunde, können Sie entweder nach 30 Minuten eine kurze Unterbrechung machen oder das Gespräch durchziehen. Falls es sich um lang angelegte Konferenzen oder gar Ganztagsformate handelt, sollten Sie nach anderthalb Stunden mindestens 30 Minuten Pause einplanen. In den Pausen können die Teilnehmenden natürlich weiterhin Ideen erarbeiten oder sich in Kleingruppen austauschen, wenn sie möchten. Wichtig ist, dass sie dann aktiv sein und sich zurückziehen können. Am Monitor über lange Zeit präsent zu sein, mit eingeschalteter Webcam und ohne Rückzugsmöglichkeit, ist auf Dauer zu anstrengend.

2.3.5 PowerPoint-Präsentationen, die wirken

Die meisten Online-Meetings, die ich miterleben durfte, waren in der Regel von PowerPoint-Präsentationen geprägt. Falls das nicht auf Sie und die Meetings, an denen Sie teilnehmen, zutrifft, können Sie diesen Punkt einfach überspringen.

Erinnern Sie sich noch an eine richtig gute Präsentation, die Sie gesehen haben? Eine Präsentation, die Sie begeistert hat und von deren Inhalten Sie immer noch zehren? Ich verrate Ihnen etwas: Was mich anbelangt, kann ich sie an einer halben Hand abzählen. Eine miserable Quote. Denn oftmals sieht es so aus: ganz viel kleiner, unleserlicher Text in eine vollkommen überfrachtete Folie gepresst, unübersichtlich, überladen und schlecht animiert. Unterhaltungsfaktor? Nein. Informationsgehalt? Vorhanden, aber nicht wirksam oder nachhaltig. Solche Präsentationen machen weder Spaß, noch haben sie einen positiven Effekt für die Teilnehmenden. Das ist in einem Präsenz-Meeting schon ungünstig. Online, insbesondere wenn Sie während der Präsentation nicht im Bild zu sehen sind, folgen Ihnen die Teilnehmenden schon nach kurzer Zeit nicht mehr, selbst wenn sie sich bemühen. Vielleicht bekommen Sie nach dem Termin dann E-Mails mit der Bitte, die Folien noch zu verschicken – eine höfliche Form zu sagen: »Ich habe Ihnen nicht zugehört, es war zu langweilig und ich habe mich ablenken lassen.«

Die Präsentationen, die uns begeistern, an die wir uns noch lange erinnern und die aussehen, als wären sie aus dem Handgelenk geschüttelt, benötigen wesentlich mehr Vorbereitungszeit als diejenigen, die mit Text überladen sind. Vielleicht kennen Sie den schönen Einstiegssatz des Briefs von Blaise Pascal an den Vorsteher einer Ordensprovinz in Frankreich: »Ich habe den gegenwärtigen Brief aus keiner anderen Ursache so lang gemacht, als weil ich nicht Zeit hatte, ihn kürzer zu machen.« Das Zitat macht anschaulich: Kurze, klare Sprache benötigt mehr Zeit und Bedacht als viel und undurchdachte Sprache. Planen Sie also ausreichend Zeit für die Erstellung Ihrer Präsentation ein und machen Sie es den Teilnehmenden so leicht wie möglich. Nur so können Sie diese mit dem, was Sie zu sagen haben, begeistern und deren Aufmerksamkeit erhöhen. Achten Sie dabei auf das Gesamtkonzept: Passt die Folie zum Inhalt? Passt die Gestaltung zum Thema und zu Ihrem Auftritt? Wenn alles wie aus einem Guss wirkt, sind Sie auf dem richtigen Weg. Die Gestaltung der Präsentation muss zu Ihrer Persönlichkeit passen. Sie darf irritierend und auch witzig oder merkwürdig sein, wenn es der Kontext zulässt. Denn das ist doch großartig: Wenn etwas *merk*würdig ist, dann ist es würdig, gemerkt zu werden. Und fragen Sie sich beim Schreiben der Folien immer: »Kann ich diesen Inhalt auch mit einem Bild oder einer Grafik darstellen?«

Eine bedeutende Regel bei der Erstellung einer PowerPoint-Präsentation ist: Jede wichtige Botschaft bekommt eine eigene Folie. Ja, eine! Hier gilt wieder die Regel »Weniger ist mehr«. Jemand, der das großartig veranschaulicht, ist der *Pitchdoktor*, ein Berater, der Start-ups hilft, ihren Pitch für Investoren zu entwickeln. Er nutzt oftmals nur ein Wort pro Folie und verbindet dieses mit einem großen Bild, das mal lustig, mal schön, mal irritierend, mal überraschend ist. Diese Wort-Bild-Kombinationen wecken Emotionen und sind sehr einprägsam – eine gute Inspiration für Ihre Präsentationen. Mein Favorit ist der »Pitch Berlin«, den Sie über folgenden Link einsehen und auch über die App zu diesem Buch scannen können: https://www.youtube.com/watch?v=zLxydSxxA9Q&t=411s.

Abb. 2.12: Weniger ist mehr: einprägsam präsentieren am Beispiel des »Pitch Berlin«

Dazu möchte ich Ihnen direkt eine Übung mitgeben:

ÜBUNG: PITCH BERLIN

Schauen Sie sich das Video von Minute 2:37 bis Minute 8:08 an und notieren Sie im Anschluss aus Ihrer Erinnerung:

- Welche Städte hat er genannt?
- In welcher Reihenfolge?
- Mit welchen Herausforderungen?

Und? Wie ist Ihre Quote? Ich nehme an fehlerfrei – oder nahezu. Glauben Sie, Sie hätten sich die Inhalte genauso gut merken können, wenn er nur eine Auflistung in Form einer Tabelle gemacht hätte? Bei mir ist die Antwort klar: Nein.

Im geschäftlichen Kontext, wenn es um Zahlen, Daten und Fakten geht, kann es schwieriger erscheinen, ein passendes Bild zu finden. Möglich ist es aber – auch unter Berücksichtigung von Corporate Identity und Formatvorlagen. Wagen Sie den Blick über den Tellerrand und überlegen Sie sich, was Sie anstelle des Textes zeigen könnten. Die Aufgabe einer Präsentation besteht darin, das Gesprochene bildhaft zu unterstützen, und nicht darin, es zu ersetzen. Sonst sind wir wieder bei betreutem Lesen. Hier noch eine kleine Checkliste, die Ihnen bei der Erstellung einer PowerPoint-Präsentation nützlich sein kann.

Checkliste: Generelle Überlegungen vor der Erstellung

- Was möchte ich mit der Präsentation erreichen?
  - Informieren?
  - Erklären?
  - Vermitteln?
  - ________________________
- Wer sind die Teilnehmenden?
- Wie ist die Gruppengröße und ermöglicht diese einen persönlichen Austausch?
- Wie ist der Zeitrahmen und wie kann ich diesen bestmöglich nutzen?
- Wie kann ich die individuellen Bedürfnisse der Teilnehmenden vorab in Erfahrung bringen?
  - Per E-Mail?
  - Abfrage, zum Beispiel über *Surveymonkey* oder *Google Forms*?
  - Über *Trello*?
- Möchte ich vorab einen Ablauf, Informations- oder Anschauungsmaterial versenden?
  - Per E-Mail?
  - Per Post?
- Wie können die Teilnehmenden mit mir während der Präsentation kommunizieren?
  - Gar nicht – Fragen sollen in den Chat geschrieben werden und werden im Anschluss von mir beantwortet.
  - Ich beantworte die Fragen im Chat umgehend während der Präsentation.
  - Ich bitte in kurzen Abständen um Handzeichen, falls es Fragen gibt.
  - Ich bleibe während der gesamten Präsentation aktiv im Austausch mit den Teilnehmenden.

Wichtige Merksätze/Tipps zur Erstellung einer Präsentation !

Inhalt:

- Erstellen Sie die Präsentation inhaltlich. Kürzen Sie den Inhalt um die Hälfte. Kürzen Sie den Inhalt nochmals um die Hälfte. Jetzt haben Sie den Inhalt auf die wichtigsten Punkte reduziert.
- Erstellen Sie eine Übersicht für die Agenda. Diese bauen Sie nach jedem Aspekt ein, der inhaltlich einen Abschluss zum Thema darstellt. So schaffen Sie im Termin immer wieder Orientierung: Wo stehen wir? Was liegt noch vor uns?
- Jeder wichtige Punkt bekommt eine Folie. Fragen Sie sich: Bringt diese Folie den Teilnehmenden einen Mehrwert?
- Lieber mehr Folien als volle Folien.
- Nutzen Sie nur Stichworte, die Ihr Gesagtes unterstützen.

Gestaltung:
- Gestalten Sie Text immer grafisch und farblich ansprechend.
- Achten Sie auf ausreichende Schriftgröße, falls der Präsentation übers Handy gefolgt wird.
- Nutzen Sie Farben.
- Fügen Sie Grafiken und Bilder ein.
- Heben Sie Highlights gezielt hervor.
- Bauen Sie Umfragen/Abfragen ein, zum Beispiel über *Mentimeter*.

Ein letzter Check:
- Sind die Bilder und Grafiken übersichtlich und eindeutig?
- Sind die Inhalte leicht verständlich und können sie schnell aufgenommen werden?
- Habe ich eine gute Mischung aus Bildern, Text, Farben, Interaktionsmöglichkeiten?

Anmerkungen zum Zeigen von PowerPoint-Präsentationen

Anmerkung zu Texten in der PowerPoint-Präsentation:
Wenn lange Texte notwendig erscheinen:
- *Kein* betreutes Lesen!
- Geben Sie den Teilnehmenden entsprechend Zeit, diese Texte selbständig zu lesen.
- Informieren Sie sie darüber, dass Sie jetzt kurz schweigen!
- Wer fertig ist mit Lesen, kann sich zurücklehnen.
- Komplexe Inhalte sollten immer vorab zur Durchsicht verschickt werden.

Anmerkung zum Vortrag mit PowerPoint:
- Haben Sie Ihre Präsentation schon vor dem Start im Präsentationsmodus (Vollbild). Wenn Sie Ihren Bildschirm teilen, sähen die Zuschauenden Ihre Präsentation sonst im Bearbeitungsmodus – das wirkt unprofessionell.
- Sie können Ihre Maus bei PowerPoint in einen Laserpointer verwandeln, damit die Zuschauenden sie besser verfolgen können: Einfach im Präsentationsmodus auf die rechte Maustaste klicken, dann auf »Zeigeroptionen« – und dann auf »Laserpointer«.
- Sie können Ihre Maus auch in eine Lupe, einen Rotstift oder einen Textmarker verwandeln. Im Präsentationsmodus bei PPT sind in der linken unteren Ecke vom Bildschirm kaum sichtbare Symbole. Dahinter verbergen sich diese Funktionen. Sie können zum Beispiel die Lupe auswählen und auf dem Bildschirm einen Bereich anklicken. Dann wird dieser vergrößert dargestellt. Wenn Sie wieder aus dem Modus herauswollen, drücken Sie einfach die Esc-Taste.
- Eine andere Möglichkeit, um etwas zu vergrößern (und später wieder zu verkleinern), ist: »Windows-Taste« und gleichzeitig »+« oder »–«.
- Wenn während des Bildschirmteilens interessante Diskussionen entstehen, beenden Sie den Teilen-Modus, damit sich alle Anwesenden wieder sehen können.

2.4 Persönliche Vorbereitung

Alle in diesem Kapitel bearbeiteten Themen zahlen auf Ihre persönliche Vorbereitung ein. Wenn Sie gut vorbereitet sind, kann Sie nichts mehr aus der Fassung bringen. Denken Sie immer daran: Je gründlicher sich alle vorbereiten, desto flüssiger, zielgerichteter und interessanter wird das Online-Meeting. Hier sollte sich jede einzelne Person in die Pflicht nehmen und dazu beitragen, ein wirksames Onlinegespräch mitzugestalten. Wenn sich wirklich alle verpflichten und vorbereiten, wird das Online-Meeting sogar richtig Spaß machen. Auch wenn wir anfangs vielleicht etwas nervös sind.

2.4.1 Der Umgang mit Lampenfieber

»Lampenfieber ist der Versuch, so zu tun, als hätte man keins«, sagte der Schauspieler Rudolf Platte einmal. An diesem Satz ist etwas dran, denn er impliziert den »Teufelskreis«, in den uns das Lampenfieber hineinstrudeln lässt. Wir denken: »Oh Gott, was, wenn etwas schiefgeht? Habe ich mich auch wirklich gut genug vorbereitet?« Und je mehr innerliche Denkrunden Sie drehen, desto nervöser und unsicherer werden Sie. Willkommen in der Lampenfieberspirale.

Ähnlich wie der erste Eindruck geht auch das Lampenfieber auf eine überlebenswichtige Urfunktion zurück, die sich seit der Steinzeit in unseren Genen befindet. Wieder tritt das limbische System in Aktion, also der Teil im Gehirn, in dem Emotionen in Form von einer ganzen Reihe unterschiedlicher Botenstoffe entstehen. Bei vermeintlicher Gefahr funktioniert das System in Sekundenbruchteilen. Es ermöglicht uns eine der drei Reaktionen: Flucht, Kampf oder Totstellen. Wenn unsere Steinzeitvorfahren also plötzlich einem Säbelzahntiger gegenüberstanden, haben sie entweder

- ihre Beine in die Hand genommen und sind weggerannt (Flucht);
- ihren Speer auf das Tier gerichtet und versucht, es zu erlegen (Kampf);
- oder aber sie sind erstarrt in der Hoffnung, der Tiger nehme sie nicht wahr (Totstellen).

Alle Sinne sind dabei auf Empfang, der ganze Körper ist angespannt und zu blitzschnellen Reaktionen fähig. Ermöglicht wird das alles durch das Hormon Adrenalin. Nun kommt es heute eher selten vor, dass uns bei einer Onlinepräsentation ein Säbelzahntiger über den Weg läuft – das Adrenalin schießt dennoch in uns hoch. Warum das so ist? Ist die Webcam etwa der Säbelzahntiger des 21. Jahrhunderts? Darüber hätten unsere Urzeitvorfahren aber gelacht. Wobei: Es gibt auch sehr unangenehme Gesprächspartnerinnen und Gesprächspartner, die einem Säbelzahntiger relativ nahe kommen können, oder?

Aber Spaß beiseite. Unsere innere und unterbewusste Sorge, die den Lampenfiebermechanismus auslöst, beruht hier vor allem auf der Angst vor Scham, Bloßstellung, persönlichem Versagen oder darauf, eine schändliche Leistung abzuliefern und sich dadurch zum Gespött der Leute zu machen. In dem Moment versorgt unser Körper uns mit Adrenalin und löst eine oder mehrere der drei Urreaktionen aus. Nun rennen wir bei Flucht normalerweise nicht aus dem Bild und vom Laptop weg. Wir werfen uns auch nicht auf den Boden und stellen uns tot. Wie sehen die Reaktionen also im digitalen Gespräch aus?

Flucht	Kampf	Totstellen
• hektische Bewegungen • schnelles Sprechen • sich verhaspeln • sich am Hals kratzen	• lautes Sprechen • heftige, impulsive Reaktionen • aggressive Gesten	• das Gehirn setzt aus • innere Blockade • Sprachlosigkeit
Die Energie, die durch das Adrenalin zur Verfügung gestellt wird, muss raus! Da wir nicht rennen und damit die Energie abbauen können, zeigt sich der Stress auf diese Art und Weise.	Wir verkrampfen, krallen uns an Gegenständen fest, verspannen den Kiefer. Wir empfinden innerlich: »Alle sind gegen mich, ich muss mich verteidigen.«	Manchmal kommt noch Übelkeit hinzu und im schlimmsten Fall werden wir sogar ohnmächtig (online eher weniger). Stattdessen schalten wir die Kamera aus und sagen später, wir hätten einen Stromausfall oder Ähnliches gehabt.

Tab. 2.1: Typische Reaktionen bei Lampenfieber im Onlinecall

Allein das Wissen um die Mechanismen des Lampenfiebers hilft Ihnen wahrzunehmen, was gerade mit Ihnen passiert. So können Sie darauf reagieren und bewusst gegensteuern.

Wenn wir im Videocall sympathisch und vertrauensvoll wirken möchten (vgl. Kap. 1.5), müssen wir lernen, diese Reaktionen zu kontrollieren. Und ich verspreche Ihnen: Das geht! Sie müssen nur die Lampenfieberspirale durchbrechen. Wie? Indem Sie aus dem Teufelskreis einen Freudenkreis machen. Und dafür können Sie die folgenden Punkte anwenden.

Positives Denken

Hören Sie sich fünf bis zehn Minuten vor dem Onlinecall Ihre Lieblingsmusik an. Freuen Sie sich auf das Gespräch oder Meeting. Sie sind top vorbereitet und haben nun endlich die Möglichkeit, Ihr Wissen zu verbreiten, Ihre Kompetenz zu zeigen und Menschen zu begeistern. Freuen Sie sich auf diese Chance und denken Sie an die positiven und inspirierenden Gedanken, die Sie den Teilnehmenden mit auf dem Weg geben. Weil Sie einfach gut sind! Denken Sie auch an das Gefühl, das Sie nach dem Videocall haben werden. Die Komplimente und das gute Feedback, das Sie erhalten werden. Erinnern

Sie sich an vergangene erfolgreiche Präsentationen, die souverän verlaufen sind. Kritiker und Neider, die Ihnen das Leben schwer machen und Zweifel säen wollen, gibt es immer. Das ist auch in Ordnung, denn: Sie müssen nicht von allen Menschen gemocht werden. Wichtig ist, dass Sie mit sich selbst im Reinen sind, dass Sie von Ihrem Wissen überzeugt sind und diese Haltung auch entsprechend transportieren.

Die Harvard-Professorin Amy Cuddy schreibt in ihrem Buch »Dein Körper spricht für dich: Von innen wirken, überzeugen, ausstrahlen« (Cuddy 2016) von einer Situation während ihres Studiums: Sie sollte bei einem großen Kongress einen Vortrag halten. Am Abend zuvor kam es zu einem Elevator Pitch, im wahrsten Sinne des Wortes. Wie es der Zufall so will, stieg Cuddy mit zwei medial bekannten Teilnehmern des Kongresses in den Fahrstuhl. Die Männer fragten sie interessiert: »Wer sind Sie und was machen Sie hier auf dem Kongress?« Darauf stammelte sie nur zusammenhanglose Worte. Später im Hotelzimmer fühlte sie sich schlecht und elend. Sie rief ihre Professorin an und wollte ihren Vortrag am Folgetag absagen, weil sie nicht bereit dafür wäre. Die Reaktion ihrer Professorin war: »Es geht nicht darum, *was* du vorträgst – es geht immer darum, *wie* du es vorträgst! *Fake it, 'till you make it.*« Dieser englische Aphorismus sagt so viel aus wie: Wer Souveränität, Selbstsicherheit und positive Haltung vorgibt, wird infolgedessen auch souveräner, selbstsicherer und positiver auf andere wirken. Der Spruch wurde zu Cuddys Mantra und später auch zum Inhalt ihrer Forschungen.

Die Kraft positiver Gedanken ist gewaltig. Sobald Sie sich selbst in Ihrer Kompetenz bestätigen, in Ihren Fähigkeiten, in Ihrer positiven Wirkung, werden Sie diese Wirkung und Haltung auch auf andere übertragen. Amy Cuddy empfiehlt für die selbstbewusste Körperhaltung die sogenannten »Powerposen«. Ich kann Ihnen nur sagen: Sie funktionieren. Denn Körpersprache wirkt nicht nur nach außen, sondern auch nach innen.

Die ersten drei Sätze auswendig

Eine gute Präsentation ist natürlich nicht auswendig gelernt – Sie sprechen sie frei. Aber: Vor dem Hintergrund des ersten Eindrucks und des großen Knalls als Einstieg ist es hilfreich, wenigstens die ersten drei Sätze auswendig zu lernen. Vor allem dann, wenn Sie sich zu Beginn einer Präsentation gerne verhaspeln oder nervös sind. Dann gelingt Ihnen der Einstieg souverän. Ihr Lampenfieber baut sich durch den positiven Einstieg nach kurzer Zeit ab und mit ihm auch das Adrenalin. Und schon sind Sie in Ihrem Element. Es kann sich auch für ein gewöhnliches Gespräch ohne Präsentation lohnen, sich die ersten Sätze vorab zurechtzulegen. Insbesondere dann, wenn es sich zum Beispiel um ein Verkaufsgespräch handelt und Sie Ihre Gegenüber von der ersten Sekunde an überzeugen möchten. Überlassen Sie das im Onlineformat nicht dem Zufall!

Ihr persönlicher Schutzschild

Ein weiteres Mittel gegen Lampenfieber ist, es zu personifizieren. Lampenfieber ist nichts anderes als Ihre persönliche Beschützerin, Ihr treuer Begleiter. Es aktiviert

Mechanismen in Ihnen und macht Sie konzentrierter, aufmerksamer und leistungsfähiger. Wenn Sie das nächste Mal Lampenfieber verspüren, freuen Sie sich darüber und begrüßen Sie Ihren persönlichen Schutzschild in Gedanken: »Schön, dass du wieder da bist und mir zu höherer Konzentration verhilfst.« Die positive Assoziation wirkt bereits regulierend auf Ihre Nervosität. Sind Sie dagegen der Überzeugung, sich aufgrund des Lampenfiebers zu blamieren, verstärken Sie die Auswirkungen des Lampenfiebers nur noch. Sehen Sie sich dazu die Übersicht an positiven und negativen Eigenschaften von Lampenfieber an:

Nützliches Lampenfieber	Hinderliches Lampenfieber
• macht wach • putscht auf • erhöht Konzentration/Aufmerksamkeit • schafft nötige Spannung für Körper und Geist • setzt Energie frei • Fokus auf das Wesentliche • stärkt und motiviert für den Auftritt • macht Lust auf das Gespräch • zeigt, wie wichtig mir das Thema ist • Freude • Spaß	• Nervosität/Frosch im Hals • hoher Puls/Herzrasen • feuchte Hände/Schweißausbrüche • Übelkeit (bis Erbrechen) • Stottern • Zittern • Kopfschmerzen • Augenflackern • Erröten • Blackout • schlaflose Nächte

Tab. 2.2: Hinderliches vs. nützliches Lampenfieber

Bewegung

Bei Lampenfieber schüttet Ihr Körper Adrenalin aus und setzt dadurch ungewöhnlich viel Energie frei. Wenn Sie die oben beschriebenen Reaktionen zu unterdrücken versuchen, staut sich das Adrenalin an – bis es an anderer Stelle noch heftiger aus Ihnen herausplatzt. Wenn Sie 20 bis 30 Minuten vor einem Videocall spüren, wie das Adrenalin in Ihnen hochsteigt, können Sie ganz einfach durch Bewegung gegensteuern: Machen Sie beispielsweise 20 Hampelmänner. Das ist auch drei bis fünf Minuten vor Ihrem Onlinegespräch hilfreich. Anschließend beflügeln Sie sich mit den Worten: »Wow, das wird super! Los geht's!« Ebenso kann es helfen, den Videocall im Stehen zu führen – so kann sich die Energie über Hände, Füße und den Körper besser abbauen, als wenn Sie sitzen.

Handschmeichler oder Stressball

Neigen Sie bei Lampenfieber eher zum Fluchtmodus, indem Sie im Gespräch viel und schnell gestikulieren? Dann suchen Sie sich etwas, mit dem Sie Ihre Hände kontrollieren können. Dafür eignet sich beispielsweise ein Handschmeichler, ein kleiner Talisman oder ein Stressball. Zum einen wird Ihnen das Gestikulieren dadurch stärker bewusst, denn Gestik ist vom Unterbewusstsein gesteuert. Zum anderen kanalisieren Sie durch Streicheln, Kneten oder Drücken Ihre Nervosität, ohne dass es jemand bemerkt. Sie öffnen damit ein Ventil, über das Ihre Anspannung entweichen kann. Die

Hände fliegen nicht mehr durchs Bild, was die visuelle Aufmerksamkeit voll auf Sie und den Inhalt Ihrer Worte lenkt.

Stolz sein auf Lampenfieber

Lampenfieber ist ein Zeichen dafür, dass Ihnen die Sache wichtig ist. Es bedeutet Ihnen etwas, wie die zuhörenden und teilnehmenden Personen Sie und Ihr Thema wahrnehmen. Sie wollen eine gute Leistung abliefern. Haben Sie kein Lampenfieber, dann messen Sie der Situation nicht so viel Bedeutung bei. Also: Seien Sie stolz auf Ihr Lampenfieber und genießen Sie die positiven Impulse und Fähigkeiten, die es Ihnen gibt.

Zwischenfazit **!**

Mit den vorgestellten Tricks und Kniffen wandeln Sie Ihr Lampenfieber in ein positives Gefühl um und machen es sich zunutze. Der Teufelskreis ist durchbrochen – Sie freuen sich auf Ihre Aufgeregtheit und wissen, wie Sie Ihr Adrenalin steuern und kanalisieren können.

Was gibt es noch für Ihre persönliche Vorbereitung zu beachten?

2.4.2 Technik-Bruchpiloten? Von wegen!

Wie zu Beginn des Kapitels bereits erwähnt, sollten Sie all diese Vorbereitungsmaßnahmen nicht komplett gelöst voneinander betrachten. Eine gute technische Vorbereitung spielt in die persönliche Vorbereitung mit hinein. Außerdem möchte ich, dass Sie dieses Thema gedanklich nicht mehr verlässt: Denken Sie an Sullenberger und »Was wäre, wenn ...«. Spinnt die Technik? Will das angepriesene Video nicht? Kein Problem! Als Erstes: Ruhig bleiben, durchatmen und die Teilnehmenden bitten, sich einen kurzen Moment zu gedulden. Sie haben einen Notfallplan in der Tasche und arbeiten diesen sukzessive ab, denn Sie wissen: Technik hat immer ein Eigenleben und Sie sind darauf vorbereitet. Überlegen Sie sich, womit Sie die Zuschauenden bei Laune halten, während Sie die Technik reaktivieren. Welche Aktivitäten, Übungen oder Fragerunden können Sie spontan einläuten, falls etwas nicht klappt wie erwartet?

Bereiten Sie etwas vor, das die Teilnehmenden kurz durchlesen sollen. Stellen Sie drei Fragen im Chat und bitten Sie die Anwesenden, sich dazu Gedanken zu machen und Antworten aufzuschreiben. Schicken Sie die Teilnehmenden mit einer Plan-B-Aufgabe in die digitalen Gruppenräume. Oder wenn Sie nicht gerade schon eine Pause gemacht haben, dann machen Sie jetzt fünf Minuten Pause, damit sich jeder kurz auffrischen und mit Kaffee versorgen kann – ein wunderbarer Vorwand. Die Teilnehmenden bekommen eine Pause und Sie bewahren Ihre Souveränität. Falls Sie das Problem nach fünf Minuten immer noch nicht im Griff haben – lösen Sie sich davon. Pech gehabt. Bringen Sie den Videocall dadurch nicht weiter durcheinander und überlegen Sie im Nachhinein, wie Sie beim nächsten Mal mit so einer Situation umgehen möchten.

2.4.3 Der rote Faden

Online haben Sie bessere Möglichkeiten, wieder zurück in die mentale Spur zu finden, wenn Sie den roten Faden verloren haben. Bereiten Sie sich darauf vor: Sie können beispielsweise einen Slide mit Ihrer Agenda in einem separaten Fenster geöffnet haben, schnell einen Blick darauf werfen und den Faden wieder aufnehmen. Oftmals bekommen die Teilnehmenden davon gar nichts mit. Ein anderer Weg ist Flucht nach vorn. Sagen Sie einfach ganz direkt, Sie haben gerade den Faden verloren – und bitten Sie die zuhörenden Personen, Ihnen wieder auf die Sprünge zu helfen. Das ist menschlich, wirkt natürlich und authentisch und kann Sympathien wecken. Was in digitalen Gesprächen hingegen nicht so wirksam ist wie offline, sind rhetorische Pausen. In der klassischen Rhetorik sind Pausen ein tolles Mittel, um einen Blackout zu überspielen und dabei Spannung, Aufmerksamkeit und Interesse zu wecken. In der digitalen Welt wirkt eine kurze Pause aber oftmals so, als habe die Technik ihren Geist aufgegeben.

2.4.4 Die Kleidung

Der Modedesigner Karl Lagerfeld sagte einmal: »Wer mit Jogginghose aus dem Haus geht, hat die Kontrolle über sein Leben verloren.« Während der Coronapandemie ließ sich beobachten, wie viele Menschen, die im Homeoffice arbeiteten, ihre Hygiene und ihr Aussehen vernachlässigten. Ich möchte Ihnen nicht vorschreiben, wie Sie sich zu kleiden haben. Denn Sie wissen ja selbst: Kleider machen Leute. Wir lassen uns vom Aussehen anderer Menschen beeinflussen – und nehmen auch selbst eine andere Haltung an, je nachdem, was wir anhaben. Wer im Pyjama oder in Jogginghose in ein Videogespräch geht, ist schnell mal im Schlafmodus. Wer dagegen im professionellen Businesslook vor die Webcam tritt, hat eine ganz andere Ausstrahlung. Es ist tatsächlich wissenschaftlich bewiesen, dass die Art, wie ich mich kleide, mein Verhalten beeinflusst. Ein digitales Gespräch ist keine Ausrede dafür, sich unangemessen zu kleiden. Wenn Sie also offline im Anzug zu dem Termin gehen würden, sollten Sie vor der Kamera keinen Hoodie tragen, nur weil Sie zu Hause sind.

Was die Farbe Ihrer Kleidung betrifft, so sollten Sie auf wilde Muster, Punkte, Streifen, Karos oder grob gestrickte Wollpullover verzichten. Solche Musterungen flimmern in der Kamera und irritieren das Auge der Teilnehmenden. Generell empfehlen sich gedeckte Farben wie Beige, sanfte Grautöne oder auch Blau in allen Varianten. Kein Schwarz und kein klassisches Weiß. Die Kamera verstärkt Kontraste, dadurch kann ein schwarzes Hemd wie ein schwarzer Fleck wirken, ohne jegliche Kontur. Arme und Kopf sehen dann so aus, als würden sie in der Luft schweben. Ein weißes Hemd wirkt schnell grell in der Kamera, was unangenehme Lichtverhältnisse auf dem Monitor bewirken kann. Wer ein Statement setzen möchte, kann mit knalligen Farben arbeiten. Doch seien Sie sich hier bewusst, dass Ihre bunte Klamotte vom eigentlichen Thema ablenken kann.

Da Sie im Videocall in der Regel nur bis zu den Schultern zu sehen sind, dürfen Sie Ihre Hose etwas vernachlässigen. Aber Achtung: Das ist kein Freifahrtschein für die Nudisten unter uns! Auch sollten Sie nicht in Schlafanzughose und Adiletten untenrum sein. Was passiert, wenn Sie im Eifer des Gefechts aufstehen, weil jemand Sturm klingelt, oder Sie etwas holen wollen und vergessen haben, dass Sie ja nur zur Hälfte professionell gekleidet sind? Das ist alles schon mal vorgekommen und für die betroffene Person oft ein peinlicher Moment.

2.4.5 Die Haare

Vermeiden Sie Frisuren, bei denen Ihnen die Haare regelmäßig ins Gesicht fallen. Es ist irritierend, wenn Sie sich ständig mit der Hand durch das Haar fahren, denn Sie wirken dadurch nervös. Sorgen Sie also dafür, dass die Haare von vornherein gut sitzen. Falls Sie nervös sind, nutzen Sie einen Stressball, um Ihre Haare in Ruhe zu lassen.

Achten Sie auf eine entsprechende Haarhygiene. Fettige Haare sind beispielsweise auch auf dem Bildschirm zu erkennen und können dafür sorgen, dass Sie an Sympathiepunkten einbüßen.

2.4.6 Schmuck

Bei Schmuck gilt: Weniger ist mehr. Sowohl Ohrringe als auch Ketten dürfen Ihrem Gesprächsinhalt keine Konkurrenz machen und Ihnen die Aufmerksamkeit der Anwesenden entziehen. Tragen Sie keine langen hängenden Ohrringe bei Videogesprächen. Sobald Sie den Kopf schütteln oder eine hektische Bewegung machen, ist der Fokus der Teilnehmenden bei Ihren blinkenden Schmuckstücken.

2.4.7 Schminke

Im Fernsehgeschäft sowie im Theater kommen die Personen vor der Show in »die Maske«. Das ist sehr wichtig, damit sie später im Rampenlicht eine scheinbar natürliche Haut haben. Schminke hilft auch Ihnen im Videocall, ohne fettig glänzende Haut oder Schweißperlen auf der Stirn aufzutreten. Das gilt für Frauen genauso wie für Männer. Und auch wenn es ein vermeintlich oberflächliches äußerliches Element ist (eigentlich geht es doch um die Inhalte): Eine hohe Stirn oder eine Glatze können bei intensivem Licht sehr glänzen, was auf dem Monitor dann wie grelles Leuchten aussieht – und visuell ablenkt. Eine schnelle, einfache und professionelle Lösung ist Mineralpuder. Es verschmilzt förmlich mit der Haut und sieht sehr natürlich aus. Mit Mineralpuder fällt es nicht auf, dass Sie gepudert beziehungsweise geschminkt sind. Es verleiht einfach einen matten Teint. Puder gibt es für jede Hautfarbe. Um die passende Farbe zu finden, können Sie das Puder auf dem Handrücken testen – dort verreiben und schauen, ob Sie einen Farbunterschied sehen oder nicht. In letzterem Fall haben Sie den richtigen Farbton getroffen.

!

Zwischenfazit

Die äußere Erscheinung hat einen großen Einfluss auf die Art und Weise, wie wir von unseren Gesprächspartnern wahrgenommen werden. Es kann daher sehr ratsam sein, sich so zu kleiden und zurechtzumachen, wie es die andere Seite wohl erwartet. Das bedeutet nicht, dass Sie sich in eine Person verwandeln müssen, die Sie gar nicht sind. Authentizität ist immer wichtiger. Und am Ende zählt, *was* Sie im Onlinecall zu sagen haben und *wie* Sie es den Teilnehmenden vermitteln. Ihr Äußeres kann dabei allerdings unterstützend wirken.

2.5 Der Countdown läuft – letzter Check vor dem Call

Je nach Art und Umfang des digitalen Gesprächs sollten Ihre akribischen Vorbereitungen einen Tag vorher abgeschlossen sein. Wie gestaltet sich jetzt die letzte Stunde vor dem Call für Sie? Der Countdown läuft und Sie begrüßen Ihr Lampenfieber mit einem inneren Lächeln. Ich möchte Ihnen zum Abschluss dieses Kapitels zur Vorbereitung von Online-Meetings noch eine Checkliste mitgeben, wie Sie die letzten 60 Minuten vor dem Onlinecall entspannt und fokussiert verbringen können – insbesondere dann, wenn es sich um eine Videokonferenz oder einen großen Vortrag handelt.

Checkliste: Die letzte Stunde vor dem Onlinecall

Noch 60 Minuten

- Essen Sie etwas Leichtes, was die Verdauung nicht belastet und Ihnen Energie gibt. Eine Banane zum Beispiel oder einen Müsliriegel.
- Trinken Sie bei Bedarf noch einen Kaffee, einen Tee oder Wasser. Einfach etwas, das Ihnen schmeckt und Flüssigkeit zuführt. Bitte keine Experimente mit Energydrinks, die Sie vorher noch nie getrunken haben.
- Spielen Sie in Gedanken den Gesprächsablauf durch und stellen Sie sicher, dass alles vorbereitet ist.

Noch 30 Minuten

- Informieren Sie die Personen in Ihrer Nähe darüber, dass Sie gleich einen Termin haben. So wissen Ihre Familienangehörigen oder Mitbewohner: Sie sind nicht ansprechbar und sie sollten keinen Lärm machen.
- Machen Sie sich noch einmal frisch.

- Gehen Sie noch einmal zur Toilette.
- Bereiten Sie den Schreibtisch vor mit allen Utensilien, die Sie benötigen. Liegen Stift und Block bereit, ein Glas stilles Wasser, eine große und sichtbare Uhr, Moderationskarten? Was noch?

Noch 20 Minuten

- Platzieren Sie ein »Bitte nicht stören«-Schild an Ihrer Tür oder vor Ihrem Schreibtisch – am besten mit Notiz, bis wann Sie nicht gestört werden sollen. So vermeiden Sie vermeintlich freundliche pantomimische Anfragen von Mitbewohnern oder Kolleginnen, ab wann Sie wieder zu erreichen sind. Schließen Sie die Tür eventuell ab, vor allem, wenn Sie Kinder haben, die in einem Alter sind, in dem sie laufen und Türen öffnen können.
- Schließen Sie alle Programme und Tabs, die Sie für den Videocall nicht benötigen.
- Starten Sie das Videokonferenzsystem.
- Öffnen Sie alle Dateien und Programme, die Sie für den Onlinecall benötigen.
- Machen Sie einen Ton- und Bildcheck. Funktionieren Mikrofon und Kopfhörer? Wie ist der Bildausschnitt: Kamerahöhe, Licht und Hintergrund? Bitte keine Wäscheständer, Umzugskartons, schmutzige Küchenutensilien oder Ähnliches.

Noch 15 Minuten

- Halten Sie die Einwahldaten und Ihren Erste-Hilfe-Technik-Plan bereit, um diese Unterlagen, falls nötig, an die Teilnehmenden weiterzuleiten.
- Kaugummi raus, kein Essen mehr. Wenn Sie sich jetzt verschlucken, kann das noch lange nachwirken.
- Schließen Sie die Zimmerfenster, damit keine störenden Geräusche von draußen hereindringen.
- Stellen Sie Ihr Smartphone lautlos, ohne Vibrationsalarm. Falls Sie von Teilnehmenden bei Einwahlschwierigkeiten angerufen werden können, platzieren Sie Ihr Smartphone sichtbar auf dem Schreibtisch.

Noch 10 Minuten

- Doublecheck: Ist auf dem Bildschirm alles geöffnet, was Sie benötigen?
- Hören Sie sich ein Lied an, das Sie beflügelt.
- Strecken Sie sich und machen Sie 20 Hampelmänner, um sich zu aktivieren und das Adrenalin zu regulieren.
- Atmen Sie fünfmal tief ein und langsam wieder aus.
- Machen Sie die sogenannte »Ha-ha-ha-Übung« – diese finden Sie in Kapitel 3.
- Setzen Sie sich entspannt hin und genießen Sie die Vorfreude auf den Onlinecall.

Noch 5 Minuten

- Achten Sie nun auf Ihre Körperhaltung und Ihren Gesichtsausdruck: Setzen oder stellen Sie sich aufrecht vor die Webcam und lächeln Sie.
- Nehmen Sie eine erwartungsvolle und positive Haltung ein.

Noch 3 Minuten

Nun können Sie die Teilnehmenden in den virtuellen Meetingraum lassen. Sie können auch noch warten, bis der exakte Terminstartpunkt erreicht ist. Aber Achtung: Unpünktlichkeit bei digitalen Calls ist ein No-Go. Also seien Sie lieber etwas zu früh als zu spät dran und nutzen Sie die Zeit für Small Talk und Socializing.

... und Action

Viel Spaß bei Ihrem Onlinecall! Diese Checkliste ist nicht festgeschrieben. Sie dient Ihnen zur Übersicht, wie Sie die Zeit kurz vor dem digitalen Gespräch optimal nutzen können. Für mich ist es ein absolutes Muss, das Handy lautlos und ohne Vibrationsalarm zu stellen. Handelt es sich um ein umfangreiches oder wichtiges Gespräch oder einen Vortrag, empfehle ich Ihnen, in der letzten Stunde vor dem Call nach genau diesem Plan vorzugehen. Er ist praxiserprobt.

! **Zusammengefasst**

Erfolgreiche Videocalls erfordern akribische Vorbereitung auf unterschiedlichen Ebenen. Dazu gehören

- die technische Vorbereitung,
- die organisatorische Vorbereitung,
- die inhaltliche Vorbereitung und
- die persönliche Vorbereitung.

Je besser die Vorbereitung ist, desto wirksamer ist das Onlinegespräch.

3 Elemente der digitalen Rhetorik für strahlende Präsenz

3.1 Einführung

»Reden lernt man durch reden«, sagte schon der römische Rhetoriker Cicero. Nur wenn wir praktizieren, können wir uns verbessern. Auf die digitale Rhetorik bezogen gilt dasselbe: Wir müssen lernen, ausprobieren und anwenden, um auch im digitalen Raum wirkungsvoll zu reden. Machen Sie sich immer wieder bewusst, dass in Online-gesprächen andere Regeln herrschen als offline. In diesem Kapitel gehen wir zunächst auf eine kleine Exkursionsreise durch die Geschichte der Rhetorik und beleuchten anschließend die für die digitale Rhetorik relevanten Stilmittel.

3.1.1 Die Geschichte der Rhetorik in Kurzform

Die Wurzeln der Rhetorik liegen im antiken Griechenland. Anwendung fand sie in der Politik und der Justiz. Die Gründerväter der Rhetorik sind Gorgias, Sokrates, Platon und schließlich sein Schüler Aristoteles. Im 2. Jahrhundert v. Chr., als sich Rom zunehmend in die Machtspiele der griechischen Reiche einmischte, entdeckten die Römer die »Kunst der Rede« für sich. Bis ins 1. Jahrhundert v. Chr. lehrten griechische Gelehrte die Rhetorik in Rom. Dabei entwickelten die Römer bald ihre eigene Form der Rede- und Schreibkünste. Cicero war einer der begabtesten Rhetoriker seiner Zeit. Sowohl Griechen als auch Römer haben bei ihren Reden frei gesprochen und keine Hilfsmedien genutzt.

Im Mittelalter wurde die römische Rhetorik in der Tradition Ciceros übernommen und sowohl für weltliche (Politik und Justiz) als auch für geistliche Sprache und Schrift angewandt. Die mittelalterliche Literatur ist bereits wesentlich von der römischen Rhetorik geprägt – spielte aber im Ganzen keine so große Rolle wie im antiken Griechenland oder in Rom.

Das änderte sich erst ab der Renaissance im späten 14. Jahrhundert, als ganz Europa die Kultur des antiken Griechenlands »wiederentdeckte«. Vor allem in Italien wurden unzählige altgriechische Texte übersetzt – und die Rhetorik hielt Einzug in Bereiche außerhalb der Politik, Justiz oder Religion: beispielsweise bei Festtagsreden, Grabreden, Hochzeitsreden und Lobreden. Bis ins 18. Jahrhundert änderte sich wenig daran.

Erst im Zuge des 18. Jahrhunderts geriet die Rhetorik teilweise in Verruf und wurde von einigen Intellektuellen als die »Kunst des Verstellens« betitelt. Ein großer Kritiker der Rhetorik war Johann Wolfgang von Goethe – der allerdings selbst rhetorisch geschult war. Im 19. und 20. Jahrhundert wurde die Redekunst dann vor allem für politische Agitation genutzt. Beispielsweise entwickelte Karl Marx die sozialistische Rhetorik, bei der es um eine ganz gezielte Wortwahl ging. Spätestens hier wurden auch Hilfsmedien wie Stichpunktzettel oder Schaubilder verwendet – aber auch akustikverstärkende Medien wie Megafone oder Mikrofone mit Lautsprechern.

Im Laufe des 20. und im 21. Jahrhundert wurde die Rhetorik von vielen Theoretikern wiederentdeckt und aus ganz unterschiedlichen Forschungsperspektiven heraus betrachtet, darunter die Argumentationslehre, Teile der Kommunikations- und Sprechwissenschaft, Linguistik oder auch die Forschung zur Massen- und Medienpsychologie. Vor allem der Bereich Medienpsychologie ist ein sehr junger Forschungszweig, weshalb es auch noch nicht viel Literatur zu den Themen digitale Psychologie und digitale Rhetorik gibt. Heute nutzen wir für unsere Vorträge digitale PowerPoint-Präsentationen mit Bildern, Texten und Videos und andere Online- wie Offlinetools, die uns die Kommunikation mit allen Beteiligten erleichtern – und die Wirkung unserer Worte verstärken.

Zeitalter	Griechen	Römer	Mittelalter	Renaissance	17./18. Jhd.	18./19. Jhd.	20./21. Jhd.
Anwendungsbereiche	Justiz, Politik	Justiz, Politik	Justiz, Politik, Religion	Justiz, Politik, Religion, Gesellschaft	Justiz, Politik, Religion, Gesellschaft; erste Kritiker der Rhetorik	vor allem politisches Instrument	Politik, Gesellschaft, Forschung
Ansätze	Gorgias, Sokrates, Platon, Aristoteles	Cicero, Quintilian	in der Tradition Ciceros	in der Tradition Aristoteles'	in der Tradition Aristoteles'	neue Theorien und Formen der Rhetorik (z. B. sozialistische Rhetorik)	digitale Rhetorik, unterschiedliche Forschungsgebiete
Hilfsmittel	–	–	–	Notizzettel	Notizzettel, Bilder, Megafone	Notizzettel, Bilder, Megafone, Lautsprecher, Mikrofone	Notizzettel, PowerPoint, Videos, Grafiken, Mikrofone, Onlinetools

Tab. 3.1: Die Entwicklung der Rhetorik von der Antike bis heute

3.1.2 Digitale Rhetorik heute

Wir hatten im ersten Kapitel angesprochen, dass wir online den Gesprächsaufbau anders strukturieren müssen als offline – und im Idealfall ein emotionales Feuerwerk abbrennen sollten. Die gesamte Wechselwirkung unserer verbalen, paraverbalen und nonverbalen Kommunikation verschiebt sich im digitalen Raum. Einige Aspekte werden wichtiger, andere rücken in den Hintergrund. Für die Wirkung unserer Worte ist dabei gar nicht so relevant, *was* wir sagen, sondern vielmehr, *wie* wir es herüberbringen. Das gilt online noch stärker als offline. Im Geschäftsumfeld legen viele von uns oftmals den größten Fokus auf den *Inhalt* der Präsentation – was prinzipiell löblich ist. Aber denken Sie einmal an einen großartigen Professor, der außergewöhnliche Forschungsergebnisse vorträgt. Diese Ergebnisse können noch so bahnbrechend sein – wenn er sie vorträgt, als hätte er zuvor Schlaftabletten eingenommen, werden die wenigsten Anwesenden seinen Ausführungen gebannt folgen.

Was denken Sie, wie wichtig ist der Inhalt Ihrer Präsentation? Vielleicht 80 Prozent? Schließlich geht es ja um den Inhalt. Oder eher 75 Prozent? Oder sind Inhalt und Form gleich wichtig: fünfzig-fünfzig? Worauf bereiten Sie sich am meisten vor: Inhalt oder Form? Wahrscheinlich ist Ihre Antwort »Inhalt«. Doch hier muss ich Sie enttäuschen: Für das Gesamtbild, die Aufmerksamkeit und den Lerneffekt der Beteiligten macht der Inhalt Ihrer Ausführungen lediglich 20 Prozent aus. Weitere 20 Prozent gehen auf die visuelle Darstellung der Inhalte. Die verbleibenden 60 Prozent sind Sie! Sie mit Ihrer Persönlichkeit, Ausstrahlung und Begeisterung für die Inhalte und das Thema. Sie und Ihre Art, *wie* Sie Ihr Thema präsentieren – das ist es, was die Zuschauenden bewegt, Emotionen weckt und dafür sorgt, dass die Inhalte interessant und *merk*würdig werden.

In diesem Kapitel widmen wir uns der Frage, wie Sie Emotionen bei Ihren Onlinegesprächspartnern wecken können und wie Sie vor der Webcam so auftreten und agieren, dass die Zuhörenden Ihnen gerne folgen. Über die dafür notwendigen Mittel verfügen Sie bereits. Jetzt gilt es, diese für das Format und den Zweck in Onlinegesprächen bestmöglich einzusetzen.

DER SELBSTTEST VORAB

Bevor wir nun die Stilmittel der digitalen Rhetorik beleuchten, möchte ich eine kleine Übung mit Ihnen machen: Schätzen Sie sich einmal selbst ein, wie gut Sie Vorträge halten oder Gespräche führen. Kennen Sie Ihre Stärken und Schwächen? Was machen Sie in Ihren Augen richtig gut – und wo sehen Sie noch Optimierungsbedarf?

Oftmals machen wir uns kaum Gedanken darüber, wie wir beim Reden auf andere wirken. Das können Sie ändern, indem Sie sich einfach mal mit der Kamera aufnehmen. Entweder allein als Trockenübung oder gleich »in Action« während eines Videocalls.

Wenn Sie das Meeting nicht offiziell aufnehmen möchten, können Sie beispielsweise Ihr Smartphone an den Monitor stellen und nur sich selbst damit aufnehmen. Hinterher schauen Sie sich das Video an und überlegen sich, was Ihnen gut gelingt und was nicht. Mit dieser Selbsteinschätzung bekommen Sie eine Idee davon, woran Sie arbeiten können, um noch wirksamer im Onlinecall zu sein.

Kommen wir nun zu den Stilmitteln der digitalen Rhetorik. Dafür möchte ich Sie anregen, das folgende Bild mit der smARt-Haufe-App zu scannen und sich das Video einmal anzusehen.

Finden Sie es nicht auch beeindruckend, wie unterschiedlich ein und dieselbe Wortwahl wirkt, abhängig davon, welche Körpersprache und -haltung, Mimik und Gestik sowie Stimmhöhe und Modulation gewählt wird? Deshalb ist dieses Kapitel für mich eines der wichtigsten. Diese Elemente haben nur wir selbst in der Hand – und sie sind unglaublich mächtig. Lassen Sie uns nun ansehen, wie Sie sie in Online-Meetings gekonnt einsetzen können.

3.2 Körpersprache und -haltung

Körpersprache bietet uns viele Möglichkeiten, auch online auf andere zu wirken. Zumal vor der Kamera für alle dieselben Grundvoraussetzungen gegeben sind, ganz gleich, welche Hierarchien gelten. Sie haben ja nicht einmal eine Sitzordnung, die für die Wahrnehmung von Unterschieden in der Rangordnung sorgt.

Ich möchte Ihnen an dieser Stelle noch einmal das Passbildformat ins Gedächtnis rufen, in dem Sie bei Ihren Onlinegesprächspartnern zu sehen sind. Unsere Beine sind vor der Webcam nicht zu sehen und fallen also weg. Selbst die Arme und Hände können wir nur in einem gewissen Radius nutzen. Wir sind im Onlinegespräch also stark eingeschränkt, was die Körpersprache als rhetorisches Hilfsmittel angeht. Und dennoch ist unsere Körpersprache ein enorm wichtiges Mittel in digitalen Gesprächen und hat einen entscheidenden Einfluss auf die Art, wie wir bei den anderen ankommen. Die richtige Körpersprache bildet den Grundstein für unsere Präsenz: Je ausgeprägter sie ist, desto mehr überbrücken wir die physische und emotionale Distanz zu den anderen. Es kommt eben anders an, wenn Sie mit aufrechter Haltung vor der Kamera zu sehen sind (Abb. 3.1), als wenn Sie mit einem abgestützten Ellenbogen und im schrägen Winkel den Kopf nach vorne gebeugt vor dem Rechner sitzen (Abb. 3.2). Die folgenden Bilder verdeutlichen das noch einmal.

Abb. 3.1: Aufrechte Körperhaltung

Abb. 3.2: Abgestützter Ellenbogen und nach vorne gelehnt

Wenn Sie eine aufrechte, aufmerksame und positive Körperhaltung einnehmen, vermitteln Sie automatisch Interesse für das Thema – ganz egal, ob Sie das Gespräch organisieren, moderieren oder lediglich an ihm teilnehmen. Zusätzlich färbt eine positive Körpersprache auf die Anwesenden ab. Wenn Sie also ein konstruktives und wirksames Onlinegespräch führen möchten, fängt es damit an, dass Sie eine entsprechende Körperhaltung einnehmen.

Nun fallen in Videokonferenzen einige Aspekte der Körpersprache weg. Zum Teil sind diese offensichtlich, wie zum Beispiel die nicht sichtbaren Beine oder der Händedruck, der uns unterbewusst viel über die andere Person mitteilen kann. Zum Teil sind sie nicht so offensichtlich und sollten kompensiert werden – immer vor dem Hintergrund, eine vertrauensvolle Atmosphäre herzustellen.

Bei der Körpersprache und -haltung sollten wir im digitalen Gespräch auf folgende Aspekte achten, um der Konsumentenhaltung zu entkommen und Begeisterung zu vermitteln:

- **Aufrechte Körperhaltung**
  Achten Sie auf eine aufrechte Haltung (vgl. Abb. 3.1): Legen Sie Ihre Handgelenke auf die Tischkante. Falls es Ihnen hilft: Stellen Sie sich vor, Sie säßen in einem edlen Restaurant und warteten aufmerksam auf das Gourmetmenü. Ihr Rücken ist gerade, Ihre Schultern sind leicht nach hinten gestreckt. Mit dieser Haltung kompensieren Sie online die fehlende physische Anwesenheit, denn Sie kommunizieren Präsenz und Ausstrahlung. Laut Amy Cuddy (Cuddy 2016) wirken wir mit einer aufrechten Körperhaltung automatisch sicherer – was auch daran liegt, dass wir unserem Brustkorb mehr Raum geben, mehr Luft zum Sprechen und somit eine festere, lautere Stimme haben.
- **Ruhige Haltung**
  Bleiben Sie in dieser Haltung weitestgehend ruhig. Denken Sie daran: Sie befinden sich nicht auf einer Bühne, deren Raum Sie einnehmen können. Das Bild ist stark reduziert – zu viel Hin-und-her-Gerutsche bringt Unruhe auf den Bildschirm und lenkt die Teilnehmenden vom Wesentlichen ab. Womöglich interpretieren sie dieses Vor- und Zurückschaukeln als Nervosität. Wenn Sie dazu noch einen virtuellen Hintergrund wählen (wovon ich abrate), verzerren sich Ihr Umriss und die Konturen im Hintergrund ständig. Das ist sehr irritierend für die Zuschauenden. Hier kann ein Greenscreen helfen, doch selbst dann ist das Bild nicht optimal. Auch wenn Sie ein energiegeladener Mensch sind oder Ihrer Präsentation eine gewisse Dynamik vermitteln möchten: Lassen Sie Ihren Körper in einer ruhigen Haltung verweilen. Dynamik kreieren Sie online mit anderen rhetorischen Kniffen wie Mimik, Stimme und Wortwahl.

Onlinecall im Sitzen

In der Regel ist ein guter Wechsel zwischen Stehen und Sitzen hilfreich, um dem Körper regelmäßige Abwechslung zu geben. Allerdings kann oder will nicht jeder am Schreibtisch stehen. Wenn Sie während einer Videokonferenz sitzen möchten – hier ein paar Tipps:

- Setzen Sie sich auf einen Hocker – er unterstützt Ihre aufrechte Haltung.
- Ein Gymnastikball ist ungünstig – auch wenn er gut für den Rücken ist: Sie laufen Gefahr, auf und ab zu wippen.
- Probieren Sie unterschiedliche Möbel aus. Verstellen Sie Ihre Tischhöhe, spielen Sie mit dem Abstand zur Webcam und setzen Sie sich Markierungen, wenn Sie die ideale Sitzhöhe und den perfekten Abstand gefunden haben. So müssen Sie das nicht jedes Mal aufs Neue feinjustieren.

Onlinecall im Stehen

Besser als Sitzen beim Videocall ist Stehen. Das gibt Ihnen automatisch eine aufrechte Haltung und mehr Bewegungsfreiheit, was sich wiederum auf Ihre Stimme auswirkt. Beim Stehen sollten Sie sich allerdings nicht auf den Tisch oder das Stehpult lehnen (Abb. 3.3), als stünden Sie an einem Bartresen. Das mag in der Bar zwar lässig aussehen, ist bei einer Videokonferenz aber unangebracht. Bei Frauen geht der Fokus der Zuschauenden dabei schnell auf das Dekolleté und das Gesicht ist viel zu nah an der Kamera. Deshalb gilt auch hier: Legen Sie Ihre Handgelenke entweder auf die Tischkante (Abb. 3.4), sodass die Ellenbogen frei hängen, oder stehen Sie mit einem gewissen Abstand vom Tisch entfernt (Abb. 3.5).

Probieren Sie es einmal aus: Nehmen Sie unterschiedliche Positionen im Sitzen und im Stehen ein – wie fühlen Sie sich damit? Welche Position fühlt sich für Sie angenehm und professionell an?

Abb. 3.3: Am Stehpult aufstützen

Abb. 3.4: Am Stehpult aufrecht stehen

Abb. 3.5: Mit Abstand zum Tisch stehen

!

Zwischenfazit

Die Körpersprache kommt ohne Worte aus – und ist gleichzeitig sehr vielsagend. Unsere Körperhaltung kommuniziert kontinuierlich. Je nachdem, wie unsere Körperspannung ist, können wir ein positives Bild von uns vermitteln (Aufmerksamkeit, Motivation, Freude, Spaß, Fokus, Erfolg etc.) – oder aber ein negatives (Langeweile, Müdigkeit, Unkonzentriertheit etc.). Wenn Sie sich immer bewusst machen, wie Ihre Körpersprache wirkt, werden Sie in Ihren zukünftigen Onlinecalls nur noch positive Bilder von sich vermitteln.

3.3 Gestik

Gestik ist ein wichtiges Werkzeug in der analogen Rhetorik. In der digitalen Rhetorik – bei der Passbild-Kameraeinstellung »ein Fünftel oben frei, zwei Fünftel der Kopf und zwei Fünftel die Schultern« – ist Gestik vor allem ein visueller Störfaktor. Probieren Sie es einmal selbst aus. Setzen Sie sich vor Ihre Kamera, nehmen Sie die zuvor beschriebene aufrechte Körperhaltung ein und fangen Sie an, Ihre Wörter mit viel Gestik zu unterstreichen. Schauen Sie sich die Aufnahme an. Was stellen Sie fest? Richtig: Wo kommen diese Hände her, die da durchs Bild fliegen? Wenn Sie vor der Kamera zu stark gestikulieren, sieht das mehr so aus, als machten Sie eine Ausbildung zum Pizzabäcker (Abb. 3.6) denn wie eine rhetorische Bewegung. Wenn dann noch die Bildübertragung langsam ist, sieht es so aus, als würden Ihre Hände einen Sternschnuppenschweif hinter sich herziehen. Das Auge ist eines der stärksten Wahrnehmungsorgane. Ist der Blick irritiert, funktionieren auch die anderen Wahrnehmungsorgane nur noch eingeschränkt. Darunter leidet wieder das *Wie* Ihrer Präsentation und damit die Wirkung, die Sie erzielen möchten.

Abb. 3.6: Pizzabäcker und Sternschnuppe

Gestik findet in der Regel unterbewusst statt. Achten Sie mal darauf, wie viel Gestik Sie einsetzen, ohne es eigentlich zu merken: ein wippender Fuß, Handbewegungen oder ein Schulterzucken. Durch gezielte Übungen und Training können wir uns gewisse Bewegungsabläufe bewusst machen, entsprechend steuern und gezielt einsetzen. Bei Reden vor großem Publikum hilft uns Gestik wunderbar dabei, unsere Worte zu unterstreichen und als sprechende Person den Raum einzunehmen. Ein positiver Nebeneffekt der Gestik: Auch Stimme und Modulation profitieren von ihr. Online müssen wir mit unserer Gestik in dem kleinen Raum bleiben, den uns der Webcam-Radius vorgibt. Wenn Sie bewusst auf Ihren Gestikbereich achten und diese wenig, aber gezielt einsetzen, können Sie auch im Passbildformat von ihr profitieren (Abb. 3.7 und Abb. 3.8).

Abb. 3.7: Angemessene Gestik »im Raum«

Abb. 3.8: Gestik außerhalb des Raums

Setzen wir sie nicht bewusst und gezielt ein, verfehlt die Gestik im Onlinegespräch ihre Wirkung. Beleuchten wir kurz ein paar weitere Gestikfehlgriffe:

- **Mit der Hand über das Gesicht fahren**
  Egal ob Hals, Haare, Gesicht, Ohrläppchen, Brille: Die Hände haben im Videocall nichts im Gesicht zu suchen. Die Hände im Gesicht zu haben ist ein klares Zeichen

von Nervosität, Unsicherheit, Gereiztheit, Anspannung oder Unwohlsein und schadet der vertrauensvollen Atmosphäre. Im Folgenden sehen Sie einige klassische Beispiele, die mir schon diverse Male auf dem Monitor gezeigt wurden. Und natürlich sind einige dieser Bewegungen und Haltungen ganz normal und auch berechtigt. Nur überlegen Sie selbst einmal, wie solche Haltungen auf dem Monitor auf Sie wirken. Die Webcam wirkt wie ein Brennglas, dessen müssen wir uns immer bewusst sein.

Abb. 3.9: Ans Ohrläppchen fassen/am Ohrring spielen

Abb. 3.10: Schüchtern mit der Hand den Mund verdecken

Abb. 3.11: Unsicher am Kopf kratzen

Abb. 3.12: An den Hals fassen

Abb. 3.13: An den Haaren spielen

Abb. 3.14: Durch die Haare fahren

Abb. 3.15: An der Nase reiben/ Brille hochschieben

Abb. 3.16: Gesicht hinter den Händen verstecken

Abb. 3.17: Gesicht hinter einer Hand verstecken

Abb. 3.18: Kopf abstützen

Abb. 3.19: Kopf auf einer Hand abstützen

Abb. 3.20: Hände vor dem Mund gefaltet

- **Gestik vor dem Gesicht**
  Gefaltete Hände, abgestützte Ellenbogen, abgestütztes Kinn auf der Hand oder ausgestreckte Finger: Vermeiden Sie jegliche Gestik, die Ihr Gesicht – und besonders den Mund – verdeckt. Es versperrt die Sicht auf Sie und kann so wirken, als versteckten Sie sich vor den Teilnehmenden. Ausgestreckte Finger in der Kamera wirken zudem riesig auf dem Bildschirm der anderen.

Abb. 3.21: Gestik vor dem Gesicht (1)

Abb. 3.22: Gestik vor dem Gesicht (2)

Abb. 3.23: Gestik vor dem Gesicht (3)

Abb. 3.24: Gestik vor dem Gesicht (4)

- **Zu viel Bewegung des Oberkörpers**
  Zuckende Schultern, Vor- und Zurückbewegen oder Bewegungen von links nach rechts, die Arme ausstrecken oder auch den Kopf zu hektisch bewegen: Zu viele Bewegungen irritieren die Anwesenden und lenken vom Inhalt Ihrer Rede ab. Das kann die anderen nervös machen und auch das Gefühl wecken, Sie seien nervös. Wenn Sie als Frau dann noch hängende Ohrringe tragen, die bei Ihren Bewegungen hin und her baumeln, hypnotisieren Sie die Teilnehmenden zwar visuell, fesseln sie aber nicht mit Ihrem Inhalt. Zuletzt sorgen schnelle Bewegungen auch für eine schnelle Sprechgeschwindigkeit und höhere Stimme. Langsame Bewegungen hingegen sorgen für eine tiefere und raumgreifende Stimme, die die Wirkung Ihrer Worte verstärkt. Je hektischer Sie sich bewegen, desto mehr lenken Sie von Ihrem Thema ab. Das kann sogar so weit führen, dass die Teilnehmenden von Ihren Bewegungen gestresst sind, was sich wiederum negativ auf eine vertrauensvolle Wohlfühlatmosphäre auswirken kann. Wir haben nun folgende zwei Optionen, unsere Gestik gezielt zu steuern und einzusetzen.
  - **Option 1: Die Tagesschau-Variante**
    Zeigen Sie wenig bis gar keine Gestik – so wie die Tagesschau-Sprecherinnen und -Sprecher. Hierfür müssen Sie besonders penibel auf die Kameraeinstellung achten: Nur der obere Teil Ihres Oberkörpers und Ihr Kopf sollten gut sichtbar sein. Wenn Sie vermeiden möchten, dass sich Ihre Hände verselbständigen und durch das Kamerabild fliegen, können Sie einen Handschmeichler oder einen Stressball in die Hand nehmen. So machen Sie sich bewusster, was Ihre Hände gerade tun. Außerdem bauen Sie somit Adrenalin und Nervosität ab, die sich sonst durch Ihre Bewegungen und Gesten erkennbar machen würde. Natürlich darf die Hand auch mal ins Bild kommen. Wichtig aber ist, dass es nicht permanent und unkontrolliert passiert. Und wir sehen es ja an den Tagesschau-Sprechern: Es ist etwas, das wir lernen können und das auf uns souverän und professionell wirkt.
  - **Option 2: Bewusste Gestik**
    Wenn Sie sich doch für etwas Gestik entscheiden sollten, dann überlassen Sie hierbei nichts dem Zufall. Überlegen Sie sich, an welchen Stellen Ihres Sprechparts Gestik wirksam wäre. Konzentrieren Sie sich darauf, Ihre Gestik ruhig und gezielt einzusetzen. Wenn die Gesten im digitalen Gespräch unterstützend wirken sollen, müssen sie ruhig sein. Nur dann lenken sie nicht ab, sondern haben einen positiven Effekt. Achten Sie auch auf etwas mehr Distanz zur Kamera, damit sich der Fokus bei Ihrer Handbewegung nicht groß verändert. Lassen Sie Ihre Gesten auch länger im Bild als gewohnt. Das ist im digitalen Raum wichtig, denn nur so nehmen die Teilnehmenden Ihre Gestik als relevant wahr. Mit diesem bewussten und gekonnten Einsatz von Gestik sorgen Sie für eine gute Balance zwischen Ihrer Körpersprache, Ihrem Auftritt und dem Gesagten. Das zahlt auf die Faktoren Vertrauen, Authentizität und Glaubwürdigkeit ein.

Abb. 3.25: Ruhige und kontrollierte Gestik, die wirkt

Abb. 3.26: Unruhige und schnelle Gestik, die irritiert und ablenkt

PRAXISÜBUNG

Probieren Sie beide Optionen einmal zu Hause vor der Webcam aus: die ersten drei Minuten statisch wie Nachrichtensprecherinnen oder -sprecher und die folgenden drei Minuten mit ganz gezielten ruhigen Gesten, die innerhalb des sichtbaren Aktionsraumes stattfinden – und im richtigen Abstand zur Kamera. Falls es Ihnen leichter fällt, bitten Sie eine Kollegin oder einen Kollegen, einen Videocall mit Ihnen zu machen und Ihnen Feedback zu Ihren Gesten zu geben. Welche Option liegt Ihnen besser? Wie fühlen Sie sich wohler und wirksamer? Wie kommen Sie bei Ihrem Gesprächspartner an? Das Aufnehmen mit Smartphone oder der Webcam hilft sehr dabei, das herauszufinden. Oftmals haben wir das Gefühl, wir sehen total komisch aus in dieser Haltung – bis wir uns dann im Video sehen und merken: »Super! Genau so passt es.«

3.4 Mimik

Wussten Sie, dass der Mensch ungefähr 650 Muskeln hat, wovon sich allein 50 im Gesicht befinden? Da das Gesicht ein Großteil dessen ist, was die Gesprächspartner von uns sehen, ist es nur logisch, den Fokus darauf zu legen. Mit der Mimik verhält es sich genau umgekehrt wie mit der Gestik: Wir können sie in Videocalls gerne verstärkt einsetzen. Ja, das sollten Sie sogar. Mimik darf und soll in Onlinegesprächen gerne übertrieben eingesetzt werden. Sie ist eines der wichtigsten Stilmittel der digitalen Rhetorik. Über die Webcam kommt die mimische Wirkung erst richtig bei unseren Gesprächspartnern an, wenn wir sie ein wenig auf die Spitze treiben. Was das anbelangt, können wir uns viel von Theaterschauspielern abschauen, die wahre Meister der Mimik sind. Nutzen Sie Ihre Gesichtsmuskeln, um Ihren Worten Wirkung zu verleihen. Angefangen mit dem Mund: Dadurch, dass der Mundschutz nun auch in Europa Einzug gehalten hat, konnten wir erfahren, wie wichtig es ist, jemandem in einer Konversation auf den Mund schauen zu können. Wir machen das unbewusst, insbesondere wenn wir aufgrund vieler Hintergrundgeräusche schlechter hören. Der Blick auf den Mund einer sprechenden Person gibt uns Aufschluss darüber, was sie sagt – auch wenn wir es akustisch nicht 100-prozentig verstanden haben.

Mit einer intensiven Bewegung des Mundes und der Lippen erreichen wir eine deutliche Aussprache. Und diese ist nicht zuletzt deshalb so wichtig, weil wir beim Zeigen einer Onlinepräsentation oft gar nicht mehr zu sehen sind. Die Teilnehmenden müssen entsprechend gut in der Lage sein, unseren verbalen Ausführungen zu folgen.

Welche »rhetorischen Muskeln« sind noch im Gesicht, mit denen wir das Gesagte untermauern oder hervorheben und sogar Emotionen auslösen können – nicht nur bei den Gesprächspartnern, sondern auch bei uns selbst? (Anmerkung: Für die Gefühle, die wir durch unsere Mimik empfinden, ist immer eine Kombination von mehreren Muskelbewegungen verantwortlich. Keine Bewegung im Gesicht kann losgelöst betrachtet werden.)

- **Lippen und Mund**
  Wie sagte Heinz Rühmann so schön: »Lächeln ist das Kleingeld des Glücks.« Nutzen Sie dieses simple und dennoch wahnsinnig effektive Mittel in Ihren Videocalls. Lächeln Sie schon, bevor das Online-Meeting startet. Sie fühlen sich automatisch positiver damit, sind weniger nervös und lassen sich nicht so schnell aus der Bahn werfen. Wenn Sie gut gelaunt in ein Gespräch gehen, legen Sie außerdem den Grundstein für die Atmosphäre: Für die Videokonferenz, Ihre persönliche Stimmung und die positive Gesprächsatmosphäre ist ein freundlicher Gesichtsausdruck mit einem Lächeln Grundvoraussetzung.
- **Die Augenbrauen**
  Auch diese können reden. Probieren Sie vor dem Spiegel aus, wie ausdrucksstark Ihre Mimik ist, wenn Sie bewusst die Augenbrauen mit einsetzen.
- **Die Stirn**
  Die Stirnmuskeln nutzen wir vor allem, wenn wir Skepsis, Zorn oder Unverständnis vermitteln wollen – also eher negative Feedbacksignale. Die Augen werden schmaler und kleiner. Das kann sogar bedrohlich wirken (denken Sie mal an eine Raubkatze). Aber wir können mit der Stirn auch Konzentriertheit signalisieren oder Überraschung ausdrücken. Wie alle anderen Gesichtsmuskeln nutzen wir auch die Stirnmuskeln nie allein, sondern immer in Kombination mit anderen Muskeln (z. B. Augen).
- **Die Augen, das »Fenster zur Seele«**
  Wenn wir sehr konzentriert sind oder zum Beispiel durch Sonnenlicht geblendet werden, neigen wir dazu, die Augen etwas zuzukneifen und die Stirn dabei in Falten zu legen. Dadurch kann das Gesicht schnell einen unfreundlichen Ausdruck annehmen. Öffnen Sie also Ihre Augen und lächeln Sie. Die Augen lächeln mit. Schauen Sie sich die folgenden Fotos einmal an – dann sehen Sie, was ich meine. Nehmen Sie sich selbst mit der Kamera auf, variieren Sie Ihren Gesichtsausdruck und vergleichen Sie die Ergebnisse miteinander.

- **Mikromimik**
  Mikromimik wird komplett von unserem Unterbewusstsein gesteuert. Sie ist, vereinfacht ausgedrückt, eine Kombination aus mimischen, gestischen und hormonellen Körperreaktionen (Schweiß, kurzes Augenzucken etc.). Geschulte Kriminalbeamte entlarven über das Erkennen von Mikromimik die Verbrecher. Der ehemalige FBI-Agent Joe Navarro ist einer von ihnen und hat auch spannende Bücher zu diesem Thema geschrieben. Selbst wenn wir als Nicht-FBI-Profis die Mikromimik gar nicht bewusst wahrnehmen, so löst sie unterbewusst etwas bei uns aus und gibt uns zum Beispiel ein komisches Gefühl. Oft können wir es gar nicht hundertprozentig einordnen, aber es sorgt dafür, dass wir unsere Antennen sensibilisieren.
  Nun wäre nicht mal ein Joe Navarro in der Lage, Verbrecher über Videocall zu entlarven. Mikromimik ist über Video, sofern es nicht eine Nahaufnahme in Hollywoodqualität ist, für uns nicht mehr sichtbar. Es ist, als würde ich ein Gespräch mit jemandem führen, von dem ich durch einen Schleier getrennt bin. Dagegen können Sie leider nichts tun. Allerdings ist es hilfreich für Sie zu verstehen, dass online eben bestimmte Elemente fehlen und dass Sie auf andere Art und Weise herausfinden müssen, was Ihre Gegenüber bewegt und wie sie über Ihre Äußerungen denken.

Abb. 3.27: Ein echtes Lachen erreicht die Augen

Abb. 3.28: Ein unechtes Lachen erreicht die Augen nicht

Abb. 3.29: Auch ohne Worte kann der Mund sprechen

Abb. 3.30: Augenbrauen können eine intensive mimische Wirkung erzielen

Abb. 3.31: Zusammenwirkung von Augenbrauen und Mund

Abb. 3.32: Starkes Gegenlicht lässt den Gesichtsausdruck grimmig erscheinen

Abb. 3.33: Weitere intensive mimische Ausdrücke (1)

Abb. 3.34: Weitere intensive mimische Ausdrücke (2)

Abb. 3.35: Weitere intensive mimische Ausdrücke (3)

Abb. 3.36: Weitere intensive mimische Ausdrücke (4)

Abb. 3.37: Weitere intensive mimische Ausdrücke (5)

Abb. 3.38: Weitere intensive mimische Ausdrücke (6)

Aktives Zuhören

Aktives Zuhören kommt aus dem Bereich der Gesprächstherapie des US-amerikanischen Psychologen Carl Rogers (Rogers 1951). Rogers stellte fest: Seine Klienten haben nichts davon, wenn er ihnen Ratschläge gibt. Viel wertvoller ist es für sie, wenn er versucht, ihre Probleme emotional nachzuvollziehen. Zuerst mit zustimmenden oder ablehnenden Lauten, wie »hmm, ja, genau, verstehe« etc. – dann mit der Wiederholung des Gesagten in Form einer Frage – im Businesskontext zum Beispiel: »Habe ich Sie richtig verstanden, dass Sie mit demselben Ressourceneinsatz 40 Prozent mehr Produktivität erzielt haben?« Anders ausgedrückt: Durch aktives Zuhören zeigen Sie, wie aufmerksam Sie folgen und dass Sie sich mit dem Gesagten auseinandersetzen. Gleichzeitig stellen Sie sicher, alles richtig verstanden zu haben.

Das Problem: Wenn Sie im digitalen Gespräch die für das aktive Zuhören typischen Bestätigungsgeräusche machen, setzt der Ton aus oder klingt abgehackt. Sie verstehen für einen Moment nicht, was die Gesprächspartnerin sagt. Das kann schnell zu simultanem Sprechen und Irritationen führen. Stellen Sie sich vor, wie Sie im engen Hauseingang einem Nachbarn begegnen. Sie begrüßen sich kurz und möchten nun aneinander vorbeigehen. Doch beide wählen Sie dieselbe Seite für das »Ausweichmanöver« – und stehen sich erneut im Weg. Dann weichen Sie wieder gleichzeitig in dieselbe Richtung aus und kommen immer noch nicht aneinander vorbei – bis sich endlich jeder für eine Seite entscheiden kann. Eine etwas lustige Situation.

Ähnlich ist es, wenn Sie Bestätigungsgeräusche im Videocall machen. Die andere Person denkt, Sie hätten etwas zu sagen, und hört kurz auf zu sprechen. Dann merkt sie, dass Sie gar nichts mitteilen wollten, und spricht weiter, bis Sie wieder ein lautes »Ja«, »Genau« oder »Hm« von sich geben – und die sprechende Person wieder unterbricht, in der Annahme, Sie wollten sich zu Wort melden. Nur ist das hier nicht mehr lustig. Es stört den Redefluss und bringt die sprechende Person im schlimmsten Fall aus dem Konzept. Deshalb sollten Sie in einer Videokonferenz – insbesondere mit mehreren Teilnehmenden – unbedingt auf diese Art des aktiven Zuhörens verzichten.

Das bedeutet nicht, dass aktives Zuhören in Onlinegesprächen unmöglich ist. Aber es verändert sich zu stillem aktivem Zuhören. Wir können – wie Sie auf den letzten Fotos schon sehen konnten – die Augenbrauen hochziehen, die Stirn runzeln, die Lippen kräuseln, mit dem Kopf nicken oder ihn schütteln. Auch mit der Gestik können wir aktives Zuhören zeigen, beispielsweise indem wir unsere Hand heben – und nachdem unser Gegenüber das gesehen hat und innehält, die Frage stellen, ob wir das Gesagte richtig verstanden haben. Außerdem gelingt aktives Zuhören auch mit dem – online etwas ungewohnten – Blickkontakt.

ÜBUNG: AKTIVES ZUHÖREN OHNE SPRECHEN

Bitte schauen Sie sich dazu das folgende Video an. In der ersten Runde werden nur mimische Ausdrücke gezeigt. Bitte notieren Sie sich parallel, was der jeweilige mimische Ausdruck aussagen *kann*. Dabei gibt es natürlich nicht *die* richtige Antwort. In der zweiten Runde werden die Ausdrücke in der gleichen Reihenfolge gezeigt und Sie bekommen parallel die Auflösung. Versuchen Sie im Anschluss selbst einmal vor der Kamera unterschiedliche Gesichtsausdrücke aufzunehmen. Schauen Sie sich diese im Anschluss an. Wie wirkt das auf Sie?

Abb. 3.39: Analysieren und üben Sie aktives Zuhören ohne Sprechen

! **Zwischenfazit**

Gestik und Mimik sind die beiden rhetorischen Hilfsmittel, die sich in der digitalen Rhetorik am stärksten von der klassischen Rhetorik entfernen. Gestik sollten wir im digitalen Kontext so wenig wie möglich und nur so viel wie nötig einsetzen. Bei der Mimik hingegen können wir ruhig ein wenig übertreiben – durch die Webcam kommt diese Übertreibung nicht so stark an, wie es uns scheint. Und mit Mimik können wir aktive Anteilnahme signalisieren, ohne den Redefluss unserer Gesprächspartner zu stören.

3.5 Blickkontakt

In der antiken Sage von Narziss und Echo verliebt sich der schöne Narziss in sein eigenes Spiegelbild, das er in einem Fluss erblickt. Er beugt sich nach vorne, um es zu umarmen – fällt in den Fluss hinein und ertrinkt.

Unser Spiegelbild hatte schon immer eine gewisse Anziehungskraft auf uns. Es ist ein Abgleich mit der Realität. Es zeigt uns, wie wir aussehen. Und es gibt uns die Möglichkeit zu überprüfen, ob uns das Aussehen und die Wirkung zusagen oder ob wir etwas ändern möchten. Wenn wir in einem Präsenz-Meeting mit anderen sprechen, sehen wir uns normalerweise nicht im Spiegel dabei zu. Im Videocall ist das etwas anders: Wir sehen in der Regel unser digitales Spiegelbild beim Sprechen. Das ist ungewohnt und lenkt uns ab. Es ist teilweise amüsant zu beobachten, wie eine Person beim Sprechen andauernd nach links unten schaut. Hilfreich für die Wirkung unserer Worte ist das nicht. Unser Bild auf dem Monitor ist wie ein digitaler Spiegel, in den wir beim Sprechen unwillkürlich hineinschauen. Wir machen mehr oder weniger bewusst einen Dauercheck: »Wie sehe ich eigentlich aus – so, wie ich hier rede und mich bewege? Was sehen die anderen von mir? Finde ich das sympathisch?« Dieser Abgleich mit dem eigenen Spiegelbild ist verständlich. Nur sind wir es nicht gewohnt, uns andauernd selbst beim Sprechen zu beobachten.

Der Blick in den digitalen Spiegel hat im Onlinecall nichts zu suchen. Stattdessen sollte der Blick direkt in die Kamera gehen und somit zu den Teilnehmenden. Üben Sie lieber allein vor der Kamera, wie Sie aussehen und wirken – so lange, bis Sie bestimmte Bewegungsabläufe, Mimik und Gestik verinnerlicht haben und wissen, wie es aussieht, wenn Sie beispielsweise die Augenbrauen hochziehen oder die Lippen spitzen. Denn: Wenn Sie sich im Onlinegespräch andauernd selbst ansehen, leidet das Gespräch darunter. Das ist so, als wenn Sie sich in einem Café mit einer Person unterhalten und diese immer auf ihr eigenes Spiegelbild auf dem Display des Smartphones oder im Fenster schaut, anstatt Ihnen ins Gesicht zu blicken. Wie fühlt sich das für Sie an? Was würden Sie dann denken?

Richten Sie Ihren visuellen Fokus so oft wie möglich auf die anderen Personen – und online befinden diese sich eben »in der Kamera«. Sobald Sie direkt in die kleine schwarze

Linse blicken, haben die Zuhörenden das Gefühl, Sie schauen ihnen in die Augen und sprechen sie direkt an. Das ist das Ziel. Am Anfang fühlt sich das merkwürdig an. Nicht zuletzt, weil wir dadurch noch weniger von den Reaktionen der Teilnehmenden mitbekommen. Es ist auch anstrengender. Oftmals werfen wir unseren Blick automatisch auf die Teilnehmenden auf dem Bildschirm. Das ist auch richtig und wichtig. Nur: Im Onlinegespräch bemerken die Zuhörenden dann nicht, dass Sie sie anschauen. Versuchen Sie darum, einen guten Blickwechsel zwischen Kameralinse und dem Bild der Zuschauenden zu finden.

Ebenso irritierend ist häufiges und schnelles Blinzeln. Das kann auch etwas sein, was die betroffenen Personen nicht steuern können. Wenn es allerdings etwas ist, das nur vor der Kamera auftritt, hat es in der Regel mit Aufregung zu tun – und dann kann die Person wieder daran arbeiten.

Mit einer gut eingestellten externen Webcam, die vor dem Monitor platziert ist (z. B. mit einem kleinen Tischstativ oder einer Schwanenhalshalterung), können Sie die Teilnehmenden im Blick behalten und gleichzeitig den Blickkontakt in der Kamera haben. Falls Sie Ihr digitales Spiegelbild zu sehr ablenkt: Manche Videokonferenzsysteme bieten die Möglichkeit, das eigene Bild auszublenden. Beispielsweise lässt sich das bei *Zoom* ganz einfach machen, indem Sie mit der rechten Maustaste auf Ihre Selbstansicht und dann auf »Selbstansicht ausschalten« klicken. Ansonsten können Sie auch einfach ein Post-it darüberkleben oder das Fenster im Monitor derart verschieben, dass das eigene Bild nicht mehr zu sehen ist. Probieren Sie es mal aus. Sie werden feststellen, wie sehr Sie sich plötzlich wieder auf das Wesentliche fokussieren, wenn Sie sich nicht selbst dabei zuschauen.

Den Blick regelmäßig in die Kamera werfen zu können ist eine Frage der Übung und Gewohnheit – so als wenn Sie Rechtshänder sind, der jetzt plötzlich mit links schreiben soll. Wenn Sie sich wirklich darauf konzentrieren, dauert es nicht lange, und es gelingt Ihnen halbwegs flüssig. Es fühlt sich nach wie vor komisch an, aber Sie können sich daran gewöhnen.

Zum Trainieren des Blickkontakts benutze ich in meinen Live-Onlinekursen gerne das Tabuspiel. Vom Prinzip her gilt der gleiche Spielablauf wie im Original: Die jeweils andere Gruppe soll einen Begriff erraten, den Sie umschreiben, ohne dabei den Begriff und bestimmte andere Wörter zu nennen, die ebenfalls auf der Karte stehen. Dabei kommen im Onlineformat noch weitere Regeln hinzu. Eine davon ist: Jemand aus Ihrer Gruppe klatscht laut, sobald Ihr Blickkontakt beim Erklären des Wortes von der Kamera abschweift. Das ist die Einsteigerversion des digitalen Tabuspiels. Das Spiel lässt sich beliebig mit anderen Mitteln der digitalen Rhetorik erweitern. Die vollständige Version mit allen Regeln für digitale Rhetorik finden Sie in Kapitel 5. Es hilft ungemein, sich bewusst zu machen, wohin der eigene Blick im Onlinegespräch geht, und die

Kameralinse stärker zu fokussieren. Auch wenn Sie einen (virtuellen) Notizzettel mit in den Onlinecall nehmen: Platzieren Sie ihn direkt unter der Kamera, sodass Ihr Blick sich nicht zu stark von der Linse entfernt.

Schauen wir noch kurz auf diejenigen, die vor der Kamera regelrecht Angst haben. Ich erlebe es immer wieder, dass sich viele vor diesem kleinen schwarzen Loch scheuen. Streng genommen geht davon keine Gefahr aus. Es ist einfach ein kleines schwarzes Loch, ein kleiner schwarzer Punkt, auf den wir uns mit unserem Blick fokussieren. Unser Unbehagen – und hier bewegen wir uns wieder in die Psychologie – ist nicht zuletzt auch durch Filme geprägt: versteckte Kameras, Angst, bei etwas ertappt zu werden, beobachtet zu werden in Momenten, in denen man es nicht erwartet. Spionageskandale wie die NSA-Affäre stärken das Vertrauen in Kameras auch nicht gerade. Auch ich habe, seitdem ich den Film »Snowden« gesehen habe, ein Pflaster auf meine Laptopkamera geklebt. Die Scheu vor der Kamera kann ich also gut nachvollziehen.

In einem Videocall ist mein Verhältnis zur Webcam allerdings ein anderes. Es ist hilfreich, sich diesen vermeintlichen »Feind« zum bewussten Freund zu machen. Auf der mentalen Seite: Freuen Sie sich darüber, dass Sie die Möglichkeit haben, sich auf diese Art mit anderen auszutauschen. Früher mussten Sie erst mal durch die halbe Weltgeschichte reisen, um gewisse Personen zu treffen. Heute können Sie sie ganz entspannt von zu Hause aus begrüßen. Suchen Sie bewusst einen Mehrwert für sich und freuen Sie sich über diese Form der Meetings. Wenn Sie sich generell vor der Kamera unwohl fühlen, können Sie das durch Übung und positive Erlebnisse kompensieren – und nur durch Übung. Keiner nimmt Ihnen das Unwohlsein vor der Kamera. Das können nur Sie selbst tun. Nehmen Sie also Ihr Smartphone zur Hand und machen Sie viele Videos von sich. Videos, in denen Sie ausschließlich in die Kamera schauen und etwas erzählen, als wären Sie mit einem Kollegen beim Kaffee. Je mehr Sie das üben, desto mehr Routine erlangen Sie mit diesem Medium. Der positive Nebeneffekt: Da Sie regelmäßig Ihre innere Komfortzone verlassen, lernen Sie, besser mit unbequemen Situationen umzugehen. Sie kennen das Gefühl des Unwohlseins – und wandeln es unterbewusst in ein Gefühl der Vertrautheit um.

Dazu möchte ich Ihnen ein Beispiel aus meiner Profireitsport-Zeit geben: Als ich mit neun Jahren angefangen habe, hatte ich ein bestimmtes Pferd, das ich geritten habe. Immer wenn ich von meinem Reitlehrer auf ein anderes Pferd gesetzt wurde, hat sich das für mich völlig ungewohnt und fremd angefühlt. Ich war sehr unsicher dabei. Der Körperbau jedes Pferdes sorgt für eine unterschiedliche Sitzhaltung der Reiter. Der Bewegungsablauf ist von Pferd zu Pferd anders, ebenso die Reaktionszeit und die Empathie, die ein Pferd der reitenden Person entgegenbringt – und natürlich der Charakter: verspannt, schreckhaft, frech, aggressiv, liebevoll, verspielt. Je erfolgreicher ich wurde, desto mehr Pferde habe ich geritten. Irgendwann war ich an einem Punkt, an dem ich mich auf jedes x-beliebige Pferd setzen und binnen kürzester Zeit ein »Gefühl«

oder »Gespür« für es entwickeln konnte – und mich wohlgefühlt habe. Die Weltmeisterschaft im Springreiten wird im Finale unter den vier Besten ausgemacht, wobei alle vier Reiter und Reiterinnen jeweils alle vier Finalistenpferde durch den gleichen Parcours reiten. Da zeigt sich, wer wirklich erfahren und empathisch genug ist, um sich innerhalb von wenigen Minuten auf ein unbekanntes Pferd einzustellen und es zu Höchstleistungen zu befähigen.

Was möchte ich Ihnen damit sagen? Wer immer wieder aus seiner Komfortzone gestoßen wird und sich unangenehmen wie auch unerwarteten Herausforderungen stellt, lernt zügig, sich daran zu gewöhnen, entsprechende Strategien zu entwickeln und es als selbstverständlich anzusehen.

Zurück zu Ihrem Video: Nachdem Sie es gemacht haben, schauen Sie es sich an. Versuchen Sie dabei, das Video aus der Perspektive eines neutralen, wohlwollenden Außenstehenden zu betrachten. Was macht die Person gut, die Sie da sehen? Oftmals sehen wir uns selbst nicht gerne auf einem Video. Unsere Stimme erscheint uns anders und es ist seltsam, uns selbst zuzuschauen. Darum fällt uns die Beurteilung leichter, wenn wir das Video so anschauen, als wäre jemand anderes darauf zu sehen. Wenn Teilnehmende in meinen Trainings unruhig werden, sobald es darum geht, sie per Kamera aufzunehmen, gebe ich ihnen immer folgende Denkübung mit: »Ihre Stimme und Ihr Aussehen sind für die anderen ganz natürlich. Wenn Sie sich die anderen Personen im Raum anschauen, denken Sie doch auch nicht, wie komisch diese aussehen oder was sie für eine seltsame Stimme haben.«

In der Regel hilft schon diese Vorstellung, sich vor der Kamera wohler zu fühlen. Zusätzlich können Sie andere Ihnen wohlgesinnte Personen bitten, kritisches Feedback zu Ihrer Wirkung zu geben. Das unterstützt Sie dabei, Ihr Selbstbild mit einem Fremdbild abzugleichen und daraus Entwicklungsmaßnahmen abzuleiten, die Sie im nächsten Video beherzigen werden.

In meinem Onlinekurs haben die Teilnehmenden die Möglichkeit, ein Video von sich einzusenden, auf das sie ein persönliches und umfangreiches Videofeedback von unserem Trainerteam erhalten. Doch vorher bekommen sie die Aufgabe, ihr Video aus der Fremdperspektive zu betrachten und sich aufzuschreiben, was ihnen selbst gut gefällt und was sie der Person raten würden, beim nächsten Mal anders zu machen. Das ist besonders wichtig. Anschließend schauen sie sich unser Videofeedback an. Darin werden alle Kriterien abgedeckt: Rahmenbedingungen, Technik, Umgebung, Start und Ende der Präsentation, Sprache und Wortwahl, Gestik, Mimik, Stilmittel etc. Danach folgt der Abgleich zwischen Selbst- und Fremdbild: Wie hat sich die Person bewertet? Und was ist uns aufgefallen? Daraus leiten wir dann gemeinsam einen Aktionsplan ab und geben der Person Übungen mit auf den Weg, um ihre Stärken zu stärken und ihre Schwachstellen zu verbessern.

Noch ein paar kleine Tipps, um den vermeintlichen Feind Webcam sympathischer wirken zu lassen:

- Kleben Sie rechts und links von der Webcam zwei Wackelaugen auf. Schon bekommt die Kamera einen »niedlichen« Ausdruck.

Abb. 3.40: Webcam mit Wackelaugen

Abb. 3.41: Webcam mit Smiley

- Nehmen Sie eine kleine runde Moderationskarte. Malen Sie zwei Augen – das können auch zwei senkrechte Striche sein – und einen Mund auf die Karte. Dann stechen Sie mit einem Kugelschreiber durch die Mitte – genau da, wo die Nase wäre – und machen ein Loch in die Karte. Fertig ist Ihr Smiley, das Sie nun mit dem Loch über die Webcam-Linse stülpen können.
- Alternativ können Sie auch ein Foto auf diese Art an der Webcam befestigen, das Sie fröhlich stimmt und das Sie gerne ansehen.

Zwischenfazit !

Den Blick beim Sprechen auf die Webcam zu richten ist anfangs wirklich ein komisches Gefühl. Sie werden aber sehen: Mit der Zeit gewöhnen Sie sich daran. Und wenn die Phase der Gewöhnung vorbei ist, blicken Sie ganz natürlich in die Webcam, wenn Sie mit den Teilnehmenden sprechen – und wechseln gekonnt mit Ihrem Blick auf den Bildschirm, wenn Sie Reaktionen und Feedbacksignale der anderen beobachten möchten.

3.6 Die Stimme – das Musikinstrument unseres Körpers

Eines der wichtigsten Mittel der Rhetorik ist der Einsatz unserer Stimme. Sie ist Teil des sogenannten *Paraverbalen* (griechisch *para* = neben und lateinisch *verbalis* = wörtlich – also »nebenwörtlich«). Die Stimme ist das Musikinstrument unseres Körpers, sie spielt die Melodie unseres Vortrags: Mal *piano* und mal *forte*, mal *crescendo* und mal *decrescendo*, mal *staccato*, mal *legato* und dann wieder *moderato*. Unsere Stimme setzt Akzente, weckt Emotionen, fordert auf, mahnt, lobt, stimmt zu, lehnt ab. Und in Onlinegesprächen ist sie das, was die Teilnehmenden permanent von Ihnen mitbekommen. Gepaart mit den anderen Hilfsmitteln der digitalen Rhetorik, wie beispielsweise Mimik, Blickkontakt oder Gestik, können Sie damit eine große Wirkung erzielen. In digitalen Gesprächen ist die Stimme das wichtigste Element. Warum? Weil die Teilnehmenden Ihre Stimme immer hören – auch dann, wenn Sie mal Ihren Bildschirm teilen und selbst nicht mehr zu sehen sind.

Der kontrollierte Einsatz Ihrer Stimme bringt Sie nah heran an einen Rhetorikprofi. Wenn Sie Lust haben, nehmen Sie einmal Gesangsunterricht oder machen Sie ein Stimmcoaching. Nicht, um nachher singen zu können, sondern um zu lernen, Ihre Stimme richtig einzusetzen. Atmung und Körperhaltung spielen dabei eine wichtige Rolle. Sie werden staunen, wozu Ihre Stimme so alles fähig ist und wie stark Sie Ihren Worten dadurch den gewünschten Ausdruck verleihen. Und mit genau diesem Ausdruck senden Sie Emotionen. Es kommt nicht von ungefähr, dass die Wörter »Stimme« und »Stimmung« verwandt sind. Denn über die Stimme kann Ihr Gesprächspartner Ihre Stimmung wahrnehmen. Somit haben positive Emotionen und auch positive Mimik, wie zum Beispiel ein Lächeln, eine Wirkung auf die Stimme. Und das hören die Teilnehmenden.

Die Stimme übermittelt Ihre Haltung zum Thema, ohne dass Sie diese konkret benennen müssen. Wenn Sie mit langsamer und monotoner Stimme sprechen, kann es den Anschein erwecken, als langweile Sie das Thema. Wenn Sie leise, zögerlich oder sehr hoch sprechen, vermitteln Sie womöglich Schüchternheit oder Aufgeregtheit – weicht Ihr Blick dabei auch noch der Kamera aus, wirken Sie auf die Teilnehmenden nicht souverän. Wenn Sie aber mit einer kräftigen Stimme sprechen, den Blick in die Kamera richten und ein echtes Lächeln zeigen – dann wirken Sie unglaublich präsent. Wir gehen unterbewusst davon aus, dass nur eine kräftige und intensive Stimme auch die Wahrheit sagen kann. Wer leise redet, flüstert, eine zittrige oder eine sehr hohe Stimme hat, wird in der Regel nicht als authentisch und kompetent wahrgenommen. Aus Offline-Meetings kennen wir das nur allzu gut. Achten Sie bei Online- Meetings einmal darauf, wie sich die unterschiedlichen Stimmen anhören und welche Wirkung sie auf Sie haben.

Genau wie bei einem Musikinstrument können wir mit der richtigen Technik lernen, die Stimme zu kontrollieren und bewusst zu steuern. Und dafür gibt es diverse Einflussfaktoren, die wir uns im Folgenden näher anschauen.

3.6.1 Atmung

Als Erstes ist das die Atmung. Je nachdem, wie flach, tief oder schnell wir atmen, verändert sich auch unsere Stimme. Es ist äußert selten der Fall, dass wir unsere Atmung bewusst steuern – außer wir sind in einer Meditation oder konzentrieren uns aus einem anderen Grund darauf. Die Atmung passiert einfach, ohne dass wir darüber nachdenken müssen. Verantwortlich dafür ist wieder unser alter Bekannter – das limbische System. Das macht das Atmen zu einem unbewussten Vorgang. Sobald wir aufgeregt oder angespannt sind, erhöht sich durch die dazugehörige Hormonausschüttung unsere Atemfrequenz – und als Folge klingt unsere Stimme hoch, angespannt, zittrig oder gepresst.

Zu denken, dass wir dagegen nichts unternehmen könnten, ist ein Trugschluss. Es gibt zahlreiche erprobte Methoden, mit denen wir unsere Stimme beeinflussen können, auch wenn das Unterbewusstsein die Finger mit im Spiel hat. Stehen wir unter Druck oder sind angespannt, kann die Atmung nicht mehr fließen. Wir bekommen zu wenig Luft, die Stimme klingt hoch oder gepresst. Was können Sie dagegen tun? Dass die Stimme gepresst ist, liegt unter anderem daran, dass Sie nicht mehr tief in den Bauch einatmen. Achten Sie einmal darauf, insbesondere wenn Sie sitzen. Bis wohin fließt Ihr Atem? Wenn Sie den Bauch anspannen, geht Ihr Atem wahrscheinlich nur bis zum Solarplexus. Ihr Brustkorb hebt sich, die Bauchdecke bewegt sich nicht. Schuld daran sind zum Teil auch ästhetische Aspekte, weil wir nicht so atmen möchten, dass unser Bauch dick wirkt. Allerdings benötigen Sie für eine kräftige und klangvolle Stimme eine tiefe Bauchatmung, bei der sich das Zwerchfell senkt und die Bauchdecke wölbt.

ZWEI ATEMÜBUNGEN

Die Ballonübung
Üben Sie das jetzt einmal bewusst: Stellen Sie sich dazu aufrecht hin. Legen Sie Ihre Hände auf den Bauch. Jetzt atmen Sie tief ein und bewegen die Hände nach vorne, von Ihrem Bauch weg, als würde er sich wie ein Ballon dehnen und Ihre Hände wegschieben. Beim Ausatmen gehen die Hände wieder zurück zum Bauch. Wiederholen Sie diese »Ballonübung« gerne mehrmals täglich, zwischendurch – zum Beispiel wenn Sie an der Kaffeemaschine auf Ihren Kaffee warten.

Die Ha-ha-ha-Übung
Die zweite Übung ist sowohl für die Atmung als auch gegen Lampenfieber gut, weil sie die Spannung abbaut. Atmen Sie tief in den Bauch ein und pressen Sie die Luft anschließend in Stößen heraus. Am besten, indem Sie dabei laut »Ha, ha, ha« sprechen, bis Sie keine Luft mehr haben. Nehmen Sie unbedingt die Hände mit dazu. Mit dieser Übung lassen Sie die Energie und Anspannung aus Ihrem Körper und stärken die Atemmuskulatur. Wenn Sie durch die gepressten Ha-Laute selbst noch anfangen zu lachen, ist das umso besser. Lachen entspannt und wirkt sich positiv auf Ihre Psyche aus.

Noch ein letzter Hinweis zum Thema Atmung: Am flüssigsten ist unsere Atmung, wenn wir stehen. Im Videocall zu stehen ist sehr hilfreich – vor allem dann, wenn Ihre Stimme generell nicht besonders kräftig ist. So bieten Sie Ihrer Stimme die physisch besten Voraussetzungen, intensiver zu klingen. Falls Sie im Videocall nicht stehen können oder wollen, begünstigen Sie die Atmung durch eine gute und aufrechte Sitzhaltung – zum Beispiel auf einem Hocker.

3.6.2 Stimmhöhe und -kraft

Denken Sie mal an besondere Stimmen. Welche fallen Ihnen ein? Die Synchronstimme von Don Vito Corleone in »Der Pate« vielleicht: »Du kommst zu mir am Hochzeitstag meiner Tochter und hast keinen Respekt. Du sagst nicht einmal Pate zu mir.« Oder die markant-kräftige Stimme von James Brown in »I feel good«. Dann gibt es noch die Stimmkategorie »schräg«, wie Verona Poth mit ihrer hohen und quietschigen Stimme und Nina Hagen mit ihrer verrauchten hohen Krächzstimme. Welche Stimme löst welches Gefühl bei Ihnen aus? Welche Stimme hört sich für Sie angenehm und vertrauenerweckend an? Das ist von Mensch zu Mensch unterschiedlich. Dennoch lässt sich beobachten: Inhalte, die mit einer besonders hohen und leisen Stimme vermittelt werden, werden nicht so gut von den Empfängern aufgenommen. Tiefe Stimmen bleiben dagegen länger im Gedächtnis und bewirken ein angenehmes, wohliges Gefühl.

Wann neigen wir zu einer hohen Stimme? Wenn wir aufgeregt sind. Hier begegnen uns wieder unsere guten Freunde: das limbische System und das Lampenfieber. Um am Klang unserer Stimme zu arbeiten, machen wir die sogenannte Mmh-Übung.

DIE MMH-ÜBUNG

Atmen Sie tief ein. Beim Ausatmen halten Sie den Mund geschlossen und sprechen: »hmmmmmmm«. Der Ton, den Sie hierbei hören, ist Ihr entspannter Grundton. Noch besser wirkt diese Übung, wenn Sie während des Ausatmens kauen. Stellen Sie sich vor, Sie hätten gerade einen großen Bissen Ihrer Lieblingsspeise genommen und lassen diese nun im Mund zergehen. Lecker! Oder Sie nehmen sich tatsächlich ein Kaugummi zu Hilfe. Wenn Sie das zwei- bis dreimal täglich vor dem Spiegel machen, verknüpft Ihr Gehirn das Kauen mit dem entspannten Grundton. Folglich hat das Kauen bei Anspannung und Lampenfieber eine beruhigende Wirkung auf Sie und beeinflusst damit auch Ihre Stimmhöhe. Machen Sie diese Übung immer wenige Minuten oder gar Sekunden vor dem Onlinegespräch. So dehnen Sie Ihre Stimmbänder, bleiben beim Sprechen in Ihrem Grundton und lösen gleichzeitig Ihre Anspannung.

3.6.3 Modulation und Melodie

Bleiben wir bei der anfangs erwähnten Metapher der Stimme als Musikinstrument, beispielsweise eines Cellos. Ist die Atmung der Klangkörper, die Stimmhöhe- und -kraft die Spannung der Saiten – dann ist die Modulation und Melodie Ihre Technik als Meistercellist. Wenn Sie die Teilnehmenden mitreißen möchten, Emotionen wecken und Ihre Begeisterung für ein Thema vermitteln möchten, kommen Sie an der Modulation und Melodie Ihrer Stimme nicht vorbei. Mit dem richtigen Einsatz der Modulation und Melodie erzielen Sie einen wesentlich nachhaltigeren Effekt bei den Zuhörenden. Um mehr Energie und klare Betonungen in Ihre Stimme zu bringen, empfehle ich die sogenannte Kraftsprech-Übung.

DIE KRAFTSPRECH-ÜBUNG

Nehmen Sie sich eine Zeitschrift und wickeln Sie sie zu einer Rolle. Stellen Sie sich gerade hin, in einer Hand die eingerollte Zeitschrift, die andere Hand flach nach vorn gestreckt. Sprechen Sie nun den Text, den Sie im Videocall sagen möchten, laut vor. Bei jedem Wort und jeder Silbe, die eine besondere Betonung brauchen, schlagen Sie mit der Zeitschrift auf Ihre flache Hand. Durch das Schlagen sprechen Sie lauter und lebendiger, weil Sie eine stärkere Körperspannung haben und Ihre Muskeln aktiviert sind. Es ist anfangs sehr

> schwierig, einen Text vorzulesen oder vorzusprechen und bei jeder starken Betonung mit der Zeitschrift zuzuschlagen. Wir sind nicht multitaskingfähig und müssen uns jedes Mal aufs Neue besinnen, ein bestimmtes Wort mit der Zeitschrift zu »betonen«. Das schult aber unser Bewusstsein und unsere Fähigkeit, melodischer zu sprechen.

Auch hier ist es wieder hilfreich, sich bei der Kraftsprech-Übung per Kamera aufzunehmen. Anfangs kommt den meisten die Übung komisch und wirklich schwer vor. Doch die Lerneffekte sind enorm. Sie lernen dadurch schnell, sehr ausdrucksstark zu betonen: Die Zuhörenden sind beeindruckt und die Vortragenden staunen selbst darüber, welche Wirkung ihre Worte erzielen.

3.6.4 Vorsicht beim Umgang mit Pausen

Pausen sind ein wirksames, ja fast magisches Mittel in der regulären Rhetorik. Winston Churchill, Barack Obama, Angela Davis, Sahra Wagenknecht – alles gute, wenn nicht sogar herausragende Redner und Rednerinnen. Wer sich Obamas Reden anhört, kann nur staunen, welch starke Wirkung er mit bewusst eingesetzten Pausen erzielt. In digitalen Gesprächen ist das jedoch anders. Intensive rhetorische Pausen führen im digitalen Gespräch zu Irritation. Es wirkt, als hätten Sie den Faden verloren oder als wäre das Bild eingefroren. Wir müssen hier eine feine Einstellung finden zwischen zügigem Redefluss und notwendigen Minipausen. Eine drei bis fünf Sekunden lange Pause ist online zu lang: Offline hätten Sie damit Neugierde wecken können – online wecken Sie eher das Gegenteil. Es sei denn, die Menschen, zu denen Sie sprechen, kennen Sie sehr gut und wissen, dass Sie zu längeren Pausen im Redefluss neigen. Dann können Sie sich auch online gerne den Raum für Pausen nehmen, denn es entsteht keine peinliche Stille, sondern eher ein behagliches Schweigen. Die Zuhörenden wissen ja: Gleich geht's weiter. Das ist aber eine eher seltene Ausnahmesituation. Denn wenn auch nur eine weitere Person im Videocall dabei ist, die das nicht weiß, wird die zu lange Pause wieder problematisch.

Halten wir fest: Längere Pausen, wie wir sie aus der allgemeinen Rhetorik kennen, erzielen im digitalen Gespräch nicht dieselbe Wirkung. Darum sollten wir die Pausen wesentlich kürzer halten. Weder das eine Extrem noch das andere ist online zielführend. Vielmehr sollten Sie Kommas und Punkte, Frage- und Ausrufezeichen durch Ihre Stimme betonen. Vor dem Komma geht die Stimme leicht nach oben, bei Fragen geht sie stark nach oben. Bei Anweisungen wird die Stimme lauter, die Melodie bleibt aber gleich. Und beim Punkt geht die Stimme nach unten. So bringen Sie Dynamik in Ihre Rede, mit viel Modulation und kleinen Minipausen.

3.6.5 Sprechtempo

Durch zu schnelles Sprechen hängen Sie die Zuhörenden ab. Niemand kann Ihnen mehr folgen. Zudem sind Sie dann kaum noch in der Lage, intensiv zu modulieren. Sprechen Sie zu langsam, langweilt sich Ihr digitales Publikum schnell und beschäftigt sich anderweitig mit allem Möglichen – nur nicht mit Ihren Themen. Tatsächlich ist im digitalen Gespräch langsames Sprechen weniger zielführend als schnelles Sprechen. Warum? Weil wir online Schnelligkeit gewohnt sind. Wenn Sie eher langsam sprechen, versuchen Sie, das nicht noch zu verstärken, und achten Sie auf eine starke Modulation. Wenn es für Teilnehmende anstrengend ist, jemandem zuzuhören, produzieren sie unterbewusst Stresshormone. Sie werden unruhig, nervös und folgen Ihnen nicht mehr fokussiert. »Wann kommt dieser Mensch endlich zum Punkt?« In vielen Fällen nehmen die Zuhörenden sogar eine negative Haltung an, die sich wiederum negativ auf deren Aufnahmefähigkeit auswirkt. Sofort wird die sprechende Person als weniger sympathisch und somit als weniger kompetent wahrgenommen. Ein gewisses Sprechtempo sollten wir also schon an den Tag legen. Und das braucht Übung und Vorbereitung.

Versuchen Sie, deutlicher zu betonen, und achten Sie darauf, dass keine Verzögerungslaute oder Aussetzer kommen. Verzögerungslaute wirken im virtuellen Raum durch die Übertragung per Kopfhörer um ein Vielfaches stärker und Stimmen in hoher Geschwindigkeit werden verzerrt übertragen und wirken noch höher. Langsames Sprechen kann so wirken, als sei uns die Sache oder das Thema nicht wirklich wichtig. Sprechen Sie deshalb online weder zu schnell noch zu langsam: Die Mischung macht den Unterschied. Gewöhnen Sie sich einen guten Sprachfluss an, moduliert und betont. Lassen Sie die Zuhörenden die Satzzeichen wahrnehmen. Reduzieren Sie die Geschwindigkeit für die wichtigen Passagen und Wörter. Spielen Sie wie ein Musiker mit Ihrer Stimme. Greifen Sie aber auch auf die Hilfsmittel digitaler Interaktion zurück: Sie können beispielsweise vorab im Code of Honor (Kapitel 2) vereinbaren, dass die Teilnehmenden ihre Hand heben können, sollte es ihnen zu schnell gehen. Die unter »Modulation und Melodie« erwähnte Kraftsprech-Übung hilft Ihnen zusätzlich, das ideale Sprechtempo zu trainieren.

3.6.6 Stimmgeräusche

Welche Stimmgeräusche können wir im digitalen Call wahrnehmen? Räuspern, lautes Atmen, Schnaufen und Schnalzen, je nach Mikrofon sogar Schlucken – diese Geräusche sind ganz natürlich, werden online aber verstärkt übertragen und können ablenken, nerven, irritieren. Mikrofon, Kopfhörer und Kamera sind wie ein Brennglas und potenzieren negative Eindrücke um ein Vielfaches. Und Sie möchten nach dem Onlinecall nicht als die Person in Erinnerung bleiben, die sich ständig laut räuspert, sondern als diejenige, die eine überzeugende Präsentation gehalten hat. Auch hier gilt wieder: üben und Bewusstsein schärfen. Nehmen Sie sich beim Sprechen auf und analysieren Sie hinterher, was Sie mit Ihrer Stimme machen. Achten Sie auch darauf, Lückenfüller zu vermeiden – also Stimmgeräusche, die Sie unbewusst machen, wenn Sie eine kurze Zeit überbrücken. Das hört sich dann beispielsweise so an: »Kleine Sekunde, ich suche gerade noch die E-Mail. Hmhmhmhmhmh, wo ist sie denn, fffüüüüühühühühühü tatatatataaaaaaaa jaaa, da ist sie.« Abgesehen davon, dass es auch im direkten Gespräch eher unprofessionell ist, fühlt es sich im Onlinecall fast wie ein Tinnitus im Ohr an. Diese Geräusche nerven die Teilnehmenden und mindern Ihre persönliche Souveränität und Ihren professionellen Auftritt.

Zwischenfazit !

Stimme ist Persönlichkeit! Ihr Engagement, Ihre Leidenschaft und Ihr Charakter übertragen sich über Ihre Stimme. Echte stimmliche Entwicklung geht nur durch langfristige, tiefgehende Erfahrung und Übung. Das, was Sie zum Thema Stimme lesen, soll Sie bei Ihrer Stimmentwicklung unterstützen. Wenn Sie wirklich etwas an Ihrer Stimme ändern möchten, kann es hilfreich sein, einen Stimmtrainer aufzusuchen. Dazu reichen allgemeine Tipps und Tricks allein nicht aus. Falls Sie das Thema weiter interessiert, empfehle ich Ihnen den Blog »Erfolgsfaktor Stimme« von Frederik Beyer: http://www.erfolgsfaktor-stimme.com/blog/

3.7 Sprache und Wortwahl

Lassen Sie uns noch einmal kurz den Blick auf die antiken Griechen und Römer werfen: Ihnen verdanken wir neben der Rhetorik auch den klassischen Strukturaufbau von Reden und Geschichten. Schon in der Antike tauchen die fünf Phasen einer Redevorbereitung auf:

- Inventio – Themenfindung und Materialsammlung
- Dispositio – Gliederung und Aufbau
- Elocutio – sprachliche Ausschmückung, dem Publikum entsprechend
- Memoria – Einüben der Rede
- Actio – Gestaltung des Vortrags

Die Erzählstruktur folgt dann dem Muster »Einleitung – Hauptteil – Schluss«, das auch heute noch in unzähligen Reden und Vorträgen Anwendung findet.

Das Problem: Diese lineare Erzählstruktur ist über 2000 Jahre alt. Im digitalen Zeitalter der Echtzeitkommunikation, des Likens, Wischens, Teilens und Konsumierens dringt diese Struktur in bestimmten Kontexten nicht mehr zu uns durch. Wir zappen uns durchs Fernsehprogramm ohne ein klares Ziel, chatten nebenbei über unser Smartphone mit Freunden, bleiben ab und zu für ein paar Minuten bei einem Programm hängen, zappen dann weiter und wenden unsere Aufmerksamkeit dann kurz wieder dem Smartphone zu. So nimmt unser Gehirn andauernd nur kleine Informationsschnipsel auf. Wir scannen Informationen nur noch kurz – und können aufgrund der vielfach wiederkehrenden Erzählstruktur schnell erkennen, in welche Richtung sich die Story wahrscheinlich entwickelt.

Auch in Verkaufsgesprächen können wir das beobachten: Wir langweilen uns schnell, wenn Verkäufer ein Gespräch wie gewöhnlich mit einer kurzen Unternehmensinformation einleiten, dann langsam zum Angebot übergehen und erklären, warum wir dieses Produkt denn bräuchten. Das kennen wir, das haben wir alles schon mal gehört. Es überrascht und berührt uns nicht mehr. Findet das Gespräch dann noch im Videocall statt, verstärkt sich unser Bedürfnis nach mehr Abwechslung und spannenderen Themen noch.

Wenn wir online mit klassischen Erzählmustern brechen und eine ungewohnte Erzählstruktur wählen, gewinnen wir die Aufmerksamkeit der Zuhörenden. So gelingt es, sie mit unserem Thema zu bannen.

Erinnern Sie sich noch an die Feuerwerkssalven, von denen ich in Bezug auf die Dramatik und den Aufbau Ihrer Präsentation in Kapitel 2 gesprochen habe? Genau dieses Prinzip gilt in digitalen Gesprächen auch für Ihre Sprache und Wortwahl. Denn was passiert, wenn Sie einen langatmigen Monolog halten, mit schwammigen Formulierungen, »Weichspülern« und wenig ansprechender oder bildhafter Sprache? Sie nehmen den Zuhörenden jede Möglichkeit, Ihren Ausführungen konzentriert zu folgen, die Inhalte zu verarbeiten und sich diese zu merken. Das ist schon offline nicht gut. Aber da sind in der Regel nicht so viele und attraktive Ablenkungsfaktoren, die mich als Zuschauende anderweitig unterhalten.

Richtige Sprache und Wortwahl haben viel mit der Vorbereitung zu tun. Schon im direkten Gespräch entstehen unzählige Missverständnisse, weil die eine Person zu wissen meint, wie die andere Person etwas aufgefasst hat. Mein absolutes Lieblingsbild zu diesem Thema finden Sie, indem Sie die folgende Abbildung scannen. Schauen Sie es sich gerne einmal an. Was meinen Sie? Wie war der Dresscode: »Come as a B« oder: »Come as a bee«?

Abb. 3.42: Biene oder "B"? Durch unbedachte Sprache entstehen oft Missverständnisse

Bei einem Gespräch über digitale Medien fehlt uns noch stärker die Möglichkeit, wirklich nachzuvollziehen, ob die Zuhörenden das Gesagte genau so aufgefasst und verstanden haben, wie wir es gemeint haben. Um die gewünschte Wirkung zu erzielen, brauchen wir ein größeres Bewusstsein für die Wörter, die wir verwenden. Je gewählter wir unsere Worte einsetzen, desto mehr Erfolg haben wir im digitalen Gespräch. Wenn wir uns über die Wortwahl nicht genug Gedanken machen, keine Struktur haben, keine Schlüsselwörter heraussuchen, die wir bewusst einsetzen möchten, fällt es uns später auch schwer, auf den Punkt zu kommen. Wenn dann noch Nervosität hinzukommt, reihen wir einen unstrukturierten Bandwurmsatz an den anderen. Das hat dann etwas von einem schlechten Politiker: Viel reden, wenig sagen.

Wählen wir unsere Wörter bewusst und präzise, erzeugen wir Spannung und können die maximale Aufmerksamkeit bei unseren Zuhörenden erreichen. Hierfür gibt es die einfache und sehr bekannte Regel namens »KISS«: »Keep it short and simple«.

Das Gegenteil von KISS hat Loriot fantastisch in dem Spot »Die Inhaltsangabe« wiedergegeben. Schauen Sie sich den Sketch gerne mal an und versuchen Sie im Anschluss, die Geschichte einer Freundin oder einem Freund zu erzählen.

Wie können wir uns an KISS halten?

- Im ersten Schritt überlegen Sie: Was ist der wesentliche Kern dessen, was Sie sagen möchten? Und welchen Mehrwert sollen die Zuhörenden daraus ziehen? Notieren Sie vorerst in Stichworten und erstellen Sie, wenn nötig, eine Mindmap. Erst wenn alle Aspekte notiert sind, können Sie zu jedem Punkt einen knackigen Satz bilden. Nehmen Sie sich ruhig etwas Zeit dafür, probieren Sie mehrere Sätze aus, stellen Sie sie ein wenig um. Wie sagte es Matthias Döpfner einmal passend: »Der Autor muss sich quälen, nicht der Leser« – oder hier: nicht die zuhörende Person. Das gilt für jeden Onlinecall – und besonders für Online-Verkaufsgespräche oder -Produktvorstellungen.
- Ein weiterer Punkt: Streichen Sie das Wort »und« weitestgehend aus Ihrem Wortschatz. Das ist leichter gesagt als getan. Nehmen wir mal an, Sie säßen mir jetzt gegenüber und ich verlangte von Ihnen Folgendes: »Formulieren Sie bewusst in Hauptsätzen und denken Sie daran, das Wort ›und‹ wegzulassen, und achten Sie darauf, wie Sie die Sätze dadurch kürzen und wie sich das auswirkt und welchen Unterschied es macht.« Das war ein ziemlich langer Satz mit vielen »unds«. Solche Sätze sind online eine Überforderung für die Teilnehmenden. Dort sollte der eben genannte Beispielsatz eher so gewählt werden: »Formulieren Sie bewusst in Hauptsätzen. Denken Sie daran, das Wort ›und‹ wegzulassen. Achten Sie darauf, wie Sie die Sätze dadurch kürzen. Wie wirkt sich das aus? Welchen Unterschied macht es?« Erkennen Sie den feinen Unterschied? Der erste Satz ist eine Aneinanderreihung von Nebensätzen – und Nebensätze wirken schnell nebensächlich. Das zweite Beispiel besteht aus vielen kleinen Hauptsätzen. Auf jedem einzelnen liegt der Fokus. Ein weiterer Vorteil bei dieser Art der Sprache ist, dass Sie wichtige Wörter automatisch langsamer und intensiver betonen. Sie können viel mehr mit Ihrer Stimme spielen. Auch das können wir uns also durch KISS leichter machen.

Nachdem Sie die KISS-Regel auf die zu vermittelnden Inhalte angewandt haben, können Sie daraus einen guten roten Faden ableiten, der Ihnen Orientierung gibt. Schauen wir uns jetzt an, welche Regeln der Rhetorik Sie bei der optimalen Wortfindung für Ihre Onlinepräsentation unterstützen können.

3.7.1 Ich-Botschaften und konkrete Ansprache

Mit Ich-Botschaften schaffen Sie Verbindlichkeit und Klarheit. Das gilt online wie offline. Für die digitale Rhetorik sind Ich-Botschaften noch wichtiger. Sobald Sie sagen: »Dann müssen wir uns bis zum nächsten Online-Meeting noch um die Umsatzzahlen kümmern«, stellen sich die Zuhörenden die Frage: »Wer ist denn jetzt *wir*?« – und klicken sich schnell in das nächste Meeting. Anstelle von »wir« wird noch häufiger das Wort »man« verwendet, wodurch die Botschaft noch unpräziser wird. Streichen Sie diese schwammigen Aussagen aus Ihrem Repertoire. Kein »Wir müssen, man sollte, gut wäre, wenn …«. Wählen Sie verbindliche Sätze. Und wenn Ihnen das im Onlinegespräch schwerfällt, dann bereiten Sie sich gut vor. Schreiben Sie sich die Sätze auf, die Sie verbindlich und klar sagen möchten. Legen Sie sich die aufgeschriebenen Sätze sichtbar auf Ihre Tastatur. Markieren Sie die Wörter, die Sie besonders betonen möchten, und tragen Sie Ihre Sätze mit Überzeugung vor.

3.7.2 Umgang mit Fachbegriffen und Fremdwörtern

In Fachkreisen sind Fachbegriffe essenziell, da sie Ihre Kompetenz untermauern. Sprechen Sie mit einem kundigen Fachpublikum, können Sie mit Fachjargon Zusammenhänge viel schneller und kürzer kommunizieren. Nur sollten Sie dabei unbedingt sicherstellen, dass alle Zuhörenden die Fachbegriffe kennen – insbesondere dann, wenn ein Begriff auf unterschiedliche Art und Weise gedeutet werden kann: Es ist Ihre Aufgabe, den Teilnehmenden Ihre Auffassung der Bedeutung oder Verwendung des Wortes im Kontext zu erläutern. Wer zu viele Fremdwörter benutzt, wirkt schnell besserwisserisch – auch in Expertenkreisen. Nutzen Sie Fremdwörter oder Fachbegriffe nur dann, wenn sie das Thema für alle Beteiligten abkürzen oder vereinfachen. Ansonsten stempeln Sie die Zuhörenden als »Klugscheißerin« oder »Fachsimpler« ab und verlieren die Lust, Ihnen weiter zuzuhören.

DER SELBSTTEST

Wie sieht eine Übung für den gesunden Mix aus Fach- oder Fremdwörtern aus? Überprüfen Sie es bei Ihrer nächsten Präsentation. Wie sehr neigen Sie zum Fachsimpeln? Fragen Sie auch im Bekanntenkreis innerhalb und außerhalb Ihres Unternehmens, wie Ihre Mitmenschen Ihre Wortwahl wahrnehmen. Zeigen Sie Ihr Redeskript oder die Präsentationsvorlage Kollegen und Kolleginnen aus anderen Fachrichtungen und fragen Sie sie, ob diese etwas damit anfangen können. Das Feedback ist sehr wertvoll für Sie und Ihre Entwicklung zum digitalen Rhetorikprofi.

3.7.3 Der Konjunktiv

Ich lebe schon bald zehn Jahre in der Schweiz und habe die Schweizerinnen und Schweizer als sehr höfliche Menschen kennen- und lieben gelernt. Bei meinem Umzug hat mir damals ein Schweizer gesagt: »Wenn ein Schweizer etwas wirklich möchte, dann sagt er: ›Es wäre gut, wenn wir (dieses und jenes) könnten.‹« Natürlich befinden wir uns damit tief in einer Klischeekiste. Aber nehmen wir nur den Satz: »Es wäre gut, wenn wir (dieses oder jenes) könnten.« Indirekter geht es nicht. Ich habe mich mittlerweile mit dem Konjunktiv in der Schweizer Alltagssprache angefreundet und empfinde ihn in der Schweizer Kultur als höflich und aufrichtig. Aber in der Online-Geschäftssprache, wo ich Verbindlichkeit schaffen und ausdrücken muss, hat der Konjunktiv nichts verloren. Hier müssen wir so klar und präzise wie nur möglich sein. Die Zuhörenden sollen keinen großen Interpretationsspielraum haben. Denken Sie an KISS.

Insbesondere im Verkauf ist der Konjunktiv ein Weichspüler. Vergleichen Sie einmal die Beispiele einer Verkaufsansprache zu einem Roboterstaubsauger:

1. »Wäre es nicht toll, wenn Sie sich nie wieder um das Staubsaugen kümmern müssten? Mit unserem Staubsaugerroboter hätten Sie diesen Luxus.«
2. »In nur zwei Wochen haben Sie vergessen, wie schmutzige Fußböden aussehen.«

Sobald Sie den Konjunktiv weglassen, werden Aussagen kürzer, präziser und Sie vermitteln ein klares Gefühl – keine Eventualitäten und Wunschvorstellungen.

Wenn Sie dazu neigen, viel im Konjunktiv zu sprechen und die Kraft Ihrer Aussagen zu verwässern, habe ich hier eine kleine Übung für Sie: Suchen Sie sich eine vertraute Person auf der Arbeit und eine im Privaten. Bitten Sie diese, Sie jedes Mal darauf hinzuweisen oder laut zu klatschen, wenn Sie den Konjunktiv verwenden. Überlegen Sie sich dann direkt eine Lösung, wie Sie denselben Satz ohne Konjunktiv formulieren könnten. Sprechen Sie ihn laut aus oder schreiben Sie ihn sich auf. Mit dem weiter vorne im Kapitel erwähnten auf digitale Rhetorik umgemünzten Tabuspiel können Sie gut trainieren, den Konjunktiv wegzulassen.

3.7.4 Weichspüler

»Weichspüler« nennen wir in der Rhetorik Begriffe, die Aussagen verwässern, unklar machen und die keine Verbindlichkeit schaffen. Oftmals stehen sie in Verbindung mit dem Konjunktiv. Typische Weichspülersätze sehen so aus:

- *Vielleicht* können Sie sich die Unterlagen zu dem Produkt einmal anschauen?
- *Wahrscheinlich* ist es eine gute Idee.
- *Eigentlich* würde ich gerne weitermachen.

Diese Sätze sind extrem unverbindlich und indirekt. Sie kommunizieren Unsicherheit, Unschlüssigkeit und keine Souveränität. Streichen Sie bitte diese Wörter aus Ihrem Sprachschatz. Hierfür können Sie die gleiche Übung anwenden wie beim Konjunktiv. Suchen Sie sich Personen, die Sie regelmäßig darauf aufmerksam machen.

Zu den Weichspülern gehören auch überflüssige Füllwörter, wie:

- ähm
- ne
- genau
- okay

- ja, ja, ja
- gut
- hmm
- so
- also
- ...

Solche Füllwörter verwässern die Aussagen und reduzieren unsere Überzeugungskraft. Im schlimmsten Fall führen die Teilnehmenden untereinander Strichlisten und schließen heimlich Wetten ab, wie oft Sie dieses Mal »ähm« sagen. Füllwörter lenken vom eigentlichen Gegenstand – Ihrer Rede oder Präsentation – ab. In einem meiner Trainings hat eine Teilnehmerin einen inhaltlich fantastischen Vortrag gehalten und tolle Methoden genutzt, um das Publikum mit einzubinden. Irgendwann merkte sie irritiert, dass fast alle im Raum immer wieder kicherten. Ich habe den Vortrag dann kurz unterbrochen und sie darauf hingewiesen, dass sie in den letzten vier Minuten 37-mal das Wort »genau« gesagt hat. Fast nach jedem Satz und mit einer ganz intensiven Betonung: »Geeeeeeeenauuuuuuuuu.« Sie war sehr erstaunt, weil ihr das überhaupt nicht aufgefallen war.

Und genau das ist das Problem mit den Füllwörtern. Wir verwenden sie automatisch, ohne uns dessen bewusst zu sein – weil sie sich über die Zeit eingeschlichen haben. Auch hier gilt wieder – wie bei der Gestik und Mimik: Wir müssen ein Bewusstsein dafür schaffen. Dann können Sie die Füllwörter in Zukunft auf ein Minimum reduzieren. Die folgenden zwei Übungen helfen Ihnen dabei.

ZWEI ÜBUNGEN ZUR FÜLLWÖRTERREDUKTION

Sprechanalyse

Senden Sie Ihren Freunden und Verwandten über WhatsApp nur noch Sprachnachrichten. Erzählen Sie ruhig mal etwas mehr. Anschließend hören Sie sich die Nachrichten an. Achten Sie hierbei bewusst auf Ihre Wortwahl und notieren Sie alle Füllwörter, die Sie verwendet haben. Gibt es ein Wort, das Sie andauernd sagen? Schreiben Sie sich das auf, machen Sie es sich bewusst und streichen Sie das Wort mit einem großen roten Kreuz durch. Am Kühlschrank oder der Kaffeemaschine macht sich ein solcher Zettel besonders gut. Behalten Sie Ihre Füllwörter bei der nächsten Sprachnachricht klar im Bewusstsein – und anstatt solche Wörter zu verwenden, machen Sie einfach eine kurze Redepause. Dabei können Sie auch auf die Modulation Ihrer Stimme achten: Klingt die Art, wie Sie erzählen, interessant? Oder sprechen Sie monoton und lustlos? Wenn Letzteres der Fall ist, dann machen Sie fleißig weiter mit den Sprachnachrichten. Schnell hören Sie, wie sich Ihre Sprache durch die bewusste Vermeidung von Füllwörtern und die gezielte Modulation zum Positiven verändert.

Die »Schocktherapie«
Bitten Sie eine Person, mit der Sie idealerweise zusammenleben, Ihnen bei der Verdrängung der Füllwörter aus Ihrem Sprachschatz zu helfen. Diese Person bekommt die Aufgabe, jedes Mal zu klatschen, zu schnipsen oder auf den Tisch zu hauen, sobald Sie ein Füllwort verwenden. Das darf Sie ruhig erschrecken. Es geht darum, Sie wachzurütteln und zu sensibilisieren. Sie werden sehen, wie schnell Sie die Füllwörter los sind.

3.7.5 Ironie und Sarkasmus

Ironie und Sarkasmus sind eine sehr heikle Angelegenheit in digitalen Gesprächen. Setzen Sie sie nur ein, wenn die Teilnehmenden Sie kennen und genau wissen, wie Sie ticken. Und selbst dann lieber weniger und nur, wenn die Gesprächssituation es wirklich zulässt. Ironie und Sarkasmus führen im digitalen Raum schnell zu Missverständnissen, weil die körpersprachlichen Elemente fehlen oder schlecht wahrgenommen werden können. Dazu gehört zum Beispiel das leichte Hochziehen eines Mundwinkels, das ein kaum sichtbares, verschmitztes Grinsen zeigt. Oder das Zwinkern mit einem Auge, womit Sie signalisieren, dass es sich um einen Spaß handeln soll. Schnell kann jemand Ihren Sarkasmus falsch auffassen. Das Resultat: Diejenige Person stempelt Sie als unsympathisch ab und unterlässt jegliche aktive und vor allem positive oder produktive Teilnahme. Das Gespräch erlahmt, die digitale Gruppenarbeit stockt und es herrscht »Eiszeit« im Onlinecall.

Zum Beispiel: Im Gespräch mit der Chefin möchte der Mitarbeiter einen »flotten Witz« machen und sagt: »Ich wollte unseren Termin eigentlich am Freitag um 14 Uhr ansetzen – aber wer arbeitet schon freitags?« Die Chefin wirkt irritiert. Das Augenzwinkern des Mitarbeiters hat sie über die Webcam nicht wahrgenommen. Der Mitarbeiter wundert sich, warum die eigentlich freundlich wirkende Chefin sich plötzlich so kühl verhält.

3.7.6 Kraftausdrücke oder negativ aufgeladene Begriffe

Bei Kraftausdrücken oder negativ aufgeladenen Begriffen besteht dieselbe Problematik wie bei Ironie und Sarkasmus: Aufgrund der physischen Distanz können wir die Gefühlslage der Teilnehmenden nicht erfassen. Vermeiden Sie darum möglichst alle Begriffe, die mehrdeutig aufgefasst werden können. Dazu zählen auch Metaphern wie: »Sie möchten ja nicht, dass das Gerät wie eine Krücke läuft.« Vielleicht hatte das Gegenüber einmal einen Unfall und läuft seither tatsächlich auf Krücken. Unterlassen Sie Begriffe wie »niederschmetternd, aufspießen, grauenhaft« oder martialische Wörter wie »Markteroberung, Konkurrenz plattmachen« oder Ähnliches. Machen Sie sich bewusst, was Sie sagen. Scannen Sie einmal all die Wörter und Formulierungen, die Sie verwenden – und die in diese Kategorie fallen. Schreiben Sie diese auf und streichen Sie sie mit einem roten Stift durch. Im Anschluss notieren Sie Begriffe und Formulierungen, die Sie stattdessen sagen könnten und die in keiner Weise negativ aufgeladen sind. Dieser visuelle Vorgang hilft Ihnen, Ihr Bewusstsein für Ihre Sprache zu schärfen und mehr positive Formulierungen zu verwenden.

3.7.7 Storytelling

Gute Geschichten gibt es wie Sand am Meer! Steve Jobs sagte einmal: »Der mächtigste Mensch der Welt ist der Geschichtenerzähler.« Denn, so der Naturwissenschaftler Manfred Spitzer: »Was den Menschen umtreibt, sind nicht Zahlen und Fakten, sondern Gefühle, Geschichten und vor allem andere Menschen.« Unser Gehirn liebt Geschichten. Seit Jahrtausenden erzählen wir Geschichten, übermitteln dadurch Wissen und fesseln unsere Zuhörenden. Geschichten sprechen die Gefühle und den Verstand an, wecken Bilder und bleiben im Kopf. Das Geschichtenerzählen ist auch im digitalen Raum von großer Bedeutung, um die emotionale Distanz zu überbrücken und emotionale Nähe zu den Teilnehmenden herzustellen. Wenn Sie einem Kunden den realen Showroom mit Ihren Produkten zeigen, sprechen die Produkte für sich. Wenn Sie aber dem Kunden in einem *Zoom*-Meeting ein Produkt vorstellen möchten, müssen Sie anders vorgehen. Sie müssen ihn auf eine digitale Reise mitnehmen, auf der er das Produkt erleben kann.

Wer online überzeugen möchte, macht das mit Geschichten. Diese sorgen für Emotionen und Emotionen sorgen für Aufmerksamkeit. Wir kreieren damit Bilder in den Köpfen der Zuhörenden und geben Raum für Ideen und Lösungen. Geschichten wecken auf, sind lebendig und steigern sowohl die Wachsamkeit als auch das Interesse am Thema. Und: Wir können uns Geschichten viel besser merken als irgendwelche trockenen Zahlen oder Ausarbeitungen. Aufgrund der Magie der Geschichten arbeiten auch Gedächtnisprofis damit – beispielsweise, um sich komplexe Zahlenfolgen zu merken. Warum ist das so?

Generell werden 95 Prozent der wahrgenommenen Informationen unbewusst verarbeitet. Durch Geschichten sind wir besser in der Lage, uns an Inhalte zu erinnern, weil damit Emotionen angesprochen werden. Auf diese Art erreichen wir einen Zugang zu Vergessenem und/oder Verdrängtem. Was können Geschichten noch? Gute Geschichten

- lösen Bilder aus,
- vermitteln Informationen,
- machen das Wesentliche sichtbar,
- fördern Kreativität für Ideen und Lösungen,
- wecken Aufmerksamkeit und Interesse,
- sind lebendig und unterhaltsam,
- liefern Aha-Erlebnisse,
- kreieren Helden,

- sprechen alle Sinne an,
- dürfen irritieren, aber nicht verwirren und
- sind weder moralisierend noch belehrend.

Storytelling gibt es in Form von
- Metaphern und Sprachbildern (rosarote Brille / das ist mir ein Rätsel),
- Vergleichen (wie die Axt im Walde),
- Sprichwörtern (Der Apfel fällt nicht weit vom Stamm),
- Minigeschichten (z. B. Der Axtdieb – http://www.engelbrecht-media.de/s_der_axtdieb.html),
- langen Geschichten (Einleitung – Hauptteil – Schluss) oder
- Heldengeschichten, u. a. von berühmten Persönlichkeiten (Bill Gates, Steve Jobs, J. K. Rowling).

Was macht eine gute Story aus? Und wie erzählen wir sie am besten? Eine gute Geschichte hat immer eine Protagonistin oder einen Protagonisten. Das kann beispielsweise die erzählende Person sein, eine fiktive Person, die stellvertretend für eine bestimmte Gruppe oder Eigenschaft steht, oder auch ein Produkt – wobei sich das verschoben hat: In der Werbung ist heute nicht mehr das Produkt der Protagonist, sondern der Kunde. Das Produkt ist nur noch das Hilfsmittel, das die Kunden zu Helden macht. Ein schönes Beispiel dafür ist der VW-Werbespot von 2011 mit dem kleinen Darth Vader. Schauen Sie sich den gerne mal an. Scannen Sie dazu einfach das folgende Bild in der App.

smART HAUFE.

Abb. 3.43: Mit der Figur Darth Vader aus »Star Wars« betreibt VW perfektes Storytelling

Ein weiteres wesentliches Element in guten Geschichten: Es findet eine Wandlung statt, eine Entwicklung oder Transformation von einem Zustand zu einem anderen (Budde 2015). Darunter fallen beispielsweise:

- leichtsinnig – weise
- Hindernisse überwinden – die Gefühle vorher und nachher
- ausgeschlossen sein – dazugehören
- verändern – bewahren
- gehen/suchen – ankommen/finden
- fallen – aufsteigen
- hassen – lieben
- schwach sein – stark sein
- enttäuscht sein – hoffen
- verlieren – gewinnen

In diesem Wandel liegt häufig das Wunder der Geschichten, das Emotionen auslöst und sich im Kopf verankert. Es gibt viele unterschiedliche Ansätze des Geschichtenerzählens. Die für mich wichtigste Regel ist die Herz-Hirn-Hand-Regel: Eine gute Geschichte berührt das Herz, um das Hirn zu aktivieren und die Hand zu einer Handlung zu bewegen. Da 90 Prozent unserer Entscheidungen auf der emotionalen Ebene (der Herzebene) getroffen werden, müssen wir insbesondere bei digitalen Gesprächen zuerst das Gefühl und dann den Verstand der Zuhörenden ansprechen. Hierzu ziehe ich gerne das Bild eines Eisbergs heran: Stellen Sie sich einen Eisberg vor. Die Wasserströmung kommt von Westen und ein heftiger Sturm weht von Osten her. Die Frage an Sie: In welche Richtung bewegt sich der Eisberg?

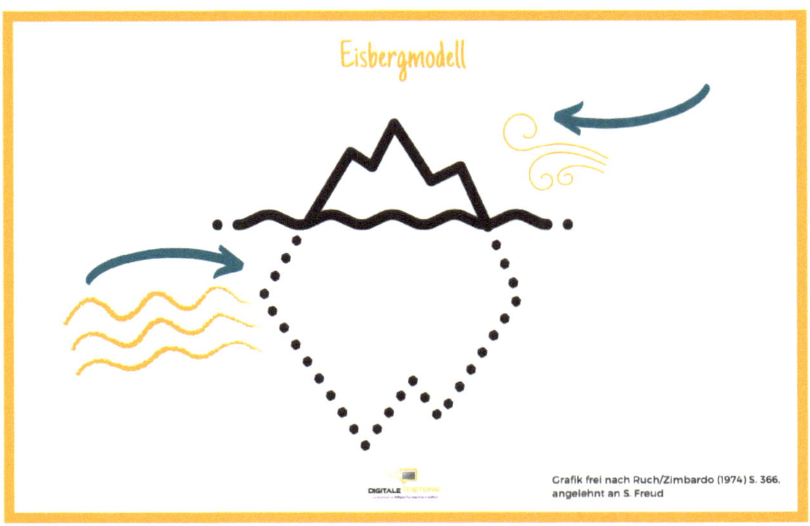

Abb. 3.44: Das Eisbergmodell

Die Antwort: Er bewegt sich natürlich von Westen nach Osten, also mit dem Wasserstrom. Warum? Weil 90 Prozent des Eisbergs unter Wasser liegen und somit wesentlich mehr Angriffsfläche für den Strom bieten als die zehn Prozent, die dem Wind ausgesetzt sind. Dieses Beispiel macht sehr gut deutlich, warum wir uns um die 90 Prozent Emotionen kümmern müssen, die nicht sichtbar sind, die wir aber »bewegen« können. Überlegen Sie sich vorab: Womit können Sie die Emotionen der Teilnehmenden wecken?

Wunderbare Inspiration finden Sie übrigens bei den TED Talks. Hier werden Geschichten aus dem eigenen Leben beschrieben. Diese sind so clever verknüpft mit dem Inhalt, der vermittelt werden soll, dass das Publikum manchmal gar nicht bewusst merkt, was es gerade Großartiges gelernt hat. Verinnerlicht hat es das Gelernte trotzdem – und wegen der Geschichte und der emotionalen Verbindungen bleibt es in der Regel noch lange in den Köpfen verankert. Mit persönlichen Erlebnissen schaffen Sie Nähe, Vertrauen, Sympathie und verankern die vermittelten Inhalte. Leiten Sie Ihre Ansprache gut ein, ist Ihnen die Aufmerksamkeit der Zuhörer sicher: *»Sie werden nicht glauben, was mir gestern passiert ist!«*

Sehr wirksam sind auch Situationen, die Ihr Publikum kennt und mit denen es sich identifizieren kann: *»Kennen Sie dieses enorme Glücksgefühl, das so stark ist, dass Sie am liebsten vor Freude schreien möchten? Dieses Kribbeln im Bauch und im Nacken? Hierzu möchte ich heute einen Moment mit Ihnen teilen …«* (z. B. ein Vortrag über Misserfolg und Erfolg).

Wenn Sie schon etwas geübter sind, können Sie auch mit einem total unerwarteten Satz direkt in den Höhepunkt der Geschichte »hineinplatzen« – und die Zuhörenden erst im Anschluss »abholen« und zum Beginn der Geschichte gehen: *»Als Kunde A davon erfuhr, was ich Ihnen gleich erzählen werde, ist er wie ein Verrückter durch sein Büro gerannt und hat ›Hurra‹ geschrien. Seine Kolleginnen haben erst ganz komisch geguckt und sich dann anstecken lassen von dieser positiven Energie – bis plötzlich die ganze Etage Kopf stand vor Lachen …«*

Ein sehr schöner Musterbruch im Storytelling ist außerdem die sogenannte »falsche Fährte«. Sie beginnen eine Geschichte so, dass alle schon den Ausgang erahnen können – um dann in eine völlig andere Richtung zu schwenken. Somit rütteln Sie die Teilnehmenden wach und haben schlagartig deren volle Aufmerksamkeit.

Es gibt neben den TED Talks unzählige Websites und Bücher, von denen Sie sich inspirieren lassen können. Hilfreich ist es auch, sich die eigenen Lieblingsautoren vorzunehmen, zu lesen – und dabei vor allem auf die erzählerischen Elemente zu achten. Ich möchte Ihnen hier jeweils drei Websites und drei Bücher als Inspirationsquelle mitgeben:

- Websites:
  https://zeitzuleben.de/thema/geschichten/
  https://www.lichtkreis.at/gedankenwelten/weise-geschichten/
  http://www.engelbrecht-media.de/engelbrecht-seminare.html
- Bücher:
  »Komm, ich erzähl dir eine Geschichte« von Jorge Bucay, S. Fischer Verlag
  »Das Märchenbuch für Manager« von Jürgen Fuchs, Deutscher Taschenbuchverlag
  »Der Geschichtenerzähler« von Joel ben Izzy, Herder Verlag

Zudem eignen sich Geschichten aus Filmen, Fernsehserien oder Zeitschriften. Besonders wirkungsvoll sind selbst erlebte oder selbst erfundene Geschichten, da sie hochgradig individuell, persönlich und somit authentisch sind. Und das Erfinden von Geschichten ist leichter, als wir oft annehmen. Die wichtigste Regel und vor allem Orientierung gibt uns der Wandel, der stattfinden soll. Sobald wir ein Vorherbild und ein Nachherbild erstellt haben, können wir die Geschichte relativ leicht zusammenfügen.

Wer große Schwierigkeiten damit hat, Geschichten zu erfinden, kann sich banale Gegenstände heraussuchen und überlegen, was dieser Gegenstand mit der Problemstellung zu tun hat. Das regt die Kreativität stark an. Zudem ergeben sich daraus häufig tolle eigene Metaphern oder kurze Geschichten.

Storytelling gehört in jedes Onlinegespräch – ob als Eisbrecher, zum Kennenlernen, als Einstieg in ein Thema, zur Erarbeitung von Ideen und Inhalten, zur Wiederholung, zum Transfer oder für das Feedback. Wann immer Sie Storytelling als Methode einsetzen, werden Sie nicht nur die Kreativität der Teilnehmenden steigern, sondern auch die Diversität der Aussagen. Und das Wichtigste: Es bleibt im Kopf! Mehr Methoden dazu finden Sie in Kapitel 5.

Welche Geschichten können Sie erzählen, mit denen Sie Ihre Zuhörer begeistern? Welche Geschichten können Sie kreieren, damit Sie Ihre Produkte lebendig machen? Welche Metaphern können Sie verwenden, um in einem Online-Meeting bildliche Verknüpfungen zu ermöglichen? Überlegen Sie in aller Ruhe. Der Kreativität sind hier keine Grenzen gesetzt – und in der Regel findet sich immer eine kleine persönliche Anekdote oder auch etwas, das ernst oder traurig ist und die Gefühlsebene der Teilnehmenden anspricht.

Was Sie dabei beachten sollten: Keine indirekte Rede! Wenn die Figuren in Ihrer Erzählung (inklusive Sie selbst) etwas sagen, dann sollten Sie immer die direkte Rede verwenden. Also nicht: »Hans sagte, das könne er sich nicht vorstellen.« Sondern: »Hans sagte: Das kann ich mir nicht vorstellen.« Direkte Rede ist wesentlich lebhafter für die Zuhörenden. Um noch mehr zu begeistern, können Sie sich auch eine Liste positiver Formulierungen anlegen.

3.7.8 Positive Formulierungen in Onlinegesprächen

Wenn Sie Kinder haben, kennen Sie vielleicht das frustrierende Gefühl, wenn Sie sagen: »Fass das nicht an!« In der Regel wird dann nämlich genau das Gegenteil von dem gemacht, was Sie wünschen. Das liegt daran, dass das Wort »nicht« in unserem Gehirn schlecht verarbeitet werden kann. In dem Moment, in dem Sie sagen: »*Nicht* die Herdplatte anfassen!«, wird vor allem was verstanden? Richtig: Herdplatte anfassen. Und – schwups – hat sich das Kind verbrannt.

Ich möchte Sie nun zu einer kleinen Übung einladen und bitte Sie, mit der smARt-Haufe-App das folgende Bild zu scannen. Setzen Sie sich für die Übung hin und sorgen Sie dafür, dass Sie nach rechts und links etwas Bewegungsspielraum haben. Die Übung ist sehr einfach. Es finden zwei Runden direkt nacheinander statt, in denen ich Ihnen Anweisungen gebe. Ihre Aufgabe ist es, genau meinen Anweisungen zu folgen.

Abb. 3.45: Übung zur Wirkung von positiven und negativen Formulierungen

ÜBUNG POSITIVE WORTWAHL

Bitte nehmen Sie sich jetzt kurz Zeit, die Übung zu reflektieren:

- Wie war Runde 1 für Sie?
- Wie war Runde 2 für Sie?
- Und warum?

Ich mache diese Übung auch gerne in Präsenzseminaren in größeren Gruppen. Die Ergebnisse, die wir in der Feedbackrunde besprechen, sind immer wieder spannend. Wie ist es Ihnen ergangen, als ich gesagt habe: »Nicht sitzen«? Die Reaktionen, die ich in der Regel bekomme, sind, dass die Teilnehmenden erst einmal über das Sitzen nachdenken. Die zweite Frage, die sie sich stellen, ist: »Was soll ich denn stattdessen machen?« Verneinungen haben eine irritierende Wirkung auf das Gehirn. Deshalb ist es so wichtig, darauf zu achten, positiv und so zu formulieren, dass die erwünschte Handlung ersichtlich ist – und nicht die nicht gewünschte Handlung. Anstatt zu sagen: »Nicht sitzen«, sage ich: »Stell dich hin«. Dadurch sind meine Erwartung und die erwünschte Handlung 100-prozentig klar.

Es gibt noch weitere ungünstige Effekte im Zusammenhang mit »nicht«. Zum Beispiel in Formulierungen wie: »Nicht, dass Sie jetzt denken, ich wollte Sie mit der Übung zum Affen machen!« Oder auch im Businesskontext: »Nicht, dass Sie jetzt das Gefühl haben, ich würde Ihre Autorität untergraben.« In dem Moment, in dem Sie so etwas sagen, fühlt die angesprochene Person sich wahrscheinlich genau so, nämlich als würden Sie ihre Autorität anzweifeln. In die gleiche Kategorie fällt die Formulierung: »Ich habe kein Problem mit der Lösung.« Warum wird stattdessen nicht gesagt »Ich finde die Lösung gut«? Die Aussage: »Ich habe kein Problem mit der Lösung« impliziert für uns im Kopf direkt ein »Aber …«. »Aber« stellt einen Widerspruch zu dem zuvor Gesagten dar, in diesem Fall zum Beispiel: »Ich habe kein Problem mit der Lösung, aber ich finde meine besser.« Der zweite Teil vom Satz ist in der Regel der, der ungesagt bleibt. Solche Formulierungen bewirken eine defensive Haltung bei unseren Gesprächspartnern. Widerstand ist vorprogrammiert. Die Situation wird schnell emotional aufgeladen – und im digitalen Umfeld werden Sie das häufig zu wenig oder gar nicht spüren und entsprechend schlechter beheben können.

Zum Thema positive Formulierungen gehört auch das Vermeiden von überflüssigen Entschuldigungen. In digitalen Gesprächen gibt es eine Vielzahl von unnötigen und insbesondere floskelhaften Entschuldigungen, die unbedingt vermieden werden sollten. »Ich möchte mich schon jetzt entschuldigen, dass dieses Gespräch so kurz vor dem Mittag ist.« Damit machen wir auch den letzten Zuhörer, der noch nicht bemerkt hat, dass es kurz vor Mittag ist, darauf aufmerksam. Die Gedanken gehen hin zum Mittagessen. Zusätzlich denken sich die Zuhörenden: »Genau, und jetzt sieh bloß zu, dass es nicht zu lange dauert.« Wir zerstören unsere Glaubhaftigkeit. Zudem verlieren wir das Vertrauen und den Respekt der Zuhörenden, noch bevor wir überhaupt eine Chance hatten, diese zu gewinnen. Zusätzlich – und da sind wir wieder beim Thema »erster Eindruck und letzter Eindruck« – ist Ihre Eingangsäußerung diejenige, an die sich die Zuschauenden am besten erinnern werden. Und damit erinnern sie sich an die falschen Aspekte.

Weitere Beispiele:

- »Entschuldigung, dass wir spät starten ...«
- »Entschuldigen Sie, ich bin nicht sehr gut darin, vor der Webcam zu präsentieren.«
- »Entschuldigung, dass der Text auf dem Slide so klein ist.«
- »Ich möchte mich entschuldigen, dass wir dieses Gespräch mit Webex machen müssen.«

Mit solchen Aussagen schwächen Sie Ihre Präsentation, noch bevor sie begonnen hat. Für die Anwesenden fühlt es sich unangenehm an und sie werden bestärkt darin, den Fokus auf etwas anderes zu legen, weil sie hier nichts Tolles zu erwarten haben. Wenn es Ihnen unbedingt ein Bedürfnis ist, kann das Problem kurz angesprochen werden: »Wir machen das heutige Gespräch mit Webex, weil ...«

Ebenfalls in diese Kategorie fallen opferhafte Formulierungen: »Wenn mir die Technik jetzt nicht wieder einen Streich spielt und alles so klappt, wie ich es geplant habe, ...« In der Regel verwenden wir solche Formulierungen unbewusst, um von den Zuschauenden Toleranz und Verständnis einzufordern. Bewirkt wird damit allerdings genau das Gegenteil.

! **Zwischenfazit**

Sprache und Wortwahl sind sowohl für die klassische als auch für die digitale Rhetorik ein sehr wichtiges Instrument. Wenn Sie regelmäßig an Ihrer Ausdrucksweise und Stimme arbeiten, können Sie zu einer wahren Rhetorikgröße werden. Hier ist ganz einfach kontinuierliche Übung gefragt. Doch ich versichere Ihnen: Es zahlt sich aus.

! **Zusammengefasst**

- Die Rhetorik hat sich seit über 2000 Jahren stetig weiterentwickelt.
- Heute befinden wir uns im Zeitalter der digitalen Rhetorik.
- Aspekte digitaler Rhetorik basieren auf der klassischen Rhetorik.
- Allerdings verschieben sich die Wirkungsgrade im digitalen Raum.
- Einige rhetorische Mittel treten online in den Hintergrund: z. B. Gestik.
- Andere werden online wesentlich wichtiger: z. B. Mimik.
- Den souveränen Onlineauftritt können wir trainieren.
- Sprache und Wortwahl haben einen großen Einfluss auf unsere Wirkung.

4 Und Action – Vorgehensweisen und Stolperfallen im Onlinecall

Jetzt haben wir bereits viel Grundlagenarbeit geleistet, damit Sie so gut wie möglich vorbereitet sind für Ihre Onlinegespräche. Im besten Fall freuen Sie sich schon, beim nächsten Mal mit einer spannenden Story, einer emotionsgeladenen PowerPoint-Präsentation, einladender Mimik, intensiver Modulation und großer Interaktion Ihre Teilnehmenden im Online-Meeting zu begeistern. In diesem Kapitel betrachten wir den allgemeinen Gesprächsverlauf eines Videocalls und ich erläutere, wie Sie am besten mit unvorhersehbaren Situationen umgehen. Denn diese können immer vorkommen – selbst wenn Sie perfekt vorbereitet sind. Ich selbst habe schon unzählige Online-Meetings, Onlinetrainings und andere digitale Gespräche geführt und bin immer wieder überrascht, was alles schiefgehen kann, womit ich niemals gerechnet hätte. Oftmals ist es die Technik, die streikt, oder auch das Verhalten mancher Teilnehmender, das das Online-Meeting zu einer echten Herausforderung werden lässt. Ich zeige Ihnen ein paar simple Techniken, die Sie dabei unterstützen, bewusst und proaktiv zu handeln, damit Sie unangenehme Reaktionen oder Angriffe von Beteiligten mit Bedacht handhaben können. Denn häufig reagieren wir bei verbalen Attacken eher impulsiv und gießen damit erst recht Öl ins Feuer. Dann kommen Aufregung und Anspannung hinzu und schließlich brennt die Wut oder der Ärger in uns. Und die störende Person freut sich womöglich sogar, weil sie uns so aus der Fassung gebracht hat. Zum Schluss beleuchte ich noch besondere Onlinegesprächsanlässe wie das Vorstellungsgespräch, Verkaufsgespräche und Besonderheiten in der Remote-Teamarbeit. Dazu habe ich Experteninterviews von Profis aus den jeweiligen Branchen für Sie.

4.1 Der Gesprächsbeginn: Bewährte Eisbrecher

Kennen Sie das auch? Sie haben ein Online-Meeting mit drei Teilnehmenden. Zwei fehlen noch. Die Person, die da ist, kennen Sie nur oberflächlich. Sie tauschen sich kurz über das Wetter aus – haben aber schnell keinen Gesprächsstoff mehr und schweigen sich nur noch verlegen an. Die Sekunden ziehen sich wie eine Ewigkeit. »Wo bleiben denn die anderen?«, denken Sie sich, »das wird langsam echt unangenehm. Hat die Person wirklich nichts mehr zu sagen? Aber gut, ich sage ja auch nichts.« Am Gesicht Ihres Onlinegegenübers können Sie ablesen, dass es ähnlich denkt.

Menschen haben ein großes Urbedürfnis nach Zugehörigkeit. Jeder Videocall gibt uns die Möglichkeit, dieses Bedürfnis zu befriedigen. Allerdings – Sie ahnen es – in einem etwas anderen Rahmen. In virtuellen Gesprächen müssen wir mehr Zeit in eine positive Atmosphäre und ein gutes Miteinander investieren, um im Nachgang einfacher und schneller ans Ziel zu kommen. Der Gesprächseinstieg entscheidet darüber, ob später alle an einem Strang und in die gleiche Richtung ziehen. Gehen wir einmal davon aus, dass der erste Eindruck gemacht ist. Die ersten Sekunden der Begrüßung sind vergangen, und da Ihre Klamotte sitzt, die Kamera genau passend auf Augenhöhe eingestellt ist, Sie gut zu sehen sind und vor einem sehr professionellen, ansprechenden Hintergrund sitzen, sind Sie bei den Gesprächsteilnehmenden in der mentalen Freundschublade gelandet. Jetzt geht es darum, in dieser Schublade zu bleiben. Falls Sie erst in eine andere mentale Schublade gelegt wurden, geht es darum, in die Freundschublade zu wechseln. Wie gelingt Ihnen das? Je nachdem, mit wie vielen Teilnehmenden Sie im Onlinecall sitzen, können Sie unterschiedlich ausführlich an die Sache herangehen. Hier beschränken wir uns auf eine Teilnehmerzahl von 10 bis 15 Personen.

4.1.1 Small Talk

Was passiert bei einem Offline-Meeting? Die Teilnehmenden kommen in den Raum, werden begrüßt und es findet ein kurzer Small Talk und Austausch statt. Warum? Weil wir damit Interesse an den Personen zeigen und ihnen Wertschätzung entgegenbringen. Warum sollte das online anders sein? Es ist sogar noch wichtiger! Online gilt es, die emotionale Distanz so gut wie möglich zu überbrücken – mit allen Mitteln, die uns zur Verfügung stehen. Auch mit Small Talk bauen Sie eine Verbindung mit den digital Anwesenden auf. Nehmen Sie sich immer die Zeit, alle Beteiligten mit ihrem Namen zu begrüßen. Stellen Sie kurze und einfache Fragen oder machen Sie knappe Aussagen, wie zum Beispiel:

- »Wie geht's?«
- »Hat alles gut geklappt mit dem Einloggen?«
- »Ah, Monika ist auch da, wie schön! Herzlich willkommen!«

Insbesondere wenn es weniger Teilnehmende sind, können für den einleitenden Small Talk auch folgende Dinge angesprochen werden:

- »Ich war fasziniert von Ihrer E-Mail heute Morgen um sechs. Sind Sie ein Frühaufsteher?«
- »Das ist aber ein schönes Bild bei Ihnen an der Wand. Ist das Ihr Hund?«

Ganz einfache und erst mal banale Sachen. Kurz, freundlich, aufgeschlossen. KISS. Natürlich sollen Sie sich beim Small Talk nicht festquatschen und damit die anderen langweilen. Und sprechen Sie am besten eine Person nach der anderen namentlich an. Wenn Sie einen Einstieg machen, wie zum Beispiel: »So, da seid ihr ja alle. Wie geht es euch heute?«, dann fühlt sich in der Regel niemand angesprochen. Mit dem persönlichen Small Talk stellen Sie auch sicher, dass Sie alle gut hören können. Antwortet eine teilnehmende Person nicht, wissen Sie, wo es technische Probleme gibt. Bei größeren Gruppen, in denen Sie diese individuellen Ansprachen nicht machen können, können Sie kurz fragen: »Kann mich jeder gut hören? Bitte Daumen hoch, wenn das der Fall ist.«

4.1.2 Gemeinsamkeiten finden

Für die mentale Freundschublade ist es wichtig, Gemeinsamkeiten mit unseren Gesprächsteilnehmenden zu finden, denn: Gemeinsamkeiten sorgen dafür, dass auch fremde Personen uns tendenziell erst mal sympathisch finden. Das kann die Liebe zu einem bestimmten Tier sein, ein Sport, der betrieben wird, ein Hobby, eine Fachrichtung oder auch die Herkunft. Gemeinsamkeiten verbinden und schaffen eine positive Basis. Es gibt bestimmte Methoden, die Sie dabei anwenden können. Welche das sind, lesen Sie in Kapitel 5.

Wenn Sie nur mit einer Person sprechen oder gar nicht bewusst mit Methoden arbeiten möchten, können Sie etwas über sich selbst erzählen. Was haben Sie Besonderes erlebt in der letzten Woche – oder im Verlauf des Tages? Oder: »Haben Sie auch das Fußballspiel am Wochenende gesehen?« Wenn die Reaktion der Person ist: »Nein, Fußball interessiert mich überhaupt nicht, auch wenn es die Weltmeisterschaft ist«, können Sie antworten: »Welche Sportart interessiert Sie?« oder: »Was sind Ihre Hobbys?« Aus Erfahrung kann ich Ihnen sagen: Die zeitliche Investition in diesen Small Talk zu Beginn wird sich für den Verlauf des Gesprächs und auch die Geschäftsbeziehung vielfach auszahlen.

4.1.3 Erfolgsgeschichten erzählen lassen

Bei wiederkehrenden Terminen können Sie den Eisbrecher vorab zu einem Ritual machen: In den ersten zehn Minuten erzählt jeder eine Erfolgsgeschichte von sich aus der letzten Woche. Ob privat oder beruflich, können entweder Sie festlegen oder es den Teilnehmenden selbst überlassen. Für das Zusammengehörigkeitsgefühl ist nur wichtig, dass sich jede Person äußert – und dass die anderen die Erfolge entsprechend würdigen und zelebrieren. Zum Beispiel mit virtuellem Applaus oder einer Fanfare, die Sie als moderierende Person einspielen. Mit diesem Eisbrecher sorgen Sie für eine positive Grundstimmung für das Meeting im Anschluss. Wenn Zweifler, Pessimisten, toxische Teilnehmende oder Personen dabei sind, die keine Erfolgsgeschichten erlebt haben, dann formulieren Sie Ihre Frage um: »Worüber haben Sie sich diese Woche am meisten gefreut?« Falls das auch nicht funktioniert, kehren Sie die Erfolgsgeschichte um in eine »Fuck-up-Geschichte«. Die Person soll erzählen, was ihr gar nicht gut gelungen ist und was sie daraus gelernt hat. Solche Negativerlebnisse sind sehr wertvoll für persönliche Lern- und Entwicklungsprozesse – vor allem auch für die Zuhörenden. Die Erfolgs- oder Misserfolgsgeschichten eignen sich auch dann, wenn Sie das Onlinegespräch mit nur einer Person führen.

Falls Sie regelmäßig Verkaufsgespräche online führen – mit der gleichen Zielgruppe, zum gleichen Produkt –, dann machen Sie es sich doch einfach. Überlegen Sie sich ein bis drei Geschichten, die perfekt zu dem Gesprächsanlass passen und die Sie immer wieder nutzen können, weil sie die Zuhörenden begeistern. Stellen Sie dabei sicher, dass der Inhalt eine persönliche und relevante Erfahrung ist, die Ihre Gesprächsteilnehmenden in die Konversation zieht. Hierzu finden Sie in Kapitel 3 beim Thema Storytelling diverse Anregungen. Erzählen Sie die Geschichten wie beiläufig und ungeplant zu Beginn des Gesprächs – ein idealer Eisbrecher.

4.1.4 Zehn Fakten über mich

»Zehn Fakten über mich« ist eine Methode aus Working Out Loud (WOL). WOL ist eine Mentalität der Zusammenarbeit und persönlichen Lernentwicklung, die der US-amerikanische Trainer, Coach und Buchautor John Stepper bekannt machte. »Zehn Fakten über mich« ist noch etwas intensiver als die vorherige Methode der Geschichten. Auch hier geht es darum, sich selbst für die anderen interessant zu machen, damit sie Punkte zum Andocken finden und Gemeinsamkeiten sichtbar werden. Hierzu können Sie sich auf ein spannendes Experteninterview mit Katharina Krentz in Kapitel 4.6.3 freuen.

4.1.5 Mit Bildern sprechen

Geben Sie den Teilnehmenden schon in der Einladung zum Videocall die Aufgabe, ein Bild mitzubringen und dazu etwas zu erzählen. Sie können für die Bilder bewusst Regeln vorgeben – zum Beispiel: arbeitsrelevant aus der letzten Woche. Vielleicht auch kombiniert mit Positiverlebnissen, Fuck-up-Storys – oder ein Freizeitbild vom letzten coronafreien Urlaub. Die Bildmotive können gemalt, eigene Fotos oder auch Stockfotos sein, die sinnbildlich für das stehen, was die Teilnehmenden berichten wollen. Sie werden beeindruckt sein, was für eine Atmosphäre dadurch entsteht. Sobald die Teilnehmenden ihre Storys mit einem Bild verknüpfen, erzählen sie viel emotionsgeladener, andere Personen können schneller daran andocken und es bleibt im Kopf.

! **Zwischenfazit**

Die ersten fünf bis zehn Minuten vor jedem Meeting mit nicht arbeitsrelevanten Aspekten zu füllen und diese zum Kennenlernen auf einem persönlichen Level zu nutzen stärkt Beziehungen und das Gefühl der Verbundenheit. Nur weil alles digital und virtuell passiert, dürfen wir den menschlichen Faktor nicht unterschätzen, geschweige denn vergessen. Das Gefühl des Alleinseins, das im digitalen Raum stark ausgeprägt ist, lassen wir dadurch verschwinden und ersetzen es durch ein Wir-Gefühl.

4.2 Der Übergang zum Geschäftlichen

Den Übergang zum Geschäftlichen können Sie im Anschluss an den Eisbrecher kurz in einem Satz einleiten: »Das waren echt spannende und lustige Geschichten. Lasst uns nun zum Kern dieses Meetings übergehen.« Anschließend werfen Sie gemeinsam einen Blick auf die Agenda und gegebenenfalls die in der Einladung versandten Verhaltensregeln. Weisen Sie darauf hin, dass alle Beteiligten diese Agenda und Regeln zugeschickt bekommen haben. Jetzt ist der Zeitpunkt gekommen, an dem die Anwesenden wichtige Faktoren oder Fragen ansprechen können, falls noch etwas unklar sein sollte beziehungsweise noch nicht vorab geklärt werden konnte – zur Agenda, zu den Verhaltensregeln oder zu anderen themenrelevanten Punkten. Damit zeigen Sie Interesse und Offenheit. Danach kann es mit den offiziellen Inhalten losgehen.

Was Sie von James-Bond-Filmen lernen können
Denken Sie einmal kurz nach: Was sind typische Besonderheiten an einem James-Bond-Film? Wie starten die Filme? Nach welchen Mustern spielt sich der Beginn ab? Und ich meine nicht den Einspieler, der ja auch sich wiederholende Elemente beinhaltet. Nein, ich meine das, was davor geschieht: Jeder Bond-Film startet mitten im Geschehen. Wir werden direkt in das Geschehen hineingezogen. Die ersten fünf bis 15 Minuten sind unglaublich intensiv und spannend. Dann erst beginnt der Vorspann. Und dann der eigentliche Film. Genau das sollten Sie online auch machen. Starten Sie mit voller Power und viel Action! Überlegen Sie sich: Was können Sie tun, um die Anwesenden im nächsten Onlinecall direkt in Ihren Bann zu ziehen?

Schauen Sie sich gerne vorher noch mal ein paar James-Bond-Anfangsszenen an, wie »Liebesgrüße aus Moskau« oder »Man lebt nur zweimal«. Die Zuschauenden werden mit Beginn des Vorspanns in dem Glauben gelassen, der Hauptdarsteller wäre tot – was für ein Spannungspotenzierer! Die James-Bond-Methode ist nur eine Variante, wie Sie vom Eisbrecher zum Geschäftlichen überleiten können. Ich habe auch schon erlebt, dass die moderierende Person mit einem akustischen Signal den Übergang einleitet, beispielsweise mit dem Geräusch eines Schiffshorns oder der Trompetenfanfare »Attacke« der Kavallerie. Denken Sie sich etwas aus, das die Aufmerksamkeit auf Sie richtet und eine positive »Konzentrationsatmosphäre« fördert.

4.3 Tipps und Trick für einen erfolgreichen Onlinecall

Wenn Sie das Onlinegespräch organisieren, gibt es ein paar Grundregeln, die Sie bei der Durchführung beachten sollten. Denn so machen Sie es allen Beteiligten leichter:

1. **Mute, sobald jemand anderes redet**
   Stellen Sie bis auf die sprechende Person alle anderen Mikrofone stumm, inklusive Ihres eigenen. Auch wenn diese Person nur kurz eine Frage stellt oder beantwortet.

Wenn Sie ein Headset mit Kabel haben, ist dort normalerweise ein kleiner Schalter oder Knopf angebracht, den Sie einfach drücken können, um sich stumm zu schalten.

2. **Halten Sie sich an die Zeitvorgaben**
   Insbesondere bei mehreren Teilnehmenden sollten Sie sich penibel an die Agenda und die damit verbundenen Zeitvorgaben halten. Wenn ein Thema deutlich mehr Zeit einnimmt als geplant, können Sie der Gruppe vorschlagen, dazu ein gesondertes Gespräch anzusetzen. Oder Sie lassen abstimmen, ob dieses Thema den anderen Themen für heute vorgezogen werden soll. Lassen Sie die Konversation auf keinen Fall einfach laufen. Entscheiden Sie sich bewusst dafür oder dagegen – gemeinsam mit allen Beteiligten. Wir sind alle viel beschäftigt und das Respektieren der Zeit der anderen bedeutet eine große Wertschätzung.
3. **Keine Angst vor Technikproblemen**
   Wenn die Technik streikt, verschwenden Sie keine Energie damit, sich darüber zu beklagen. Bleiben Sie ruhig und legen Sie den Fokus lieber darauf, die Schwierigkeiten so schnell wie möglich zu beheben. Im Anschluss an den Videocall können Sie dann noch mal in Ruhe reflektieren: Was ist da passiert? Warum? Wie habe ich reagiert? Was kann ich beim nächsten Mal besser machen? Oder wie kann ich es komplett vermeiden? Mehr zum Umgang mit unvorhergesehenen Technikproblemen lesen Sie weiter unten in diesem Kapitel.
4. **Zwischenergebnisse zusammenfassen und kommunizieren**
   Sobald das Ende eines Agendapunkts erreicht ist, gibt es eine kurze Zusammenfassung der Ergebnisse und daraus entstandenen Arbeitsaufträge. Somit gewährleisten Sie, dass auch diejenigen, die zwischendurch abgelenkt waren, das Wichtigste in aller Kürze mitbekommen.
5. **Entscheidungen vorantreiben**
   Sie und die Teilnehmenden kommen nicht weiter mit den Entscheidungen und Sie drehen sich im Kreis? Behalten Sie die Agenda und die Zeit im Blick. Wenn es unzumutbar ist, in der Situation eine Entscheidung zu erwarten, muss sie zurückgestellt werden. Verbessert sich der Gesprächsverlauf weiterhin nicht und zieht sich auf die gleiche Art weiter, können Sie bestimmte Entscheidungen auch durch einen Münzwurf herbeiführen. Das geht natürlich nicht in jeder Situation. In einem Verhandlungsgespräch wäre es äußerst unprofessionell – wenn auch irgendwie amüsant –, wenn Sie plötzlich sagen würden: »Wir kommen hier nicht weiter. Kopf: Sie akzeptieren unsere Forderungen. Zahl: Wir akzeptieren Ihre.« Aber: Manchmal hilft der Münzwurf, wenn sich die Gruppe einfach nicht auf einen Weg festlegen will, weil alle Wege irgendwie gut sind. Das kann sehr ermüdend und lähmend auf die Teilnehmenden wirken. Und hier ist der Münzwurf optimal. Die Münze können Sie übrigens auch online werfen lassen. Das Tool heißt www.muenzenwerfen.com.
6. **Zuverlässigkeit**
   Nehmen Sie die Aussagen der Teilnehmenden ernst und reagieren Sie zügig und adäquat darauf – so, wie es von Ihnen vorab auch kommuniziert wurde. Halten Sie Zusagen, die Sie gemacht haben, ein – insbesondere zu Pausen. Das ist ein wichti-

ger Faktor für das Gefühl von Sicherheit. Falls es spontan zu Änderungen kommen sollte, kommunizieren Sie diese umgehend, sobald sie Ihnen bekannt sind.

7. **Innehalten und hinterfragen**
   Eine Person, die ihre Präsentation herunterrattert, weiß nicht, ob die Teilnehmenden ihr nach wie vor folgen, gedanklich noch beim vorigen Punkt sind oder längst andere Dinge tun. Gleichzeitig fühlen sich die Teilnehmenden schlecht und fragen sich, ob die vortragende Person sie und ihre Bedürfnisse überhaupt wahrnimmt. Halten Sie deshalb regelmäßig kurz inne, schauen Sie in die Gesichter Ihrer digitalen Zuhörenden und sprechen Sie ein oder zwei Personen direkt an: »Maria, sehe ich Skepsis in deinem Gesicht?« »Alex, du kommst doch aus der Branche. Wie ist deine Sicht auf diesen Aspekt?« Durch diese Rückfragen bleiben Sie am Puls der Teilnehmenden und sorgen für mehr Aufmerksamkeit bei ihnen. Denn: Alle begreifen, dass sie regelmäßig damit rechnen müssen, angesprochen zu werden.
8. **Kein betreutes Lesen!**
   Wenn Sie PowerPoint-Folien verwenden, dann lesen Sie diese nicht eins zu eins ab. Eine Folie sollte wenig bis keinen Text und ein großes Bild enthalten. Wenn wir etwas laut vorlesen, reden wir in der Regel langsamer, als wenn wir leise für uns lesen. Außerdem können nur wenige Menschen so vorlesen, dass es für die Zuhörenden spannend bleibt. Normalerweise klingt Vorlesen monoton und bewirkt, dass die Teilnehmenden mental abschalten. Hinzu kommt, dass wir Menschen nicht gleichzeitig lesen und zuhören können. Falls Sie den Teilnehmenden etwas zu lesen geben möchten, kündigen Sie kurz an, dass Sie jetzt für einen kurzen Moment schweigen werden, um allen Zeit zu geben, den Abschnitt im eigenen Tempo durchzulesen. Wer mit dem Lesen fertig ist, soll sich zurücklehnen, die virtuelle Hand heben oder einen »Daumen hoch« im Chat machen. Generell sollten Sie es jedoch vermeiden, den Teilnehmenden Text zum Lesen zu geben. Vielleicht können Sie diesen stattdessen vorab oder im Nachgang per E-Mail versenden.
9. **Ablenkungen akzeptieren und ernst nehmen**
   Es kann immer vorkommen, dass Teilnehmende kurzzeitig abgelenkt sind. Damit müssen Sie sich abfinden. Denken Sie immer daran: Die Teilnehmenden sind dadurch nicht gleich rundweg schlechte Menschen. Dennoch sollten Sie natürlich etwas unternehmen, um ihre Aufmerksamkeit zurückzugewinnen. Beispielsweise indem Sie einzelne Teilnehmende ganz direkt mit Fragen ansprechen, ähnlich wie in Punkt sieben beschrieben. Mit direkten Fragen rütteln wir die Personen wieder auf – und richten deren Aufmerksamkeit wieder auf unser Thema: »Sophie, was geht dir gerade durch den Kopf?« Das ist eine elegante Lösung, die Teilnehmenden zur Aufmerksamkeit zu ermahnen. Als organisierende oder moderierende Person zeigen Sie damit: Ich sehe alles, mir entgeht nichts.
   Manchmal ist es auch hilfreich, Ihre Präsentation zu unterbrechen und ganz direkt zu sagen: »Ich habe das Gefühl, ihr seid heute mit den Gedanken woanders. Lasst uns doch kurz durch die Runde gehen und schauen, was euch beschäftigt.« Dadurch finden Sie in der Regel die wahre Ursache für die Unaufmerksamkeit. Viel-

leicht hat die Leitung eines anderen Teams gerade negative Informationen kommuniziert – und das Team ist verunsichert und befürchtet, dass es noch ähnliche Nachrichten bekommt. In solchen Fällen sollten Sie die Priorität auf die Menschen richten statt auf die Inhalte, die Sie vermitteln wollen. Sprechen Sie über die Sorgen und Gefühle der anderen und verschieben Sie Ihr Thema auf einen anderen Termin. Aufnahmefähig sind die Teilnehmenden in diesen Fällen in der Regel nicht.

10. **Proaktiv Verantwortung übernehmen und die Initiative ergreifen**
    Wenn im Online-Meeting Verantwortlichkeiten und Arbeitsaufträge verteilt werden, gehen Sie als moderierende Person ruhig mit gutem Beispiel voran. Ergreifen Sie die Initiative und übernehmen Sie als Erstes eine Aufgabe. Das darf auch eine unangenehme Aufgabe sein. So zeigen Sie allen: Wir sind ein Team. Alle Aufgaben zahlen auf unseren Erfolg ein. Ich bin mir für nichts zu schade und trage gerne etwas zum Vorankommen der Gruppe bei.

! **Zwischenfazit**

Je proaktiver, offener und handlungsbereiter Sie sich im Videocall verhalten, desto flüssiger und zielführender geht er voran. Entwickeln Sie ein Gespür dafür, wann Sie die Teilnehmenden einfach machen lassen – und wann es sinnvoll ist, die Initiative zu ergreifen und das Gespräch weiterzutreiben. Sehen Sie sich als Dirigentin oder Dirigent eines Orchesters: Mal geben Sie nur leicht den Takt vor und ein anderes Mal aktivieren Sie ganz gezielt und intensiv nur einen kleinen Teil oder auch das ganze Orchester.

4.4 Positive Atmosphäre durch LAB: Lob, Aktivierung und Beteiligung

Für eine möglichst positive Gesprächsatmosphäre ist es hilfreich, wenn Sie selbst viel Feedback geben und die Teilnehmenden in den Call miteinbinden. Merken Sie sich dazu einfach die Buchstabenfolge LAB: **L**ob, **A**ktivierung, **B**eteiligung.

Ruft die Kurzform LAB auch bei Ihnen die Assoziation mit »Labor« hervor? Das passt hier sehr gut, denn was passiert in einem Labor? Es wird geforscht, ausprobiert, experimentiert, hinterfragt, sich getraut. Es werden Fehler gemacht, Ideen geschaffen und weiterentwickelt oder Strategien ausgeheckt. Genau darum geht es im Online-Meeting. Deshalb ist »LAB« und seine Assoziation mit »Labor« auch sehr passend.

4.4.1 Lob

Lob ist elementar. Selbst bei Fehlern können Sie loben: »Gut, dass der Fehler gemacht wurde – jetzt hat es jeder gesehen und die Folgen erkannt. Wie können wir den Fehler beim nächsten Mal vermeiden?«

Suchen Sie nach Anlässen, bei denen Sie loben können. Beispielsweise wenn die Kommunikation vorab reibungslos und gut geklappt hat oder wenn die Agenda und die Timeline eingehalten und alle Punkte in der vorgesehenen Zeit abgehandelt werden konnten. Oder wenn alle pünktlich dem Meeting beigetreten sind, die Kamera eingeschaltet und ihre Rolle oder ihr Thema gut vorbereitet haben. Wenn die Gruppenarbeiten toll geklappt haben und es interessante Anregungen und lebhafte Diskussionen gab. Es gibt so viele Dinge, für die Sie Lob aussprechen können. Halten Sie damit nicht hinter dem Berg. Mit jedem Lob verringern Sie die emotionale Distanz zwischen allen Beteiligten ein wenig.

Bei wiederkehrenden Online-Meetings mit derselben Gruppe können Sie ein kleines Ritual daraus machen – ähnlich wie beim Eisbrecher. Sie können beispielsweise eine Art Award vergeben oder ein Belohnungssystem einführen: Jedes Mal zum Abschluss wird der oder die aktivste, kreativste und kritischste Person gewählt. Die Person, die als Erstes fünf Punkte hat, bekommt eine kleine Überraschung. Das kann ein Joker für einen Rollentausch sein: Wenn sie zum Beispiel ungern das Protokoll schreibt, kann sie beim nächsten Mal mit jemand anderem tauschen. Es muss nichts Großes sein, um den Spaß und die Freude an Onlinegesprächen und Onlineteamarbeit aufrechtzuerhalten. Schon kleine positive Details können viel bewirken.

4.4.2 Aktivierung

Was gibt es Schöneres, als aufmerksame und aktivierte Teilnehmende im Videocall zu haben? Menschen, die Spaß haben, machen auch Spaß. Und: Wer selbst Spaß hat, erinnert sich später besser an die Inhalte des Gesprächs. Den Satz »Wir sind nicht zum Vergnügen hier« können Sie ruhig streichen. Auch ernste oder wichtige Themen können aufgeschlossen und mit einer gesunden Portion Positivismus angegangen werden.

Sie möchten aufmerksame Teilnehmende in Ihrem Onlinecall haben? Dann aktivieren und binden Sie sie direkt ein. Vor dem Hintergrund, dass Menschen eine Aufmerksamkeitsspanne von knapp acht Sekunden haben sollen, ist direkte Aktivierung sehr wichtig: Sieben bis acht Sekunden – und dann ist die Aufmerksamkeit für Bruchteile von Sekunden erst mal weg. Ob sie zurückkommt, liegt an Ihnen. Und es fordert Sie in Ihrer Planung und Vorbereitung, denn aufgrund der psychologischen Besonderheiten von Onlinecalls werden die Teilnehmenden nicht die Initiative ergreifen und sich automatisch viel einbringen. Das macht die Aufgabe, das Publikum zu begeistern, für Redner, Moderatorinnen und Präsentatoren immer anspruchsvoller. Und ja: Es geht nicht in jedem Online-Meeting darum, dass Ihre Gesprächspartner vor Begeisterung in Jubelschreie ausbrechen. Aber es geht – vor allem im beruflichen Kontext – immer darum, dass Ihnen die Teilnehmenden folgen können – und wollen – und Sie mit Ihrer Thematik vorankommen.

Folgende 14 Möglichkeiten zur Aktivierung möchte ich Ihnen mitgeben:

1. Merken Sie sich diesen Begriff

Einer meiner Lieblingssätze im Videocall ist: »Merken Sie sich diesen Begriff – darauf kommen wir später noch mal zu sprechen.« Erinnern Sie sich zufällig noch an den Begriff, den ich Ihnen im ersten Kapitel mit diesen Worten genannt habe? Es war das limbische System. Wenn Sie sich noch daran erinnern, haben Sie direkt den Beweis, dass es funktioniert.

Freundlich formuliert, und zwar ohne den imaginär erhobenen Zeigefinger, sorgt dieser Satz für Aufmerksamkeit. Der Satz aktiviert die »Antennen« der Anwesenden. Probieren Sie es selbst mal aus und beobachten Sie die Personen. Oftmals schreiben sich viele den Begriff dann sogar auf. Und schon haben sie ihn verankert.

2. Die Teilnehmenden beim Namen nennen

Der US-amerikanische Kommunikations- und Motivationstrainer Dale Carnegie schreibt in einem seiner Bücher (Carnegie 2014), unser Name sei eines der Wörter, die wir am liebsten hören. Nutzen Sie dieses mächtige Wort, wenn Sie mit den Teilnehmenden in Kontakt treten. Falls Sie mit Beispielen und Storytelling arbeiten, bauen Sie die Namen der Anwesenden in Ihre Geschichte ein. Das macht sie gleich viel lebendiger. Wichtig dabei: Seien Sie vorsichtig mit Rollen, in die Sie die Personen stecken. Bleiben Sie möglichst neutral. Wenn beispielsweise ein Martin und eine Victoria in Ihrem Call anwesend sind, kann das so aussehen: »Stellen wir uns mal vor, Martin ist unser Kunde. Er kauft unser Produkt, ist total begeistert und zeigt es einer guten Freundin, Victoria. Welche Produkteigenschaften sollte ein Kunde wie Martin Victoria beschreiben?« Martin und Victoria werden im Anschluss sehr aufmerksam sein. Gleichzeitig wird die Aufmerksamkeit der anderen geweckt, weil sie die Namen in Ihrem Beispiel mit echten Gesichtern verbinden. Wenn Sie dieses System weiterführen und regelmäßig andere Namen von Teilnehmenden verwenden, steigt die Aufmerksamkeit im Onlinecall merklich.

3. Alle sieben Minuten ein Wechsel

Im zweiten Kapitel haben wir das Thema schon angesprochen: Sorgen Sie dafür, dass alle sieben Minuten ein Wechsel stattfindet – von PowerPoint zu Fragerunde, zu Video, zu Gruppenarbeiten, zu Partnerarbeiten, zu Feedback, zu Aktivierungsmethoden etc. So verhindern Sie, dass sich die Beteiligten durch andere Dinge ablenken lassen. Viele Anregungen dafür finden Sie in Kapitel 5. Die Sieben-Minuten-Regel gilt nur für Vorträge oder Präsentationen. Bei Diskussionsrunden oder Gruppenarbeiten muss natürlich nicht alle sieben Minuten ein Wechsel stattfinden.

4. Dynamik

»Wer rastet, der rostet«, heißt es. Sind wir verspannt, bewegen wir uns, um die Spannung zu lösen. Bewegungen lösen auch im Gehirn etwas aus. Fällt es uns schwer, gewisse Inhalte in den Kopf zu bekommen, hilft Bewegung: ein kurzer Spaziergang zur Kaffeeküche zum Beispiel. Oftmals sind diese Minipausen sehr hilfreich, um das Gehirn wieder konzentriert arbeiten zu lassen. Diese wichtige Komponente fällt online fast komplett weg. Sie können aber mit entsprechenden Übungen die Teilnehmenden regelmäßig zur Bewegung motivieren. Beispielsweise indem Sie anordnen: Die sprechende Person muss sich einmal kurz erheben. Oder indem Sie bei Fragerunden einen virtuellen Ball werfen lassen. Die Person, die gerade gesprochen hat, entscheidet, wer als Nächstes zu Wort kommt. Dafür tut sie so, als würde sie einen Ball von sich wegwerfen, und nennt den Namen der Person, die den Ball fangen soll. Diese tut nun wiederum so, als würde sie den Ball auffangen. Vielleicht fällt jemand auch fast vom Stuhl, weil der Ball so schnell kam. Wenn sich Müdigkeit breitmacht oder das Meeting während des Schnitzelkomas stattfindet, können Sie auch drei Minuten in intensive Bewegung investieren. Möglichkeiten dafür sind:

- Luftgitarre spielen: Machen Sie dazu eine fetzige Musik an.
- Skifahren – besonders gut, wenn es damit eingeleitet wird, dass alle die Augen schließen und sich vorstellen, sie wären in den Bergen, schauten auf das wunderschön verschneite Bergpanorama, atmeten die klare, kalte Luft ein ... Und jetzt geht es los: Runter die Piste! Sie geben dabei vor, wann eine Rechts- oder eine Linkskurve kommt, ob über eine Schanze gesprungen, Schuss gefahren oder durch eine Buckelpiste gewedelt wird.
- Springreiten: Auch das lässt sich fantastisch umsetzen, zum Beispiel als schneller Ritt durch den Wald – mit im Weg liegenden Bäumen, über die gesprungen, Ästen, denen ausgewichen werden muss, oder auch Vollbremsungen, die ausgeführt werden müssen.

Erlaubt ist alles, wodurch der Körper und der Kopf in Schwung kommen. Diese kleinen Bewegungen sorgen schon für die notwendige Dynamik, um die »grauen Zellen« zu aktivieren. Sie machen wach und vor allem auch Spaß!

5. Alle kommen an die Reihe

Stellen Sie sicher, dass Sie alle Teilnehmenden im Blick halten. Jede Person sollte etwas beitragen. Um niemanden zu vergessen, können Sie die Teilnehmerliste als Beteiligungsstrichliste verwenden. Sollte eine Person sehr ruhig sein und wenig sagen, können Sie sie durch offene Fragen in das Onlinegespräch einbeziehen. Denken Sie an die Regel: Die ersten und die letzten zehn Minuten gehören den Teilnehmenden.

6. Soziale Kontrolle durch Augenkontakt

Machen Sie immer wieder einen »Blickcheck«. Wo sind die Augen der Teilnehmenden? Wenn Sie das Gefühl haben, eine Person ist thematisch ganz woanders, sprechen Sie sie direkt an: »Du siehst nachdenklich aus, Susanne. Was geht dir durch den Kopf?«

7. Etwas in die Hand nehmen lassen

Sobald Sie die Teilnehmenden etwas in die Hand nehmen lassen, aktivieren Sie deren haptische Wahrnehmung. Damit sprechen Sie einen zusätzlichen Sinneskanal bei den Personen an – ein perfekter Schritt zur Überwindung emotionaler Distanz. Denn: Durch die Anregung anderer Sinneskanäle als des Gehörs oder der Augen werden mehr Emotionen hervorgerufen. Dadurch können die Beteiligten das von Ihnen Gesagte im Gehirn anders verankern. Sie setzen dadurch sogenannte »somatische Marker«. Somatische Marker verbinden ein Ereignis mit einer emotionalen Erfahrung. Nehmen wir einmal an, Sie möchten die Produktwelt Ihres Unternehmens in einem Videocall vorstellen. Dann kann Sie die folgende Idee dabei unterstützen:

Sie sagen den Teilnehmenden vorab, sie sollen alle einen Stein mit in das Online-Meeting nehmen. Im Gespräch leiten Sie dann an: »Nehmt jetzt einmal euren Stein in die Hand. Schaut euch die Oberfläche an. Fahrt mit den Fingern darüber. Vielleicht fühlt sich ein Stein eher rau an. Der andere ist ganz glatt. Überlegt einmal, was man mit diesem Stein alles machen kann, und schreibt eure Ideen in den Chat.« Jetzt fangen alle an, in den Chat zu schreiben. Dabei beflügeln sie sich gegenseitig kreativ durch ihre Ideen und es kommen die verrücktesten Vorschläge: hochwerfen, fallen lassen, als Briefbeschwerer nutzen, als Dekoration nutzen, bemalen, ein Weitwurfspiel spielen usw. Dann schlagen Sie den Bogen zu den Produkten des Unternehmens: »Diese Vielfalt an unerschöpflichen Einsatzmöglichkeiten bieten auch unsere Produkte.«

Was ist geschehen? Sie haben den Stein – mit all seinen Verwendungsmöglichkeiten und Bildern der Gesprächsbeteiligten – mit Ihrer Produktwelt in Verbindung gebracht. Der Stein wird die Teilnehmenden nun immer an genau dieses Gespräch und die vorgestellten Produkte erinnern. Der somatische Marker ist gesetzt. Überlegen Sie mal: Welche somatischen Marker könnten Sie für Ihre Themen setzen?

8. Die Teilnehmenden Schilder und Karten verwenden lassen

Lassen Sie die Teilnehmenden mit Karten arbeiten. Um es allen so leicht wie möglich zu machen, können Sie diese vorab per Post zusenden. Welche Möglichkeiten haben Sie da?

- Leere und unterschiedlich gefärbte Karten. Die Teilnehmenden sollen im Verlauf des Meetings Begriffe aufschreiben oder die unterschiedlichen Farben haben eine bestimmte Bedeutung.
- Von Ihnen beschriftete Karten. Zum Beispiel: mehr davon, weniger davon, Daumen hoch, Daumen runter, Wiederholung, Pause bitte usw.

- Professionell gestaltete Meetingkarten finden Sie zum Beispiel in Kapitel 5. Solche Karten haben mehrere großartige Effekte:
  - Sie geben den Teilnehmenden damit die Möglichkeit, mit der Gruppe zu kommunizieren, ohne dass sie laut geschaltet werden oder etwas in den Chat schreiben müssen.
  - Sie nehmen alle in die Verantwortung, selbst aktiv zu werden, und geben einfache Mittel dazu.
  - Sie aktivieren damit zusätzlich den Tastsinn der Teilnehmenden.
  - Sie überwinden Hemmschwellen. Insbesondere introvertierte Personen, die sich ungern zu Wort melden, haben mit den Karten eine tolle Möglichkeit, ihre Meinung kundzutun.
  - Sie bekommen viel schneller mit, wenn etwas nicht passt oder funktioniert – zum Beispiel wenn Sie schlecht zu hören sind. Ein solches Feedback wird mit einer dafür vorgesehenen Karte oft unverzüglich gegeben.
  - Die Karten sind leicht in der Handhabung und brauchen kaum oder keine Erklärung. Zudem sind sie einigermaßen sicher vor technischen Problemen. Einzige Voraussetzung ist eine funktionierende Webcam.
  - Sie können vielseitig eingesetzt werden. Nicht nur für die Kommunikation im Meeting, sondern auch für Abstimmungen, kreative Denkprozesse, Eisbrecher und Aktivierungsübungen.
  - Sie erhöhen die Abwechslung und bringen Spaß und Leichtigkeit in Online-Meetings.

9. Flipchart, Whiteboard und Karten

Flipcharts, Whiteboards und Karten sind klassische Werkzeuge aus der Offlinewelt, die auch in der digitalen Interaktion sehr hilfreich sein können. Ich setze sie wann immer möglich in Onlinegesprächen ein und habe ein Flipchart oder ein Whiteboard hinter mir. Darauf sind zum Teil vorbereitete Seiten. Hilfreich sind Flipcharts oder Whiteboards auch, wenn Sie gemeinsam mit den Teilnehmenden in einem kreativen Denkprozess sind und etwas entstehen lassen möchten. Eine weitere Möglichkeit – für die Verfechter von handschriftlichen Skizzen und Notizen – sind sogenannte Dokumentenkameras. Diese sind so gebaut, dass Sie ein Blatt Papier auf den Tisch legen können und die Kamera von oben alles aufzeichnet, was Sie schreiben oder skizzieren. Dies kann über den geteilten Bildschirm von allen anderen mitverfolgt werden. Auf Karten wiederum können Sie wichtige Begriffe schreiben, die sich die Teilnehmenden in Ihren Augen unbedingt merken sollten. Das können auch Symbole sein, die Sie dann in die Kamera halten – eine willkommene Abwechslung zu PowerPoint-Präsentationen.

Durch den Wechsel im Bild zwischen Flipchart oder Whiteboard und Karten aktivieren Sie die Aufnahmefähigkeit. Zudem erreichen Sie, dass unterschiedliche Lerntypen angesprochen werden. Wenn Sie am Flipchart etwas Grafisches entstehen lassen möchten, zeichnen Sie es am besten mit Bleistift vor. Niemand wird das über die Kamera sehen. Dann lassen Sie Ihr Bild wie selbstverständlich entstehen und hinterlassen Eindruck bei den Teilnehmenden. Setzen Sie noch ein paar Akzente mit Farben – fertig ist ein ansprechendes Flipchart.

Für die Verwendung von Flipchart und Whiteboard sind folgende Punkte wichtig:

- Sprechen Sie niemals beim Schreiben – sondern erst wieder, wenn Sie sich der Kamera zugewandt haben.
- Achten Sie auf das Mikrofon. Bei einem Ansteckmikrofon oder Headset ist es unproblematisch, wenn Sie sich wegdrehen. Bei einem Videokonferenzsystem auf dem Tisch wird Ihre Stimme dann anders klingen oder kaum noch zu hören sein.
- Stellen Sie vorab sicher, dass Flipchart und Whiteboard perfekt in der Kamera zu sehen sind.
- Setzen Sie sich nicht dem Druck aus, spontan etwas entwickeln zu müssen. Wenn Sie sich dabei eher unwohl fühlen, lassen Sie es sein.

10. Videos einspielen

Das World Wide Web ist voll mit Videos, die sich für viele Zwecke einsetzen lassen. Aber Achtung: Sie sollten dabei die Urheberrechte beachten. Alternativ können Sie eigene Videos erstellen, um etwas Abwechslung in den Call zu bringen und eine stärkere Wirkung zu erzielen. Denken Sie daran: Das Abspielen von Videos braucht eine erhebliche Bandbreite. Schalten Sie unbedingt alle Mikrofone stumm, da die Übertragung zu den Teilnehmenden zeitlich leicht versetzt sein kann. Vereinbaren Sie, dass alle ein Zeichen geben sollen, sobald das Video bei ihnen durchgelaufen ist. Achten Sie währenddessen auf Chatbeiträge, falls bei jemandem etwas nicht funktioniert.

Welche Möglichkeiten haben Sie, ohne viel Technik und Wissen Videos selbst zu erstellen?

- **Zeitraffervideo:** Diese lassen sich mit den gängigen modernen Smartphones im Handumdrehen erstellen. Hier können wir direkt an den vorigen Punkt – Flipcharts – anknüpfen. Einen schönen Aktivierungseffekt erzielen Sie, wenn Sie sich zum Beispiel dabei filmen, wie Sie auf dem Flipchart zeichnen oder ein Modell entstehen lassen. Somit bauen Sie wieder einen Medienwechsel ein. Nach dem Zeitraffervideo können Sie das fertige Flipchart aufdecken oder das Modell zeigen und weitere Ausführungen dazu ergänzen. Sie können sich aber auch dabei filmen, wie Sie bestimmte Tätigkeiten ausführen, wenn das für die Teilnehmenden relevant ist, zum Beispiel wie Sie die Bestandteile von einem Produkt zusammensetzen, um zu veranschaulichen, wie einfach das geht. Natürlich sollten Sie im Anschluss erwähnen, wie viel Zeit das Zusammenbauen effektiv in Anspruch genommen hat.
- **Screenvideos**, zum Beispiel mit *Loom*: Loom ist ein hervorragendes Tool (gratis für die Erstellung von Videos mit bis zu fünf Minuten Länge), um ein Video vom eigenen Bildschirm zu machen und dabei etwas aufzusprechen. Sie können entweder nur den Bildschirm oder nur sich über Ihre Webcam aufnehmen oder beides

kombinieren. Die abgekürzte Version eines Videos von mir, das ich vorab an die Teilnehmenden versende, wenn wir mit dem Tool *Mural* arbeiten, sehen Sie, wenn Sie das Bild »Loom-Erklärvideo« mit der smARt-Haufe-App scannen.

Abb. 4.1: Loom-Erklärvideo (gekürzt): Mural-Einführung

- Selbst erstellte **Erklärvideos**: Erklärvideos sind großartig und kommen sowohl im Marketing als auch beim digitalen Lernen immer häufiger zum Einsatz. Ich benutze für meine Erklärvideos das Tool *Doodly*. Ein Beispiel aus meinem Repertoire finden Sie im Video »Online-Meetings erfolgreich vorbereiten«.

Abb. 4.2: Online-Meetings erfolgreich vorbereiten

11. Die Witze-Trickkiste

Ist es nicht immer hilfreich, eine Sammlung von Witzen, Zitaten, Rätseln, Ratespielen und Onlinepuzzles parat zu haben? Wenn Sie häufig Online-Meetings organisieren und keine Sammlung haben, dann legen Sie sich unbedingt eine an. Ganz individuell zu Ihrem Themengebiet. Das muss nichts Kompliziertes oder Großes sein. Einfach nur kleine Aktivierungshäppchen. Dazu finden Sie online eine Vielzahl von Websites mit tollen Impulsen. Einige davon sind in Kapitel 5 aufgelistet.

12. Gamification

Und wo wir schon bei Ratespielen und Co. sind, dürfen wir natürlich die Gamification nicht vergessen. Wussten Sie, dass spielerische Elemente die Attraktivität des Lernens steigern? Ähnlich wie beim somatischen Marker werden dadurch vermittelte Inhalte besser verankert – und schwierige Problemstellungen können so kreativer gelöst werden. Einige sehr erfolgreiche Tools dafür sind LEGO® SERIOUS PLAY® (das sich auch online umsetzen lässt), *Articulate*, *Wooclap* oder *Slido* (mit denen Sie Inhalte und Umfragen für mehr Engagement erstellen können). Außerdem bieten sich auch immer kleine spielerische Anreize an, wie Punkte und Preise für aktive Teilnahme oder Quizrunden. Hierfür benötigen Sie keine extra Software. Weitere Ideen finden Sie ebenfalls in Kapitel 5.

13. Regelmäßiger Blick auf die Agenda

Sobald Sie zum nächsten Agendapunkt springen, rufen Sie die Agenda einmal für alle sichtbar auf. So schaffen Sie Orientierung und geben den Teilnehmenden eine kleine und kurze visuelle Denkvorbereitung. Und: Sie erzeugen positive Gefühle bei den anderen, denn: Das Abhaken einer Agenda wird im Kopf als Erfolgserlebnis wahrgenommen.

14. Teilnehmende ein Bild malen lassen

Bilder zu malen kann auch den weniger Kreativen oder Malbegabten richtig Spaß machen. Lassen Sie die Teilnehmenden einfache Formen zeichnen, wie einen Kreis oder ein Dreieck. Im Anschluss erhalten sie die Aufgabe, aus dieser Form ein Tier, ein Monster oder ein anderes Fabelwesen mit besonderen Fähigkeiten zu malen. Mit einer Bedingung: Es muss einen Bezug zum Thema haben. Geht es beispielsweise um das Thema »Zeit und Effizienz«, könnten die Teilnehmenden ihren schlimmsten Zeitfresser malen. Im Anschluss schauen sich dann alle gemeinsam die einzelnen Ergebnisse an und hören, was sich die Schöpfer der Bilder dabei gedacht haben. Je nach Anzahl der Teilnehmenden kann diese Aufgabe in der gesamten Gruppe stattfinden oder auch in Kleingruppen. Jeder kommt hierbei zum Zug und es geht nicht darum, etwas besonders Ästhetisches hervorzubringen. Das macht die Umsetzung gleich sehr viel leichter.

Bilder können ohne technische Geräte mit einem Kugelschreiber auf Papier entstehen. Diejenigen unter Ihnen, die papierfrei leben oder gerne digital zeichnen, können ein Tablet verwenden. Falls Sie das nicht haben, können Sie auch in *OneNote* relativ einfach gute Zeichnungen entstehen lassen.

4.4.3 Beteiligung

Ja, es ist schwieriger, die Beteiligten in einem virtuellen Gespräch zur aktiven Teilnahme zu bewegen. Damit uns das gelingt, müssen wir unser gesamtes Arsenal an Videos, Bildern, Medienvielfalt und Methoden auffahren. Die positive Nachricht: Die meisten Teilnehmenden wollen beteiligt werden, trauen sich nur oftmals nicht, proaktiv dabei zu sein. Wenn Sie also Anreize schaffen, kommen die anderen schnell aus ihrer passiven Haltung heraus und machen mit. Gemeinsame Interaktion ist extrem wichtig für das Zugehörigkeits- und das Kompetenzgefühl. Als organisierende Person können Sie ruhig mutig sein und Ihre digitalen Gesprächspartner regelmäßig und bewusst ansprechen (aktivieren) und sie miteinbeziehen (beteiligen). Das macht allen viel mehr Spaß.

Die Zurückhaltung der Teilnehmenden im Online-Meeting lässt sich ganz einfach erklären: Im realen Sitzungsraum sind wir in der Regel auf Vorgesetzte oder andere wichtige Personen fokussiert. Rollen sie die Augen, wenn wir sprechen – oder nicken sie zustimmend? Im letzteren Fall trauen wir uns schnell aus unserer Deckung heraus. Diese visuellen Signale sind im virtuellen Meeting aber nicht oder nur sehr schwer zu erfassen. Die Verständigung über Blickkontakt fehlt weitestgehend. Darum sind Sie als organisierende Person gefragt, die Teilnehmenden bewusst aus ihrer Deckung zu holen. Beziehen Sie sie inhaltlich und auch zum Ablauf mit ein, wo immer es möglich ist.

Bei den oben genannten 14 Punkten waren schon einige Methoden dabei, die Ihr digitales Publikum nicht nur aktivieren, sondern auch teilhaben und den Videocall mitgestalten lassen. Drei weitere Tools zur aktiven Beteiligung sind:

1. Umfragen
Onlineumfragen sind ein wunderbares Mittel, die Teilnehmenden zu einer Handlung zu bewegen. Gute Umfragetools sind beispielsweise *Mentimeter* oder *Surveymonkey*. Hier können Sie entweder Antwortmöglichkeiten vorgeben – oder als Freitext antworten lassen. Zeigen Sie den Teilnehmenden im Anschluss unbedingt die Auswertung und Gewichtung der Umfrage. Sie bekommen oftmals wahre Aha-Erlebnisse in Echtzeit. Mit Onlineumfragen können Sie auch die Inhalte Ihres Meetings anonym bewerten lassen. So erhalten Sie beispielsweise wertvolle Hinweise darauf, wie Sie ein Thema beim nächsten Mal besser aufbereiten könnten. Oder Sie nutzen das Umfragetool als Test, um vermittelte Inhalte abzufragen. Möglichkeiten gibt es zuhauf. Whiteboard-Tools wie *Mural* haben eine Umfragefunktion für die Inhalte auf dem Whiteboard übrigens direkt integriert.

Wichtig ist, dass Sie die Umfragen gründlich vorbereiten und nicht spontan einsetzen. Bereiten Sie dafür eine Folie zur Ankündigung vor, die den Teilnehmenden angezeigt wird, während Sie die Umfrage freischalten. Auf der Folie können Sie kurz erläutern, um welche Art von Umfrage es sich handelt, wie viel Zeit alle haben und welche Antwortmöglichkeiten es gibt (Multiple Choice, nur eine Antwort, Bewertung, Freitext etc.). Überlegen Sie sich auch, wie Sie die Ergebnisse sichtbar machen möchten. Bei Freitext ist es sinnvoll, sich die Texte erst mal allein durchzulesen und nur die besten oder diskussionswürdigsten Antworten herauszupicken. Bei Bewertungen oder Ja/Nein-Fragen können Sie die Ergebnisse direkt allen digital Anwesenden präsentieren. Übrigens enthält sich in der Regel immer ein gewisser Teil – geben Sie sich ruhig mit 70–80 Prozent Beteiligung zufrieden. Nehmen Sie sich die Zeit, die Umfrageergebnisse mit den Teilnehmenden zu besprechen. Es ist ja interessant und wichtig für alle, die Ergebnisse zu reflektieren.

2. Frage-Antwort-Runde
Auch die klassische Frage-Antwort-Runde bedarf einer intensiveren Vorbereitung. Schon in der Einladung zum Meeting sollten Sie die Teilnehmenden darüber informieren, dass es eine solche Aktivität geben wird. Überlegen Sie sich vorab, wie Sie Fragen und Antworten moderieren möchten: Sollen die Fragen per Chat gestellt werden, Sie lesen sie vor – und wer antworten möchte, hebt die Hand und wird laut geschaltet? Oder sollen die Fragen auf eine Karte geschrieben und in die Kamera gehalten werden? Denken Sie im Voraus darüber nach. Solche Runden haben gleich mehrere Vorteile: Sie steigern den Lernerfolg in der Gruppe, regen den Denkprozess an, erhalten wertvolles Feedback und beziehen alle mit ein. Das Sammeln der Antworten der Teilnehmenden hilft zudem bei Ihrer persönlichen Weiterentwicklung und Ausrichtung Ihrer Angebote und Inhalte.

3. Abfrage im Chat
Mit einer kurzen Textantwort, wie Daumen hoch oder runter, Smileys und GIFs können Sie auch im Chat schnell eine Übersicht erhalten, wie die Teilnehmenden zu einem Thema stehen.

! **Zwischenfazit**

Wenn Sie sich an LAB halten und es immer wieder mit den Teilnehmenden ausprobieren, werden Sie schnell merken, welch positive Dynamik in Ihre Onlinecalls kommt. LAB nimmt Ihnen als organisierende Person die Spannung – denn je höher die Beteiligung ist, desto mehr können Sie in die Moderationsrolle wechseln und die anderen machen lassen. Sie müssen nur noch hin und wieder einen Richtungsanstoß oder eine neue Aktivierungsübung geben. Als teilnehmende Person werden Sie an LAB ebenfalls Spaß haben: Sie können das Meeting mitgestalten und sich aktiv einbringen. Probieren Sie LAB doch gleich in Ihrem nächsten Onlinecall aus.

4.4.4 Feedback einfordern

In digitalen Gesprächen bekommen wir zu wenig Feedback – insbesondere wenn die Teilnehmenden stumm geschaltet sind. Stellen Sie sich vor, Sie halten eine Offlineprăsentation vor einem »geknebelten« Publikum ... Darum ist das regelmäßige proaktive Einfordern von Feedback im Onlinegespräch so wichtig. Nur so stellen Sie sicher, am Puls der Teilnehmenden zu bleiben und deren Aufmerksamkeit langfristig aufrechtzuerhalten. Die Sieben-Minuten-Regel kennen Sie. Für den Anfang ist es wertvoll, nach sieben und nach 15 Minuten eine kurze Stimmungsabfrage zu machen. Wenn Ihre digitalen Gespräche generell länger dauern oder sich über einen ganzen Tag hinziehen, können Sie alle 45 Minuten eine kurze Feedbacksequenz einplanen.

Welche Fragen könnten Sie dabei stellen? Hier gibt es keine Regel. Es können jegliche Fragen sein, die Ihnen helfen, das Feedback der Teilnehmenden einzufangen und zu bewerten. Fragen zum Inhalt, zum Ablauf, zur Geschwindigkeit, zur Moderation, zum Umgang mit den Medien, zur Entscheidungsfindung usw. Hier ein paar Beispiele:

BEISPIEL: FEEDBACK EINFORDERN

Fragen zum Inhalt

- Welche Relevanz haben die Inhalte für Sie?
- Wie nah an Ihrer Praxis/Ihrem Alltag sind die Inhalte?
- Sind die Inhalte logisch und nachvollziehbar aufbereitet?
- Wie gefällt Ihnen die Visualisierung?

Fragen zum Ablauf

- Wie kommen wir in Hinblick auf unsere Ziele voran?
- Wie zufrieden sind Sie mit dem Zeitmanagement?
- Wie ist das Tempo für Sie?
- Haben wir genug Spaß?
- Wie gefällt Ihnen die Mischung der Methoden?
- Was gefällt Ihnen besonders gut?
- Wovon hätten Sie gerne mehr?

Fragen zur Moderation

- Wie gefällt Ihnen die Leitung der Besprechung?
- Fühlen Sie sich von mir ausreichend abgeholt?
- Haben Sie genug Möglichkeiten, sich einzubringen?
- Wie arbeiten wir als Team zusammen?

Fragen zum Umgang mit den Medien

- Wie wohl fühlen Sie sich mit dem Videokonferenzsystem?
- Wie gelingt uns der Umgang mit den Onlinetools?
- Was können wir mit der Technik, den Methoden und Werkzeugen noch besser machen?

Wie Sie das Feedback entgegennehmen, kommt auf die Gruppengröße an. Folgende Methoden können Sie dafür anwenden:

- Hand heben, wer etwas sagen möchte
- Daumen-hoch-Icon im Chat, wer etwas sagen möchte

- Äußerungen direkt in den Chat schreiben
- bei Bewertungen: Skalierung auf einer Skala von 1 bis 10 (1 ist schlecht, 10 ist perfekt)
- Smileys für Zustimmung oder Ablehnung:
  - Diese können spontan aufgemalt und in die Kamera gezeigt oder in den Chat gestellt werden. Bei Verwendung von Whiteboard-Tools wie *Mural* können die Kommentar- oder Umfragefunktion genutzt werden.
  - Mit den Tools *Mural* oder *Miro* können Teilnehmende auch mit Bildern oder GIFs ihr Feedback und ihre Stimmung ausdrücken. Dabei können teilweise sehr lustige oder nachdenklich machende Bildmotive auftauchen – was die Stimmung der Beteiligten auflockert oder auch fokussiert.

Dauert ein Online-Meeting den ganzen Tag, müssen nicht immer alle nach 45 Minuten mündliches Feedback geben. Sie können auch für jede Feedbackrunde jeweils drei bis fünf Personen auswählen, die zu ihrer Bewertung (Skala, Smiley, Daumen etc.) ein paar Sätze sagen. Die Übrigen halten beispielsweise nur eine Karte mit den Ampelfarben oder Ähnliches in die Kamera. Wenn Sie davon Screenshots machen, haben Sie hinterher eine tolle Übersicht für Ihre persönliche Auswertung. Das Feedback zu den einzelnen Sequenzen zeigt Ihnen, wo es noch Optimierungsbedarf für Ihr Konzept gibt.

Durch die regelmäßigen kurzen Feedbackrunden gewöhnen sich die Teilnehmenden daran. Damit fällt es am Ende leichter, noch einmal ein Gesamtfeedback zu geben. Beziehen Sie die online Anwesenden aber die gesamte Zeit über nur wenig bis gar nicht in das Geschehen mit ein, werden sie Ihnen später auch kein klares Feedback geben. Vor allem in Verkaufsgesprächen ist das ein wichtiger Punkt.

4.5 Umgang mit unvorhersehbaren Ereignissen

Der römische Dichter Horaz schreibt: »Ein Gastgeber ist wie ein Feldherr – erst wenn etwas schiefgeht, zeigt sich sein Talent.« Wenn Sie ein Online-Meeting organisieren und durchführen, sind Sie quasi Gastgeber oder Gastgeberin. Wenn nichts schiefgeht, ist das wunderbar für Sie. Die Beteiligten merken davon aber nur wenig. Deren Erwartungshaltung ist ja nicht: »Toll! Es ist nichts schiefgegangen im Meeting.« Falls aber etwas schiefgeht, haben Sie die Chance, allen zu zeigen, wie gut und flexibel Sie auf solche Situationen reagieren, und können dadurch einen besseren Eindruck bei den Teilnehmenden hinterlassen. Sehen Sie unvorhersehbare Ereignisse also nicht als Bedrohung, sondern als Chance. Ich möchte hier die häufigsten unvorhersehbaren Situationen aufzeigen und Ihnen mitgeben, wie Sie sich darauf vorbereiten können:

1. unangenehme Reaktionen oder Angriffe von Teilnehmenden
2. Nichtbeteiligung, Zeitüberschreitung, Zuspätkommende
3. technische Herausforderungen

4.5.1 Unangenehme Reaktionen oder Angriffe von Teilnehmenden

Vor schwierigen Gesprächspartnern ist niemand geschützt. Dabei ist die Frage berechtigt: Sind es wirklich immer die anderen? Oder liegt das Problem vielleicht auch an uns selbst? Schließlich ist Kommunikation in der Regel mindestens zweiseitig. Die Trainerin, Rednerin und Buchautorin Nele Kreyßig schreibt in ihrem Buch »Warum es Bullshit ist, andere ändern zu wollen« (Kreyßig 2020), dass wir dazu neigen, unsere Mitmenschen schnell zu bewerten. Wenn uns etwas an einer Person nicht passt, dann versuchen wir, sie oder ihr Verhalten zu ändern – anstatt erst einmal uns selbst zu fragen: Warum passt mir das nicht? Was ist der Grund dafür, dass mich das Verhalten oder die Aussage jener Person so stört? Kenne ich den Hintergrund dieser Person? Wer bin ich eigentlich, dass ich es mir herausnehme, so über andere zu urteilen, als wäre meine Meinung die einzig wahre und richtige?

Im ersten Schritt sollten wir uns also immer selbst kritisch hinterfragen, wenn Teilnehmende mit uns in einen Konflikt geraten. Dafür können Sie die Situation aus der Sicht eines Unbeteiligten betrachten. So nehmen Sie eine objektive Metaperspektive ein und können das Geschehen neutraler bewerten: Was würde eine außenstehende Person über das Gespräch sagen? Eine Person, die nicht emotional in die Sachlage verwickelt ist – so, wie wir es automatisch in einer Auseinandersetzung sind. Denn: Wir können uns gefühlsmäßig nie komplett von einer Uneinigkeit freimachen, in der wir uns befinden. Unsere psychologische Konstitution ruft unterbewusst ein emotionales Reaktionsprogramm ab – und dann sind wir oftmals nicht mehr in der Lage, aus einem unbefangenen Blickwinkel heraus zu reagieren. Wir können aber lernen, die Situation erst einmal möglichst wertfrei zu betrachten, bevor wir unseren Abwehrmechanismus hochladen. Denn nur weil jemand schon zum dritten Mal zu spät in den Onlinecall kommt, muss noch keine böse Absicht oder ein persönlicher Angriff auf uns dahinterstecken.

Da es im digitalen Raum ohnehin schwerer ist, Emotionen, Gefühlslagen und soziale Signale unserer Mitmenschen zu erfassen, sollten wir erst einmal innehalten und überlegen: Steckt hinter dieser kritischen Situation mit Konfliktpotenzial ein Missverständnis? Vielleicht kommt dieser Kommentar nur durch die Kamera so unsachlich oder fast unverschämt an, weil er im digitalen Raum einfach nicht richtig durchdringt? Missverständnisse entstehen online schneller, weil unsere Wahrnehmungskanäle reduziert sind – insbesondere wenn wir im Textchat etwas schreiben. Fragen Sie also nach, bevor Sie innerlich auf die Barrikaden steigen und in den Kampfmodus wechseln. Gute Möglichkeiten bieten Ihnen die folgenden Fragen:

- »Wie habe ich das zu verstehen?«
- »Wie meinen Sie das?«
- »In welchem Kontext soll ich Ihre Frage einordnen?«
- »Worum genau geht es Ihnen?«
- »Was meinen Sie mit xyz?«

Mit diesen Fragen verschaffen Sie sich Zeit. Werfen Sie einen schnellen Blick auf die Metaebene (Was passiert hier gerade von außen betrachtet?) – und bringen Sie die andere Person dazu, wieder aktiv zu werden und genauer auf die Äußerungen einzugehen.

Schauen wir uns nun typische schwierige Situationen mit Teilnehmenden an und erörtern Möglichkeiten, wie Sie damit umgehen können:

Provokante Bemerkungen – direkt oder im Chat

Wenn wir über ein digitales Medium kommunizieren, handeln wir aus einer gewissen Anonymität heraus. Die Hemmschwelle, unsachgemäße Kommentare zu schreiben, ist geringer. Achten Sie hierbei zunächst auf das Mengenverhältnis: Ist es eine Person unter 100, die Ihnen eine böse Nachricht schickt? Ignorieren Sie sie einfach! Wir können es nie allen recht machen. Sind aber beispielsweise nur fünf Teilnehmende im Call, dann sollten Sie schon auf die Bemerkung eingehen. Sprechen Sie Konflikte an, sobald sie ersichtlich sind. Störungen haben Vorrang. Wenn Sie jedoch fürchten, durch solch eine Unterbrechung aus der Bahn zu trudeln, dann sprechen Sie den Konflikt nicht an und sorgen Sie dafür, Ihre Präsentation professionell und zielführend abzuschließen. Aus Erfahrung kann ich aber sagen: Konflikte direkt anzusprechen und aus dem Weg zu räumen ist der effektivere Schritt. Insbesondere wenn im Onlinecall nur eine kleine Gruppe anwesend ist, sollten Sie spätestens unmittelbar nach dem Meeting das Gespräch mit der Person suchen. Das können Sie noch während des Videocalls abmachen oder kurz im Anschluss telefonisch vereinbaren. Welchen Moment auch immer Sie wählen: Sie müssen die Situation ansprechen und klären. Die einzige Ausnahme besteht, wenn es sich um eine öffentliche Onlineveranstaltung mit sehr vielen Personen handelt, die Sie nicht kennen. Aber wenn es irgendeine Form von Beziehung zur Streitpartei gibt, müssen Sie reagieren.

Treffen Sie den Entschluss schon vor dem Call: Auf negative Bemerkungen eingehen: Ja oder nein? Diese Entscheidungen fallen unter »Was wäre, wenn ...«. Wenn Sie sich dazu entschließen zu handeln und unangemessene Kommentare nicht ignorieren möchten, können Sie folgendermaßen reagieren:

- Sobald Sie provokante Bemerkungen im Chat sehen, überprüfen Sie: Ist die Nachricht an Sie privat geschickt oder für alle sichtbar? Ist sie nur an Sie gerichtet, können Sie auf die nächstbeste Situation warten, die Personen darauf anzusprechen (z. B. vereinbaren Sie im privaten Chat, dass Sie dies im Anschluss gerne besprechen möchten). Wenn die Nachricht für alle sichtbar ist, sollten Sie unmittelbar darauf reagieren. Andernfalls kann die Aufmerksamkeit aller Zuschauenden darunter leiden.
- Stellen Sie sich Angriffe dieser Art wie ein Tennisspiel vor. Die Bälle – Angriffe oder Reaktionen – fliegen hin und her. Mit dem unsachgemäßen Kommentar im Chat

wurde der Ball mit voller Wucht in Ihr Spielfeld geschossen. Jetzt liegt es an Ihnen, bewusst und klug zu agieren – nicht zu *re*agieren. Lassen Sie sich nicht provozieren oder auf die emotionale Ebene des Kommentars herunterziehen. Dazu ein Beispiel. Sie lesen im Chat: »Kommt von Ihnen heute auch noch etwas Interessantes?« Oder einfach nur: »Laaaaaaaaaaaaangweilig!« Gehen Sie nicht inhaltlich darauf ein. Ungünstige Reaktionen wären ein hektisches »Ja, ich habe noch viel Interessantes zu sagen« oder ein zögerliches »Finden Sie den Vortrag bisher nicht interessant?«. Damit bleibt der Ball bei Ihnen und Sie geraten zunehmend in die Defensive. Im schlimmsten Fall macht die Person dann fröhlich weiter mit den Angriffen. Was Sie lieber tun sollten: Werfen Sie den Ball elegant und ganz bewusst zur angreifenden Person zurück, indem Sie wie folgt vorgehen:
  - Lesen Sie das Geschriebene im Redaktionsstil laut vor: »Ich sehe gerade den Texteintrag von Peter. Peter schreibt: ...«
  - Bringen Sie Ihre Verwunderung zum Ausdruck oder beschreiben Sie das Gefühl, das der Kommentar in Ihnen auslöst: »Ich bin sehr irritiert über diese Äußerung.«
  - Fragen Sie nach Hintergründen oder fordern Sie zur Stellungnahme auf: »Bitte erklären Sie uns kurz, was genau Sie damit meinen.«
- Der Ball befindet sich nun wieder auf der anderen Seite. Auf eine ganz einfache Weise bringen Sie die angreifende Person dazu, Verantwortung für das Gesagte zu übernehmen und Stellung zu ihrem Kommentar zu nehmen. In der Regel lassen sich Angriffe auf diese Art schnell und unkompliziert lösen. Denn oftmals kommt nach dieser direkten Ansprache nichts mehr. Sagen Sie schlicht: »Die Sache scheint sich erledigt zu haben, dann fahren wir jetzt weiter fort.« Begehen Sie nicht den Fehler, nun ebenfalls unsachliche Kommentare zu wählen, wie: »Ja, im Schreiben groß, aber wenn Sie sich jetzt äußern sollen, fällt Ihnen plötzlich nichts mehr ein.« Das ist unprofessionell.
- Wenn die angreifende Person eine sachliche Rückmeldung gibt oder sich die Angelegenheit als Missverständnis herausstellt, dann sorgen Sie für die notwendige Klärung und stellen Sie weitere Fragen. Im Anschluss geht es weiter wie geplant.
- Wird der Angriff unsachlich fortgeführt, befinden Sie sich wieder im Tennismatch: Reagieren Sie auf keinen Fall inhaltlich auf die Angriffe! Stattdessen können Sie sagen: »Ich finde Ihre Äußerungen sehr unangebracht und möchte auf diese Art und Weise den Austausch mit Ihnen nicht fortführen.« Oder: »Ihre Äußerungen entsprechen nicht der Art und Weise, wie wir den Umgang miteinander hier pflegen. Deshalb werde ich nicht weiter darauf eingehen.« Damit lassen Sie den Angriff ins Leere laufen.

Falls sich der Konflikt nicht direkt lösen lässt, verschieben Sie ihn auf das Ende des Onlinecalls oder machen Sie direkt eine Pause, in der Sie das Gespräch mit der angreifenden Person suchen. Denken und handeln Sie hierbei möglichst lösungsorientiert und versuchen Sie, zu einem positiven Ergebnis zu kommen. Falls die Diskussion eskaliert, können Sie die Person immer noch aus dem Onlinecall ausschließen. Das sollten Sie den anderen Teilnehmenden gegenüber unbedingt kurz erklären. Je souveräner, selbstbewusster und beständiger Sie in solchen Situationen reagieren, desto mehr Sympathie ernten Sie von den anderen.

Konflikte sind nie schön. Wer sie aber direkt angeht und professionell zu lösen versucht, hat sie auch schneller hinter sich. Nehmen Sie die Dinge also nicht erst in die Hand, wenn es schon zu spät ist. Alle anderen Teilnehmenden werden Ihnen dankbar dafür sein. Konflikte sind sehr lähmend für alle, die unbeteiligt zuschauen »müssen«. Es schleichen sich ungute Gefühle ein und das Gesprächsklima leidet stark.

Auch für Sie können solche Situationen sehr aufreibend sein. Damit Sie dieser Zwischenfall nicht aus dem Konzept bringt, fragen Sie sich: Wie viel Macht über mich und meine Emotionen möchte ich dieser Person geben? Will ich dieser Person zugestehen, dass der Rest des Onlinecalls schlecht verläuft? Ihretwegen? Und vergessen Sie auch nicht: Angriffe gelten normalerweise Ihrer Funktion beziehungsweise Rolle – und nicht Ihnen persönlich. Distanzieren Sie sich also ruhig emotional davon. Das digitale Medium macht es Ihnen hierbei ja leichter.

4.5.2 Nichtbeteiligung, Zeitüberschreitung und Zuspätkommende

Weitere unvorhersehbare Herausforderungen sind Nichtbeteiligung, Zeitknappheit oder Zuspätkommende. Diese Momente sind nicht so unangenehm wie verbale Angriffe von Beteiligten – können aber dennoch in gewisser Weise den Fluss eines Onlinegesprächs stören. Eine allgemeine Regel hierzu lautet: Egal, wie Sie handeln, treten Sie souverän auf. Überlegen Sie sich im Voraus, wie Sie in solchen Situationen agieren möchten.

1. Nichtbeteiligung (oder sehr geringe Beteiligung)
Wenn die Teilnehmenden nicht richtig mitmachen, kann das verschiedene Gründe haben. Hinterfragen Sie sich: Habe ich genug Interaktionsmöglichkeiten eingebaut – oder rede ich zu viel? Mache ich nach sieben Minuten einen Medien- oder Themenwechsel? Vielleicht sind Ihre Fragestellungen auch nicht eindeutig genug: Formulieren Sie die Fragen um und schreiben Sie sie in den Chat oder auf eine Karte. Fragen Sie nach, was an der Frage nicht klar ist oder ob Informationen hierzu fehlen.

Eventuell ist der Nutzen für die Teilnehmenden zu gering. Dem können Sie idealerweise zuvorkommen, indem Sie in der Einladung zum Termin fragen, welche Erwartungen und individuellen Ziele die Beteiligten für den Call haben. Dasselbe gilt für die Uhrzeit des Termins. Fragen Sie nach, ob die von Ihnen vorgeschlagene Uhrzeit für alle passt. Befindet sich beispielsweise ein Teil der Gruppe in einem wichtigen Projekt kurz vor der Deadline, dann sind die Gedanken woanders – nur nicht in Ihrem Call.

Zu guter Letzt: Seien Sie sich bewusst, dass nie alle Teilnehmenden das Bedürfnis haben, aktiv dabei zu sein und sich zu beteiligen.

2. Zeitüberschreitung

Zeitüberschreitung stört den Arbeitsfluss enorm. Sie kennen vielleicht solche Szenen aus Filmen, die in der Schule, im College oder an einer Universität spielen: Sobald die Glocke läutet, springen alle auf und stürzen aus dem Lehrsaal – ganz egal, ob der Professor noch spricht oder nicht. In Online-Meetings ist das ähnlich. Denn wenn die vereinbarte Zeit um ist, sinkt die Konzentration der Teilnehmenden schnell auf null. Es warten andere Termine und Aufgaben auf sie. Darum ist es hilfreich, wenn Sie Ihre Zeit großzügig bemessen. Lieber früher Schluss machen und Zeit verschenken als überziehen.

Falls die Zeitnot nicht an Ihrer Planung liegt, sondern daran, dass die Teilnehmenden sich in einer spannenden Diskussion befinden, sind Ihre Fähigkeiten als moderierende Person gefragt: Führen Sie die Debatte zu einem Schluss. Falls nötig oder sinnvoll, machen Sie einen Folgetermin aus, um den Diskurs fortzuführen.

Es kann auch sein, dass eine Ihrer Aktivitäten oder Aufgaben sehr komplex ist – und die Teilnehmenden einfach mehr Zeit zum Nachdenken benötigen. Dann geben Sie Hilfestellung oder besprechen Sie die Aufgabe gemeinsam, um zum Abschluss zu kommen.

Für die Zeitüberschreitung sind oftmals Personen verantwortlich, die viel und ausufernd sprechen oder technisch unbegabt sind. Dazu später mehr. Die Problematik mit dem Redefluss können Sie vorab reduzieren, indem Sie in der Einladung eine zeitliche Begrenzung für Redebeiträge festlegen – und später im Videocall eine Uhr mitlaufen lassen.

3. Zuspätkommende

Aufgrund der emotionalen Distanz messen einige Menschen Onlinegesprächen weniger Bedeutung bei. Das zeigt sich dann unter anderem im Zuspätkommen oder In-letzter-Minute-Einloggen. Selbst wenn es nur wenige Minuten sind: Es ist für die organisierende Person sehr mühsam, immer wieder zu unterbrechen, um Zuspätkommende in den digitalen Meetingraum zu holen. Auch für die Beteiligten ist es ungünstig, da sie immer wieder kurz durch Neuankömmlinge abgelenkt werden. Schauen Sie sich das folgende Video (Online-Meetings) kurz an. Es beschreibt auf herrlich unterhaltsame Art und Weise, wie sich genau diese Problematik gestaltet.

Abb. 4.3: Skurrile Vorstellung: Wenn schlechte Online-Meetings wie Präsenzkonferenzen ablaufen würden

Um dafür zu sorgen, dass möglichst alle pünktlich sind, können Sie folgende Kommunikationskaskade beherzigen:

- Bitten Sie in der Einladung darum, dass sich die Personen einen Termin mit Reminder oder einen Wecker für den Videocall stellen, um ihn nicht zu vergessen.
- Senden Sie in der Einladung einen kleinen Erste-Hilfe-Guide: Was tue ich, wenn ich Schwierigkeiten mit dem Einloggen habe oder das System hakt?
- Senden Sie eine Stunde vor Terminbeginn eine Erinnerungs-E-Mail oder -SMS an die Beteiligten.

Wenn Sie selbst als teilnehmende Person technikaffin sind, dann unterstützen Sie die moderierende Person dabei, das Problem für die Betroffenen zu lösen. So sparen sich alle Zeit und Nerven.

4.5.3 Technische Herausforderungen

Sie müssen nicht perfekt sein. Wichtig ist, einem Plan zu folgen und die Ruhe zu bewahren. Mir ist in einem Videocall einmal passiert, dass mein Ton von einer auf die andere Sekunde nur noch schlecht bei den anderen Teilnehmenden ankam. Daraufhin habe ich mich über das Telefon eingewählt. Dafür musste ich die Einwahldaten heraussuchen, die Telefonnummer anrufen, die Meetingraumnummer eingeben etc. Eine ganz schön stressige Situation. Und unter Stress machen wir noch mehr Fehler und trudeln die Abwärtsspirale hinunter. Deshalb sollten wir uns in solchen Situationen immer Zeit nehmen und alles in Ruhe angehen. So lassen sich technische Probleme schneller lösen.

Während Sie Ihre technischen Probleme beheben, können die Teilnehmenden eine Aufgabe bearbeiten. Dafür sollten Sie etwas vorbereitet haben, einen Plan B, den Sie direkt einsetzen können. Stellen Sie ihnen eine Frage, die sie im Chat beantworten sollen, und informieren Sie sie, was Sie als Nächstes unternehmen werden. Starten Sie bitte keine Problemdiskussion darüber, was gerade schiefläuft. Und schimpfen oder fluchen Sie nicht über die Technik. Positive Wortwahl ist auch hier entscheidend.

Viele technische Probleme während eines Videocalls beruhen auf schlechter Bandbreite, also einer schwachen Internetverbindung. Dem können Sie schon im Voraus entgegenwirken, wenn Sie alle nicht benötigten Programme vor dem Onlinegespräch schließen und Ihr Notebook mit einem Netzwerkkabel an Ihren Router anschließen, statt sich über WLAN zu vernetzen. Gehen wir nun davon aus, dass Sie all diese Schritte getan haben. Welche weiteren technischen Probleme können auftauchen?

- **Das Mikrofon/Headset funktioniert nicht.**
  Überprüfen Sie die Toneinstellungen:
  - Ist das Mikrofonsymbol durchgestrichen? Dann klicken Sie einmal darauf, um es zu aktivieren.
  - Ist das richtige Mikrofon ausgewählt? Klicken Sie auf den Pfeil neben dem Mute-Symbol auf dem Bildschirm. In der Regel verbirgt sich dahinter die Audioauswahl. Bei anderen Systemen sind es ein Einstellungsrädchen oder drei Punkte, hinter denen sich die Audioauswahl verbirgt. Achten Sie darauf, sowohl für Mikrofon als auch für Lautsprecher die korrekte Quelle auszuwählen.
  - Gibt es an dem Mikrofon selbst eine Stummtaste oder einen Stummschalter? Dann drücken Sie ihn.
  - Ist das Headset richtig eingesteckt? Prüfen Sie die Stecker am Notebook. Manche USB-Anschlüsse reagieren problematisch auf bestimmte Headsets. Das kann dazu führen, dass zwar das Mikrofon funktioniert, Sie jedoch nicht hören, was die anderen sagen. Auch so etwas kann vorkommen.
- **Das Mikrofon/Headset funktioniert immer noch nicht.**
  - Bewahren Sie die Ruhe. Loggen Sie sich aus dem Call aus und melden Sie sich erneut an.
  - Stellen Sie dabei sicher, dass die richtige Mikrofonquelle ausgewählt ist, und machen Sie beim Einloggen in die Videokonferenz den Toncheck. Funktioniert es immer noch nicht, lassen Sie die Webcam laufen und wählen Sie sich zusätzlich mit dem Telefon in das Online-Meeting ein.
  - Achten Sie darauf, dass der Ton dann am Computer ausgeschaltet ist. Andernfalls kann es zu unangenehmen Echos kommen. Für dieses Szenario sollten Sie unbedingt die Einwahldaten bereit haben. Am besten haben Sie die Einla-

  dungs-E-Mail bereits auf Ihrem Mobiltelefon geöffnet, sodass Sie nur noch auf den Link klicken müssen.
  - Das Letzte, was Abhilfe schafft, ist ein Neustart Ihres Geräts. Falls Sie – wie ich lange Zeit – Ihren Laptop immer nur zuklappen und nicht herunterfahren, können solche Kleinigkeiten Ihnen plötzlich große Schwierigkeiten bereiten.
- **Die Videoübertragung funktioniert nicht.**
  Wenn Sie kein Bild oder eine sehr schlechte Bildübertragung haben, überprüfen Sie die Kameraeinstellungen:
  - Ist das Kamerasymbol durchgestrichen? Dann aktivieren Sie es mit einem Klick darauf.
  - Ist die richtige Kamera ausgewählt? Klicken Sie auf den Pfeil des Kamerasymbols auf dem Bildschirm. In der Regel verbirgt sich dahinter die Kameraauswahl. Bei anderen Systemen sind es ein Einstellungsrädchen oder drei Punkte, hinter denen sich die Kameraauswahl verbirgt.
  - Ist die Kamera korrekt angeschlossen? Überprüfen Sie die Kabel (siehe Mikrofon/Headset).
  - Wie schnell ist Ihre Internetverbindung? Machen Sie einen Speedtest, zum Beispiel auf Speedtest.net, Speedmeter.de oder Fast.com. Schließen Sie alle nicht notwendigen Programme.
- **Die Videoübertragung funktioniert immer noch nicht.**
  - Bleiben Sie wieder ruhig. Versuchen Sie, sich mit einem anderen mobilen Endgerät einzuloggen, beispielsweise mit Ihrem Smartphone oder Tablet. Dabei gelten die gleichen Regeln wie zuvor beim Mikrofon.
  - Für solche Szenarien lohnt sich die Anschaffung eines Tischstativs mit Handyhalterung. So können Sie Ihr Smartphone vor Ihrem Monitor platzieren wie eine externe Webcam und sehen dahinter auf dem Monitor die anderen Teilnehmenden.
- **Ihre Präsentation wird bei den Teilnehmenden nicht angezeigt.**
  - Checken Sie, welches Fenster Sie gerade teilen. Eventuell ist die Präsentation auf einem anderen Fenster zu sehen.
  - Falls Sie nur die Bildschirmpräsentation nicht auswählen können, dann zeigen Sie die Präsentation eben einfach in der Moderatorenansicht.
  - Will das immer noch nicht klappen: Fragen Sie eine der anwesenden Personen, ob sie die Präsentation teilen kann. Senden Sie ihr die Präsentation per E-Mail.
  - Bei *MS Teams* können Sie die Präsentation auch hochladen und alle aus dem Team können darauf zurückgreifen. Der Dateiverlauf wird für das Team gespeichert und kann bei Folgecalls wieder aufgerufen werden.
- **Sie sehen die Teilnehmenden nicht mehr, wenn Sie eine Präsentation teilen.**
  - Insbesondere bei *MS Teams* wird dies oft bemängelt. In der Regel haben Sie unten auf der Taskleiste die Möglichkeit, mit der Maus über das Teams-Symbol

zu fahren. Dann können Sie das Fenster auswählen, das Ihnen wieder den Blick auf die Teilnehmenden gibt.
- Wenn das nicht funktioniert, empfehle ich Ihnen, sich mit einem zweiten Gerät einzuwählen, sofern Sie die Option haben. Auf diesem Gerät stellen Sie sowohl Ton als auch Kamera aus. Und Sie nutzen es entweder, um alle Teilnehmenden zu sehen oder um Ihre Präsentation über den Bildschirm zu teilen.

4.5.4 Teilnehmende mit geringer Technikaffinität

Nicht jeder Mensch ist ein Technikass. Manche sind überhaupt nicht technikaffin, und das ist auch in Ordnung. Lassen Sie sich von diesen Teilnehmenden aber nicht aus dem Konzept bringen. Bleiben Sie dabei und senden Sie allen vorab kurze und anschauliche Übersichten, wie sie mit der Technik umgehen können. Gestalten Sie die Übersicht mit Bildern, Screenshots, großen roten Kästchen oder Pfeilen oder erstellen Sie ein Screenvideo mit *Loom*, in dem Sie die Teilnehmenden zum Beispiel durch den Anmeldeprozess führen. Machen Sie es den Teilnehmenden so leicht wie möglich. Denken Sie dabei an den Satz von Albert Einstein: »Wenn du es einem Sechsjährigen nicht erklären kannst, hast du es selbst nicht verstanden.«

Die zweite Möglichkeit ist der Technikcheck vorab. Planen Sie eine kurze Testsession mit allen Teilnehmenden oder denjenigen, die es betrifft. Damit stellen Sie sicher, dass alle sich einwählen können und keine technischen Probleme mit Ton, Bild und Internetverbindung haben. Lassen Sie die Teilnehmenden die Tools ausprobieren, die Sie nutzen werden, wie zum Beispiel Whiteboard-Tools. Damit verbessert sich die Aussicht auf einen reibungslosen Ablauf enorm.

Sie haben trotz Ihrer mühevollen Vorbereitungen eine Person mit »zwei linken Händen« im Call? Nichts will funktionieren? Wenn es die Zeit zulässt, teilen Sie Ihre Technikübersicht als Slide über den Bildschirm und führen Sie die Person durch den Prozess.

Aus Erfahrung weiß ich: Sie können noch so perfekt vorbereitet sein. Es kann immer eine Person dabei sein, die nicht mit der Technik zurechtkommt und das Fortfahren im Onlinecall verzögert. Das kann sehr frustrierend sein. Lassen Sie sich davon nicht entmutigen. Bei einmaligen Videocalls haken Sie es einfach ab. Bei sich wiederholenden Online-Meetings und immer derselben Person: Machen Sie eine Einzelsession mit ihr und führen Sie sie detailliert durch alle Schritte, bis sie sich sicher fühlt.

Oftmals gibt es auch Personen, die generell gestresst sind, wenn sie in einer Gruppe und womöglich noch unter Zeitdruck ihre Technik in Gang bringen müssen. Sie blockieren sich selbst, schimpfen auf die Technik und können die gesamte Stimmung in der Gruppe dämpfen. Auch hier gilt: Ruhe bewahren. Falls die Person sich nicht helfen lassen möchte und sich weiter beschwert, müssen Sie irgendwann höflich, aber bestimmt erklären: Sie machen jetzt weiter – und kontaktieren die betroffene Person im Anschluss, um zu besprechen, was schiefgelaufen ist und wie sie es beim nächsten Mal vielleicht anders machen kann.

Falls Sie einen Co-Moderator oder eine Co-Moderatorin haben – super! Dann kann sich diese Person um die Technikprobleme der Betroffenen kümmern, während Sie mit den anderen bereits loslegen. Sind Sie allein, dann zeigen Sie Geduld und Verständnis für die Person. Wenn selbst Ihre Übersichten nicht helfen, ist eine weitere Möglichkeit, dass die betroffene Person ihren Bildschirm mit Ihnen teilt. So können Sie sie durch die Technik führen. Sobald es klappt, lassen sich auch solche Teilnehmende online begeistern.

Es klappt trotz Ihrer Bemühungen nicht, das System der Person zum Laufen zu bringen? Irgendwann müssen Sie im Interesse der anderen Anwesenden weitermachen. Maximal fünf Minuten dürfen Sie sich mit Technikproblemen aufhalten. Danach muss eine Entscheidung her. Wenn es nur eine Person betrifft, drücken Sie Ihr Bedauern aus und machen Sie mit dem Ablauf weiter. Der Person können Sie anbieten, dass sie Ihnen Dinge, die sie zum Beispiel auf dem Whiteboard einfügen möchte, über eine private Nachricht im Chat schickt und Sie das Einfügen auf dem Whiteboard für sie übernehmen. Dafür ist es natürlich wichtig, dass das Whiteboard über den Bildschirm geteilt wird und für diese Person sichtbar ist. Kontaktieren Sie die Person im Anschluss oder in der ersten Pause und besprechen Sie, wie es weitergehen kann.

! **Zwischenfazit**

In jedem Videocall kann es zu Schwierigkeiten mit der Technik kommen – bei Ihnen ebenso wie bei anderen. Kalkulieren Sie das immer mit ein. Es spielt keine Rolle, ob Sie die veranstaltende Person sind oder am Meeting teilnehmen. Es ist auch egal, wie die Betroffenen darauf reagieren. Wichtig ist, dass *Sie* die Ruhe bewahren und sich nicht von der streikenden Technik oder gestressten Teilnehmenden aus dem Konzept bringen lassen. Wenn Sie sich dessen bewusst sind und diese Haltung einnehmen, beweisen Sie Ihre Professionalität und wirken gleich viel souveräner.

4.6 Besondere Gesprächsanlässe

Alles, was Sie bis hierhin in diesem Buch gelesen haben, bezieht sich mehr oder weniger auf jegliche Art von Onlinegesprächen. Die Grundregeln digitaler Rhetorik und die medienpsychologischen Hintergründe haben allgemeine Gültigkeit im Videocall: Die Bild- und Toneinstellungen sind dieselben, die Einladungen ebenfalls. Und dennoch gibt es unterschiedliche Arten von Online-Meetings, bei denen wir den Fokus jeweils etwas anders setzen müssen. Zwei davon möchte ich hier gesondert ansprechen: das Bewerbungsgespräch und das Verkaufsgespräch online.

4.6.1 Das Bewerbungsgespräch

Umgang mit der Technik erleichtern

Personalverantwortliche sollten sicherstellen, dass die Technologie keine Barriere darstellt. Machen Sie Ihre Kandidaten also unbedingt vorab mit den Tools vertraut. Oder andersherum: Wenn Sie sich bewerben und keine Infos zu den Tools erhalten, fragen Sie unbedingt nach, damit Sie später nicht daran scheitern. Das zeugt zudem von Interesse und Struktur – und zeigt, dass Sie nicht unvorbereitet erscheinen werden. Beide Seiten sollten sich auch fragen: Welchen Hintergrund möchte ich haben, damit die Person den richtigen Eindruck von mir bekommt? Im Hintergrund dürfen gerne persönliche Elemente zu sehen sein. Zum Beispiel ein Buch, eine bestimmte Pflanze, ein Foto etc. Somit bieten Sie gleich Anlass zum Small Talk.

Agenda vorab

Für einen positiven Gesprächsverlauf kann die Unternehmensseite vorab eine Übersicht versenden: Was ist das Ziel des Gesprächs? Wer ist anwesend? Wie ist das Onlinegespräch strukturiert? Bei mehreren Bewerbern: Wie sind die Abläufe, wenn jemand etwas sagen möchte? Diese Informationen geben den Teilnehmenden Orientierung und helfen ihnen, sich besser vorzubereiten.

Mehrere Sessions planen

Wenn Sie auf der Personaler-/Recruiterseite stehen: Teilen Sie das Online-Bewerbungsgespräch in mehrere Etappen von ca. 45 Minuten Länge ein. Denn: Einerseits lässt die Konzentrationsfähigkeit am Bildschirm relativ schnell nach, andererseits können Sie Ihre Kandidaten so auch in unterschiedlicher Tagesform sehen und daraus wichtige Erkenntnisse gewinnen. Zwischen den Etappen können Sie den Teilnehmenden dann beispielsweise eine Aufgabe stellen.

Pünktlich und vorbereitet sein

Sowohl für die Bewerberseite als auch für die Personalerseite gilt: Seien Sie pünktlich! Wir neigen dazu, uns auf Online-Meetings weniger vorzubereiten als auf Präsenz-Meetings. Schalten wir erst fünf Minuten vor dem Videocall den Rechner ein und überfliegen schnell die Info über die sich bewerbende Person beziehungsweise das Unternehmen, haben wir es später im Gespräch schwer. Die Bewerberseite fühlt sich nicht wertgeschätzt – und die Personalerseite erkennt kein wahres Interesse.

Achtung: Stresstest!
Manche Personalverantwortliche rufen auch online absichtlich fünf bis zehn Minuten früher an, um die Reaktion der Kandidaten und Kandidatinnen zu beobachten. Wer sich noch die Zähne putzt, sein Müsli löffelt oder schnell das Hemd zuknöpft, macht Minuspunkte. Auch aus diesem Grund ist Pünktlichkeit ein absolutes Muss. Sind Sie die sich bewerbende Person, dann seien Sie mindestens 15 bis 20 Minuten vor dem Gespräch bereit.

Small Talk
Small Talk ist ein wunderbarer Eisbrecher, der bei Offline-Bewerbungsgesprächen meist automatisch passiert. Online wird Small Talk oftmals ausgelassen. Dabei ist das Socializing und Eisbrechen online noch wichtiger als offline, um die Monitorbarriere zu überwinden. Planen Sie also bewusst Zeit ein, um am Anfang des Bewerbungsgesprächs erst mal »warm« zu werden und eine vertraute und persönliche Atmosphäre zu schaffen. Damit legen Sie den Grundstein für einen erfolgreichen Verlauf des Bewerbungsgesprächs.

Interview mit Hanae Tominaga

Für das Thema »Online-Bewerbungsgespräche« habe ich mit Hanae Tominaga gesprochen. Hanae ist Inhaberin und Gründerin der Karriereberatung *Karrierefuchs* in Hamburg. Sie ist darauf spezialisiert, den perfekten Beruf und das passende Unternehmen für die Kandidaten zu finden. Was wir bei Online-Bewerbungsgesprächen mit potenziellen Arbeitgebern beachten müssen – und was Personaler und Personalerinnen beachten sollten –, erläutert Hanae im Interview:

Wie sollte der Einstieg eines Online-Bewerbungsgesprächs ablaufen?
Gute Vorbereitung ist sehr wichtig. Personaler sollten den Kandidaten im Idealfall einen Gesprächs- und einen Technikleitfaden senden. So wissen die Bewerber, wie sie in den Call kommen und wie das Gespräch strukturiert ist. Und die Unternehmerseite signalisiert, dass ihr das Online-Bewerbungsgespräch wichtig ist. Zu Beginn des Gesprächs hilft es den Kandidaten auch, wenn die Personaler kurz darauf hinweisen, dass es immer mal zu einer technischen Störung kommen kann – und dass dies kein Bewertungskriterium darstellt.

Ansonsten gilt – ebenso wie im Präsenzgespräch: Small Talk vorab ist sehr wichtig. Dadurch brechen die Personen das Eis und schaffen eine vertrauensvolle Basis für das Bewerbungsgespräch. Da typische Fragen über den Anfahrtsweg im Onlinegespräch wegfallen, sollten sich die Personen andere Small-Talk-Themen suchen. Wer sich gut genug über die andere Seite informiert, beispielsweise auf sozialen Businessplattformen, findet immer Anknüpfungspunkte: Welche Interessen hat die andere Person? Gibt es Fotos, die Aufschluss über bestimmte Hobbys oder die letzte Reise geben? Wenn du zum Beispiel als Personalerin erfährst, dass der Bewerber gerne nach Asien reist, ist doch eine wunderbare Eisbrecherfrage: »Welche Regionen würden Sie wärmsten für eine Reise empfehlen?« Mit solchen Fragen schmeichelst du der Person, denn du misst ihr eine gewisse Kompetenz bei – in diesem Fall: Asienexpertise. So schlägst du eine emotionale Brücke zu der Person.

Hilfreich ist es auch zu schauen, was im Hintergrund der anderen Person zu sehen ist, und damit ein Gespräch zu beginnen. »Schöne Blumen, welche sind das?« Oder: »Das ist ein interessantes Bild an Ihrer Wand. Wo haben Sie das her?«

Was gehört zur Vorbereitung auf ein Online-Bewerbungsgespräch dazu?
Die inhaltliche Vorbereitung ist online genauso wichtig wie offline. Online kommt hinzu, sich ein ruhiges Umfeld und eine professionelle Atmosphäre zu schaffen. Dazu gehört, dafür zu sorgen, dass niemand im Hintergrund durch das Bild läuft – auch keine Haustiere. So etwas kann online sehr unprofessionell wirken. Wenn ich Mitbewohner habe, gebe ich ihnen frühzeitig Bescheid, um ungestört im Wohnzimmer oder im Arbeitszimmer zu sein.

Die Kleidung spielt auch eine große Rolle. Wenn wir zu Hause sind, neigen wir dazu, uns gemütlicher anzuziehen, was sich direkt auf unsere innere Haltung auswirkt. Für das Online-Bewerbungsgespräch sollten wir uns darum genauso anziehen wie für einen Präsenztermin – und uns von oben bis unten entsprechend kleiden, Schuhe inklusive. So bewahren wir eine professionelle Haltung und rutschen nicht unbewusst ins Persönliche oder Lässige ab, was über die Webcam schnell flapsig und unstrukturiert wirken kann. Sowohl das Setting als auch die innere Haltung sollten also einen klaren Businesscharakter haben – nicht auf der Couch, nicht in Jogginghose und nicht mit Hund und Katze im Hintergrund.

Wie sollte ich mich als Bewerberin verhalten, wenn der Personaler gehetzt in den Call kommt und mir zu verstehen gibt: Mach schnell – ich habe nur 20 Minuten Zeit?
Vorab: Ich hoffe nicht, dass Kandidaten in diese Situation kommen. Personaler sollten sich genauso akribisch auf ein Bewerbungsgespräch vorbereiten wie Bewerber. Mit so einem Verhalten signalisiert der Personaler eher Desinteresse und wenig Wertschätzung. Als Bewerberin kann ich in so einer Situation die Initiative ergreifen und versuchen, den Personaler emotional abzuholen – beispielsweise mit Eisbrecherfragen. Habe ich aber das Gefühl, nicht zum Personaler durchzudringen, sollte ich ruhig konkret nachfragen, ob er den Termin verschieben möchte. Auch kann ich klar darauf hinweisen, dass ich mich eigentlich auf ein anderes Setting eingestellt habe.

Welche Rolle spielt das Thema Pünktlichkeit?
Eine sehr wichtige. Denn fünf Minuten sind online eine gefühlte halbe Stunde. Offline schauen wir ja auch auf die Anfahrt und planen immer etwas mehr Zeit für

den Fahrtweg ein. Das fällt online zwar weg, aber dafür kommen andere Aspekte hinzu: Wir haben keinen Verkehrsstau, aber vielleicht halten uns technische Probleme auf. Wir müssen uns in den Call einwählen, Mikrofon und Headset eingestellt haben, alle Störquellen ausstellen – da fällt schon eine gewisse Zeit an.

Mein Rat ist, sich eine Stunde vor dem Gespräch mental darauf einzustellen. Das heißt:

- Noch einmal die eigenen Fragen durchgehen.
- Wer dazu neigt, Onlinetermine zu vergessen, kann sich ruhig einen Wecker stellen.
- Dann den Arbeitsplatz so ordnen, dass alles Notwendige greifbar nah ist: Lebenslauf, Anschreiben, aber auch die Stellenanzeige.
- Einen Notizblock an der Seite haben, um nicht mittippen zu müssen – denn das kann störend für die Personalerseite wirken.

Idealerweise ist die Bewerberseite schon 15 Minuten vor dem Call bereit für das Gespräch. Manche Personaler rufen nämlich absichtlich früher an, um zu sehen, wie die Kandidaten darauf reagieren und wie flexibel oder strukturiert sie sind. Das sagt ja einiges über die Soft Skills aus.

Und für die Personalerseite?
Personaler sollten einen digitalen Warteraum anlegen, in dem die Kandidaten mit einem kleinen Willkommenstext begrüßt werden, zum Beispiel: »Ich freue mich, Sie gleich kennenzulernen«, mit dem Bild einer Kaffeetasse oder eines Smileys. So weiß der Bewerber: Ich werde erwartet.

Das ist ein ganz anderes Gefühl, als wenn die Kandidaten nur auf eine schwarze Fläche schauen und nicht sicher sind, ob sie sich schon richtig eingewählt haben. Auch sollten Personaler schon in der Einladung auf den Warteraum hinweisen.

Gibt es weitere Tricks, die Personaler online anwenden?
Ich habe davon gehört, dass Personaler manchmal absichtlich eine künstliche Unterbrechung in den Call einbauen – als Stresstest. So erfahren sie, wie die andere Person darauf reagiert. Geht sie souverän damit um? Ist sie verzweifelt? Findet sie kreative Lösungen? Das geht natürlich auch mit klassischen Fragen, aber diese Form von Stresstest ist eine abwechslungsreiche Alternative für Personaler, um den Kandidaten aus der Reserve zu locken. Letztendlich ist der Personaler daran interessiert: Wie reagiert der Bewerber, wenn sich dieser nicht perfekt vorbereiten kann?

Wie gelingt es beiden Seiten, das fehlende soziale Feedback online zu kompensieren?
Eine genaue Beobachtung ist trotz oder gerade wegen der eingeschränkten Wahrnehmungskanäle sehr wichtig. Es fällt ja viel weg: Wir sehen nicht so gut, ob die Person

in Schweiß ausbricht oder nervös mit dem Knie wippt. Durch gezielte Fragetechniken können wir das ein bisschen kompensieren, zum Beispiel mit der Frage: Wie äußert sich Nervosität bei Ihnen? Die Antwort des Kandidaten gibt uns Aufschluss darüber, wie sich die Person einschätzt und woran sich ihre Nervosität erkennen lässt.

Was rätst du Personalern, die das Gefühl haben, nicht zum Bewerber durchzudringen?
Mein Rat: Weg von der Sachebene auf eine persönliche Ebene wechseln, um erst einmal eine persönliche Note herzustellen. Beispielsweise kann ich fragen: Was muss ich sonst noch über Sie wissen, was nicht in Ihrem Lebenslauf steht?

Damit lockere ich das Gespräch etwas auf und erfahre vielleicht noch ein Hobby oder eine spannende Geschichte über den Kandidaten. Wenn er über sein Lieblingshobby erzählt und dabei aufblüht, erkenne ich: So sieht er also aus, wenn er für etwas brennt. Wenn das Thema später wieder bei der Stellenanzeige und den Jobaufgaben ist, kann ich erfahren, ob der Kandidat auch hier motiviert und energiegeladen reagiert oder nicht.

Wie wichtig ist das Thema Struktur im Onlinecall?
Beide Seiten sollten sich ganz klar im Vorfeld Gedanken machen, worüber sie sprechen möchten – und sich einen Gesprächsleitfaden erstellen. Welche Fragen will ich stellen? Welche Story möchte ich über mich erzählen – und *wie* will ich sie erzählen?

Die Personalerseite sollte eine klare Gesprächsstruktur haben und diese auch vorab an die Kandidaten senden, damit sie wissen, was auf sie zukommt. Oftmals ist es auch hilfreich, das Gespräch in Etappen aufzuteilen, wie zum Beispiel:

Etappe 1 – Begrüßung und Small Talk:
- Begrüßung und kurze Vorstellungsrunde aller Beteiligten
- Besprechung Ablauf und Ziele des Gesprächs

Etappe 2 – Vorstellung Unternehmen:
- Personaler erzählt etwas über das Unternehmen
- Beschreibung der Position

Etappe 3 – Selbstpräsentation:
- Selbstpräsentation des Bewerbers
- Rückfragen der Personalerseite zur fachlichen Eignung, Motivation und zu den Soft Skills

Etappe 4 – Aufgabe:

- Aufgabe für Bewerber mit Zeitvorgabe (das Gespräch darf dafür unterbrochen werden)

Etappe 5 – Fragen:

- Rückfragen des Bewerbers zu Inhalten, Anforderungen und Erwartungen

Etappe 6 – Abschluss:

- fürs Gespräch bedanken
- Abstimmung, wie es weitergeht
- Verabschiedung

Wo siehst du Vorteile von Online-Bewerbungsgesprächen, wo Nachteile?
Ein klarer Vorteil ist: Du kannst Bewerber, die auch sehr weit entfernt sind, viel leichter zum Bewerbungsgespräch einladen. Für die Bewerber ist es einfacher, sie müssen keine große Zeit für Fahrtwege einplanen und können die Vorbereitungszeit von zu Hause aus nutzen. Interviews können abends oder am Wochenende stattfinden und schränken den laufenden Arbeitsalltag nicht ein. Für das Unternehmen fällt keine Fahrtkostenrückerstattung an. Oftmals machen Unternehmen auch schon ein kurzes Online-Vorgespräch, um im ersten Eindruck zu entscheiden, ob der Kandidat zum Unternehmen passt und für das klassische Bewerbungsgespräch infrage kommt. Dieses Vorauswahlverfahren hilft, gezielter zu selektieren.

Ein Nachteil: Durch diese Art der kurzen Vorgespräche ziehst du eventuell auch Leute an, die nicht unbedingt Interesse an der Stelle haben, aber dennoch mal hineinschnuppern wollen, ob es passen könnte. Dadurch kann sich der gesamte Bewerbungsprozess verzögern.

Online-Bewerbungsgespräche können also Chance und Risiko sein. Darum sollten auch beide Seiten bewusst damit umgehen und verstehen, wie es online funktioniert. Für viele Unternehmen ist das ein sehr neues Feld mit noch viel Optimierungspotenzial. Schön ist zu sehen, dass Unternehmen sehr unterschiedliche Ansätze verfolgen: Manche wollen die Kandidaten vor der Anstellung unbedingt einmal im Präsenz-Meeting treffen. Andere machen sogar das Onboarding online.

4.6.2 Das Verkaufsgespräch

Umgang mit der Technik erleichtern
Auch bei Verkaufsgesprächen gilt: Erleichtern Sie Ihren Kunden den technischen Zugang. Daran darf ein Online-Verkaufsgespräch nicht scheitern. Senden Sie in der Einladung alle nötigen Informationen, um den Call technisch einwandfrei zu gestalten.

Bild, Ton und ein professionelles, einladendes Setting sind der erste Schritt zum Verkaufsabschluss. Und denken Sie an Ihren Technik-Notfallplan.

Feuerwerk der Emotionen

Lenken Sie die Aufmerksamkeit von Anfang an auf sich, auf Ihr Produkt, Ihr Angebot und Ihre USP. Beginnen Sie mit einem »lauten Knall« und lassen Sie nicht nach. Brennen Sie ein Feuerwerk der Emotionen ab. Im Onlinegespräch sind Sie nicht nur in der Rolle des kompetenten Beraters und Problemlösers – Sie sind auch ein Stück weit Entertainer. Sehen Sie sich als *Consultainer*. Sie müssen dazu nicht zum Videoclown werden. Aber bauen Sie Bilder, Grafiken und Videos in Ihre Präsentation ein. Setzen Sie visuelle Anker, indem Sie die Agenda immer wieder als Slider einblenden. So bleiben die Gesprächsteilnehmenden aufmerksam und Sie präsentieren sich als souveräne und organisierte Persönlichkeit. Wecken Sie positive Emotionen bei den Kunden. Kaufentscheidungen fallen zu 90 Prozent auf der Basis von Emotionen.

Positive Wörter

Legen Sie sich eine Sammlung positiver Wörter zurecht. Diese lösen unterbewusst positive Emotionen bei den Gesprächsteilnehmenden aus. Positive Wörter sind beispielsweise:

Liste positiver Wörter und Sätze		
ja	besonders	leicht
gerne	persönlich	schön
exklusiv	einfach	sicher
gut	problemlos	dürfen
günstig	bequem	schnell
garantiert	zufrieden	interessant
zuverlässig	verbindlich	Sicherheit
preiswert	kostensicher	Nutzen
Leistung	Vorteil	erprobt
hilfreich	führend	optimal
wertvoll	neu	Chance
Partner	konstant	langfristig
rentabel	einmalig	dauerhaft
Dabei helfe ich Ihnen gerne.	Sie können sich auf mich verlassen.	Ich verstehe, dass …

Tab. 4.1: Positive Wörter

Die Kundenseite reden lassen
Im Verkaufsgespräch sollte Ihr Redeanteil bei 30 Prozent liegen – der Ihrer Kunden bei 70 Prozent. Nur so können Sie heraushören, welche wahren Bedürfnisse auf der Kundenseite bestehen, und eine emotionale Bindung aufbauen. Steigen Sie nicht gleich mit dem Fachthema ein, sondern stellen Sie Fragen zu Aspekten und Themen, die Sie vorab bei Ihren Recherchen über die Person herausgefunden haben. Oder der Klassiker: Sie gehen auf etwas ein, das Sie im Hintergrund der Person erkennen – eine Golftasche, das Modell eines Autos, ein Foto von einem Hund –, und fragen danach.

Nachbereitung
Im Verkaufsgespräch geht es nicht darum, der Kundenseite am Ende noch schnell »etwas anzudrehen«. Es geht vielmehr darum, während des Gesprächsverlaufs die Bedürfnisse und Anforderungen der Kunden durch gezielte Fragen herauszuhören und zu notieren. Halten Sie sich immer Zeitpuffer von mindestens 15 Minuten zwischen Ihren Terminen frei. So können Sie direkt im Anschluss an das Onlinegespräch ein Gesprächsprotokoll per E-Mail versenden – mit allen Punkten, die aus Ihrem Verständnis heraus relevant für die Kundenseite sind. Wenn Sie diese E-Mail schon vor dem Gespräch vorbereiten, müssen Sie sie nachher nur mit den vereinbarten Informationen und Unterlagen anreichern.

Interview mit Markus Milz

Für das Thema Verkaufsgespräche habe ich mit dem Trainer, Berater, Speaker, Unternehmer und Buchautor Markus Milz gesprochen. Markus Milz ist Vertriebler durch und durch. Mit seiner Firma *Milz & Comp.* trainiert er Unternehmen in den Bereichen Verkauf, Kundenorientierung, Kommunikation und Führung. Seine Überzeugung: Es gibt nicht *den* geborenen Verkäufer. Verkaufen ist etwas, das jeder Mensch lernen kann. Wir brauchen dafür nur das richtige Werkzeug, das zu unserer Persönlichkeit passt. Ein Gespräch über Vertrieb per Videocall, worauf es insbesondere ankommt und welche Tücken sich vermeiden lassen.

Markus, was hat sich seit Ausbruch der Pandemie bei dir verändert?
Als im März 2020 der Veranstaltungssektor ein Event nach dem anderen coronabedingt absagen musste, hat mich das rund eine halbe Million Euro gekostet. Das war also schon eine massive Veränderung, mit der wir erst mal klarkommen mussten. All die Speakerbuchungen wurden gecancelt, alle Präsenztrainings abgesagt – da kam schon einiges zusammen. Als Unternehmer habe ich natürlich auch die Chance erkannt, unter dem Druck in Windeseile unser Geschäftsmodell zu digitalisieren. All unsere Trainingsangebote gibt es jetzt auch digital.

Ich halte digital zwar nicht für die ultimative Lösung, aber es kann ein gutes Instrument sein – vor allem, wenn die Kundenseite sich das auch wünscht. Und das war und ist aufgrund von Corona ja zunehmend der Fall. So gesehen war die Pandemie also ein Brandbeschleuniger, mit dem wir eine Expressdigitalisierung durchgemacht haben. Wie auch viele andere Unternehmen haben wir in wenigen Monaten erreicht, wofür wir unter normalen Bedingungen mehrere Jahre benötigt hätten. Damit hat sich auch für unsere Kunden viel getan. Gespräche finden mehr und mehr online statt. Alles, was im Vertrieb an Nähe zum Kunden wichtig ist, fällt jetzt weg.

Wie bewertest du deine Arbeit per Videocall?
Meetings und Gespräche per Videocall beschleunigen Prozesse. Anfahrten per Auto, Bahn oder gar Flugzeug fallen heute weg. Und siehe da: Es funktioniert. Das haben Unternehmen schnell gelernt. Auf der anderen Seite fehlt durch das Onlinegespräch die emotionale Nähe: Wenn wir ein ganzes Team trainieren, was wir vor Corona in zweitägigen Präsenztrainings machten, war das Wichtigste das, was abends an der Hotelbar passierte. Wo man bei einem Getränk alles Revue passieren lässt und die Menschen so richtig kennenlernt. Und das ist online nicht zu ersetzen. Per Videocall werden wir nie dieselbe emotionale Nähe schaffen wie an der Hotelbar. Online Körpersprache zu lesen ist wesentlich schwieriger. Vor allem, wenn ich den Menschen nicht kenne, was im Vertrieb ja oftmals der Fall ist. Wir sind online stark auf der Sachebene unterwegs und müssen hart daran arbeiten, auch über die Webcam emotionale Nähe herzustellen. Diese Zeit gilt es zu investieren.

Was empfiehlst du Vertrieblern in der Coronakrise?
Meine erste Empfehlung ist: Vollgas geben. Zu Beginn der Pandemie haben wir eine Umfrage bei gut 200 Unternehmen durchgeführt, um herauszufinden, wie Vertriebsorganisationen mit dieser Extremsituation umgehen. Eine Erkenntnis war: Die erste Voraussetzung, auch in der Coronakrise erfolgreich im Vertrieb zu sein, ist, Vertrieb zu machen – und nicht den Kopf in den Sand zu stecken. Ich habe all meinen Kundenunternehmen geraten, ihren Vertrieb nicht in Kurzarbeit zu schicken. Weil: Nie war es so nötig wie jetzt, die Kundenbeziehungen zu halten, zu festigen, Kunden zu signalisieren: Wir sind für euch da. Wie können wir euch helfen? Solche »Kuschelcalls« sind in schwierigen Zeiten wichtig für die Kundenbeziehung.

Meine zweite Empfehlung: Eigentlich hat sich gar nicht so viel verändert. Ein gut strukturiertes Verkaufsgespräch besteht online wie offline aus sieben Phasen:

1. Vorbereitung
2. Get-together und Beziehungsaufbau
3. zuhören, was die Kundenseite wirklich braucht, analysieren
4. relevant informieren
5. Commitment

6. emotionaler Ausgang
7. Nachbereitung

Nur haben viele Vertriebler vorher oftmals intuitiv aus dem Bauch heraus ihre Präsenz-Meetings mit Kunden gestaltet – ohne große Vorbereitung. Das fällt online jetzt vielen auf die Füße. Denn online ist eine gute Vorbereitung noch wichtiger.

Und: Online können wir enorm viel über unsere Kunden lernen, weil wir sogar Einblick in deren Wohnzimmer und Arbeitszimmer bekommen – den wir sonst nie erhalten hätten. Wer aufmerksam zuhört und beobachtet, kann über den Videocall also sehr viele wichtige Infos über den Kunden gewinnen. Wer mit offenen Augen durch das Leben läuft, Kunden weiterhelfen und nicht nur verkaufen will, spürt keinen großen Unterschied von offline zu online.

Wenn ich als Vertriebler komplexe und erklärungsbedürftige Produkte verkaufe: Wie mache ich das nun online, wo Kunden das Produkt nicht anfassen können?
Die Frage ist immer: In welcher Phase des Gesprächs befinde ich mich? Vor allem bei größeren Unternehmen hast du es als Verkäufer mit mehreren Ansprechpartnern, dem sogenannten Buying Center, zu tun: Abteilungsleiter, Einkauf etc. Wenn ich also eine 25 Meter lange Fräsmaschine einkaufen möchte, dann habe ich sie in der Regel schon mal an irgendeiner Stelle gesehen und wohl auch schon mal angefasst und in Aktion gesehen. Dann hat sich das mit dem Anfassen erledigt. An dieser Stelle ist wichtiger, sich vor Augen zu führen: Ich verkaufe nicht nur das Produkt, sondern auch meinen Arbeitgeber und mich selbst. Ansonsten gibt es viele digitale Tools, wie zum Beispiel *Tricat*, ein 3-D-Tool, das ganz neue Möglichkeiten der Produktdemonstration und Kollaboration bietet, die man auf einer Messe beispielsweise gar nicht hätte.

Wie wichtig sind Tools für den Verkaufserfolg?
Im Verkauf macht ein Tool 20 Prozent, der Mensch 80 Prozent aus. Viel wichtiger als Tools sind Vorbereitung, Durchführung, Nachbereitung und eben der Mensch selbst. Denn die Arbeit mit Storytelling, Bildern und Emotionen ist zielführender als die Arbeit mit Tools und Technologie.

Ist es online für die Kundenseite einfacher, die Verkäufer abzuwimmeln?
Wenn ein potenzieller Kunde dich abwimmeln möchte, hast du irgendwas nicht richtig gemacht. Gut oder schlecht verkaufen ist keine Frage von on- und offline. Wer sich an die vorhin erwähnten sieben Phasen hält, kann online genauso gut abschließen und binden wie offline. Und wenn ich im Gesprächsabschluss merke, dass die Person noch nicht abgeholt ist, dann gehe ich noch einmal zurück zu Phase zwei und frage nach: »Ich habe das Gefühl, Sie irgendwo im Gespräch ver-

loren zu haben. Habe ich recht?« – und dann beginne ich eben noch einmal von Anfang und versuche herauszuhören, was die Person benötigt und wie ich ihr helfen kann. Aber von einem »Wir melden uns« lässt sich kein guter Verkäufer abwimmeln.

Benötigt ein Online-Verkaufsgespräch mehr Termine als ein Präsenzgespräch?
Nein. Die Wege und Entscheidungsebenen bleiben ja dieselben. Es gibt einen Vertriebsleiter, jemanden, der das Budget freigeben muss, eine Einkaufsabteilung und eine Personalabteilung, die auch mitreden will. Von daher gilt: Wenn mich jemand anruft und ein Angebot für eine Dienstleistung haben möchte, weiß ich zu 100 Prozent, dass ich dieses Mal nicht zum Verkaufsabschluss komme. Und darum geht es auch nicht. An dieser Stelle ist mein Ziel ein anderes: Ich will das Buying Center kennenlernen und mit ihm eine Beziehung aufbauen. Wer das verinnerlicht, weiß, dass es im Erstgespräch nicht um den Verkauf geht.

In Kurzform: Nenne bitte deine drei heißesten Tipps für jeden Vertriebler vor dem Onlinegespräch.
1. Erfolg hat drei Buchstaben: TUN. Mach es einfach!
2. Der größte Verhandlungsgegner sitzt im eigenen Kopf.
3. Bereite dich akribisch vor.

4.6.3 Gesprächsförderung in der Teamzusammenarbeit

Teamwork aus dem Homeoffice heraus kann zu einer Zerreißprobe werden. Wenn alle allein zu Hause arbeiten und immer nur geschäftliche Dinge mit ihren Teammitgliedern besprechen, kommt es bei der einen oder anderen Person zum »Homeoffice-Koller«. Die soziale Komponente darf nicht zu kurz kommen. Wie kann die Teamarbeit aus dem Heimbüro Spaß machen und gleichzeitig produktiv und erfolgreich sein? Es gibt inzwischen sehr viele Möglichkeiten – zum Beispiel Online-Escape-Rooms, in denen die Beteiligten von zu Hause aus gemeinsam die Rätsel und Aufgaben lösen müssen.

Um die positive Atmosphäre aufrechtzuerhalten, ist Abwechslung immer gut. Wenn Sie schon den x-ten digitalen Kaffee mit den Teammitgliedern getrunken haben, steigen Sie auf ein anderes Getränk um. Für den Feierabend könnte es ja auch eine digitale Weinverkostung sein – Angebote gibt es eine ganze Menge (übrigens auch für Schokolade, Bier und Spirituosen). Jeder bekommt ein paar kleine Flaschen zur Verkostung und füllt dann Umfragen zu Geschmack, Geruch etc. aus. Oder ein gemeinsames digitales Mittagessen: Wer früher hin und wieder ein Teamessen organisiert hat, kann das nun online machen. Das Team bestellt gemeinsam bei einem Lieferdienst und isst dann gemeinsam per Videocall. Auch ein digitales Kochevent wäre möglich.

Solche Off-Topic-Events sorgen dafür, dass das Team raus aus dem steifen Arbeitsalltag kommt und auch auf einer anderen, persönlichen Ebene gut miteinander auskommt und kommuniziert. So lassen die Menschen mal locker, atmen durch und bekommen den Kopf frei für Neues. Besonders dynamisch wird es, wenn alle ihre Ideen für gemeinsame Off-Topic-Aktivitäten teilen können. Beispielsweise kann das Team über *Trello* eine gemeinsame Liste erstellen, auf der die Ideen zusammengetragen und kommentiert werden.

Für die Teamleitung aus dem Homeoffice gilt: Loslassen. Jetzt ist der perfekte Moment, Ihr Team eigenverantwortlich arbeiten zu lassen. Auch wenn es Ihnen vielleicht schwerfällt, Aufgaben zu delegieren – in einer zunehmend digitalisierten Welt verändert sich auch die Art zu führen. Solange Ihre Leute performen, dürfen sie auch ihren eigenen Weg gehen. Klare Kommunikation ist dabei natürlich entscheidend. Fragen Sie sich, ob alle Arbeitsprozesse abgebildet und auch für das Team abrufbar sind. Hier helfen Tools wie *Trello* oder *Asana.*

Wenn ein neues Teammitglied digital eingearbeitet wird, sollten Sie ihm einen Mentor an die Hand geben, der für die Person erreichbar ist und sie per Videocall, Shared Screen etc. an die Aufgaben heranführt. Gleichzeitig sollte das neue Mitglied auch immer Videocalls mit den anderen machen – sowohl in der Gruppe als auch in digitalen Einzelgesprächen. Nur so lernt die Person ihre neuen Teamkolleginnen und -kollegen kennen, vernetzt sich und kann eine Beziehung zu ihnen aufbauen.

Interview mit Katharina Krentz zum Thema »Working Out Loud«

Mit Katharina Krentz habe ich über Working Out Loud (WOL) gesprochen. Katharina ist Rednerin, Beraterin, Trainerin und Coach für New Work mit Schwerpunkt auf Vernetzung. Und: Sie ist weltweit eines der bekanntesten Gesichter zu WOL. Sie hat dieses innovative netzwerkbasierte Lernformat erfolgreich bei Bosch etabliert und damit bewiesen, dass auch in großen Konzernen individuelle Formen der persönlichen Weiterentwicklung möglich sind.

Was ist Working Out Loud?
WOL ist eine Haltung, Fähigkeit und Methode. Das hat nichts mit »laut arbeiten« zu tun, sondern steht für eine nach außen gerichtete, offene und vernetzte Zusammenarbeit. Es geht darum, sich im Netzwerk gegenseitig zu unterstützen, Wissen zu teilen sowie von- und miteinander zu lernen. Für den Entwickler des WOL-Circle-Programms, John Stepper, ist WOL vor allem eine Methode. Für mich und viele andere Menschen ist WOL aber auch eine Haltung, eine innere Einstellung – und eine Fähigkeit. Denn: Es funktioniert nur, wenn wir bereit sind, ein Teil solcher Lernnetzwerke zu sein, und die Vorteile der digitalen Welt für unsere persönliche Entwicklung nutzen.

Für wen ist WOL geeignet?

In meinen Augen ist WOL als Haltung und Fähigkeit für alle Menschen hilfreich, ob im privaten oder beruflichen Umfeld – und auch für Schulkinder. Im digital vernetzten Zeitalter wird die Fähigkeit immer relevanter, sich gekonnt in Netzwerken zu bewegen. Ob man dafür die Circle-Methode anwendet oder nicht, ist dabei zweitrangig. Diese Fähigkeit kann jede Person lernen. Teamwork und mit anderen Menschen zusammenzuarbeiten ist eine der Kernkompetenzen der Arbeitswelt – und zwar völlig egal, in welchem Beruf.

Wie bist du zu WOL gekommen? Was ist deine Erfahrung?

Ich bin 2012 das erste Mal über den Begriff gestolpert, als ich eine Onlinerecherche zum Thema »Enabling für Community Manager« betrieben habe. Beim Lesen eines sehr umfangreichen Blogposts mit dem Titel »When do we start to work out loud?« wurde ich aufmerksam. Der Autor stellte die einfache und geniale Frage: Wir alle nutzen soziale Netzwerke. Sie sind ein enorm hilfreiches Tool der Kollaboration – warum fangen wir nicht an, dieses Tool zu nutzen und besser zusammenzuarbeiten? Ich habe dann angefangen, WOL in unsere Community-Management-Trainings einzubauen.

Als dann 2015 das Buch von John Stepper und die ersten »Circle Guides« (die Anwendungsmaterialen zur Methode) herauskamen, wurde ich zu einem Meetup der Deutschen Bank in Frankfurt eingeladen. Wir waren 17 Leute, also ein recht spezieller Kreis von Menschen, die sich mit digitaler Kollaboration auseinandersetzten. John Stepper war per *Zoom* zugeschaltet und hat uns die WOL-Methode aus seiner Sicht erklärt. Mit den Anwesenden haben wir die von Stepper entwickelten ersten Circles gebildet. Die Idee ist einfach: Eine möglichst diverse Gruppe tut sich zusammen, in der jeder an einem individuellen Ziel arbeitet und sich mit den anderen regelmäßig einmal pro Woche für eine Stunde austauscht – eine wahre Lernreise für alle Beteiligten. In Woche drei meines damals privaten Circles habe ich entschieden, das Thema zu Bosch zu bringen.

Was ist der größte Benefit für Unternehmen?

Ich beschäftige mich schon lange mit Community Building und vernetzter Zusammenarbeit – und WOL ist die perfekte Methode für Einzelpersonen. In einer Community diskutiert in der Regel eine Expertengruppe zu einem bestimmten Thema, das sie alle in ähnlichem Maße beschäftigt. Aber was passiert, wenn das Thema nicht auf der Plattform läuft und einzelne Menschen dennoch daran arbeiten wollen? Dafür hatten wir damals keine konkreten Enabling-Programme. Vor allem große Unternehmen richten sich mit ihrem Angebot an die breite Masse – und nicht an die Bedürfnisse der Einzelnen. Mit WOL ist diese Lücke nun gefüllt.

Was hat dir WOL persönlich gebracht?
Sowohl privat als auch beruflich sehr viel: Da ich in Deutschland eine der Ersten war, die diese Methode eingesetzt hat, und die Erste, die WOL strategisch in einem Unternehmen etabliert hat – bei Bosch gibt es über 900 WOL-Circle mit ca. 6500 Menschen, die diese Methode anwenden –, bin ich heute eine der 17 zertifizierten WOL-Coaches in Deutschland. Ich darf die Methode also kommerziell nutzen und Unternehmen und Einzelpersonen beraten und unterstützen.

Auch habe ich meine Vernetzungsfähigkeit auf ein neues Niveau gehoben. Ich war vorher schon gut vernetzt, habe aber durch WOL nochmals einen Sprung gemacht. Wie gestalte ich eine gute Beziehung? Wie lerne ich Menschen kennen, die ich nicht kenne? Und wie kreiere ich mit ihnen starke Netzwerke? Diese Fragen bewegten sich vorher immer etwas zufällig an der Oberfläche. Seitdem ich WOL nutze, kenne ich unzählige Methoden und Techniken, Netzwerke zu schaffen, zu nutzen und diese weiterzuentwickeln und zu erweitern.

Durch WOL bin ich sehr sichtbar geworden – und habe als sonst introvertierter und schüchterner Mensch gelernt, auf Bühnen zu stehen, Vorträge zu halten, offen zu reden und mich zu zeigen. Gleichzeitig habe ich gelernt, eine klare Trennlinie zu ziehen zwischen: Was von mir will ich teilen und was nicht?

Wie kann WOL Arbeitnehmer und Firmen in Zeiten von Homeoffice und Videocalls unterstützen?
Ich glaube, WOL ist die praktischste Methode, um netzwerken zu lernen, um zu lernen, wie wir diese vielen tollen Onlinetools, die wir heute haben, effizient und effektiv nutzen können. WOL lässt sich gut in den Arbeitsalltag integrieren. Die Gruppe trifft sich eine Stunde die Woche (online oder offline). Eine weitere Stunde die Woche arbeitet jede Person an ihrem persönlichen Ziel. Und die Unternehmen nutzen WOL für unterschiedliche Anwendungsfälle: netzwerken lernen, starke Expertennetzwerke aufbauen für verschiedene Themen – aber auch für Zusammenarbeit, Führung von Netzwerken, Sichtbarkeit, Frauenförderung, Diversity, Wissensmanagement und Kulturwandel.

Es gibt zwölf ganz konkrete strategische Anwendungsfälle im Businesskontext, worauf WOL einzahlt – immer unter den Säulen Zusammenarbeit, Kommunikation, Lernen und Führung. Und das wird auch zunehmend sichtbar. Es gibt beispielsweise immer mehr Stellenbeschreibungen von Unternehmen, in denen die Fähigkeit WOL genannt ist – vor allem bei Changethemen rund um Digitalisierung, Transformation und Kulturwandel.

Welche Methoden aus WOL lassen sich in Online-Meetings am besten einsetzen?
Da gibt es wirklich sehr viele, ich schätze, locker über 20 Übungen. Die Kernidee ist oftmals folgende: Wie können Themen, zu denen wir etwas zu sagen haben, derart aufbereitet werden, dass andere davon profitieren können? Eine ganz simple und darum so erfolgreiche Übung ist die Vorstellungsrunde »Zehn Fakten über mich« – und das gegenseitige Andocken. Diese Übung ist sehr hilfreich bei Videocalls, in denen sich die Teilnehmenden nicht so gut kennen: Eine Person stellt zehn Fakten über sich vor. Die anderen sagen, welche Fakten sie mit der Person teilen, wo sie komplett gegenteilig unterwegs sind und wo es zumindest Andockstellen gibt, weil sie zum Beispiel ähnliche Erfahrungen im näheren Umfeld gemacht haben. Dann stellt sich die nächste Person vor etc. Mit dieser Übung lerne ich schnell die Gruppe oder mein Team kennen, baue Vertrauen auf und fördere die Zusammenarbeit als Einheit.

Ansonsten lässt sich auch ganz viel Onlinekommunikation über WOL lernen, also eine Kommunikation basierend auf Aufmerksamkeit, Anerkennung und Wertschätzung. Wie mache ich das? Wie mache ich das persönlich? Das ist absolut beziehungsfördernd – und vor allem in der virtuellen Welt brauchen wir unbedingt solche Techniken.

4.7 Nachbereitung: Auf der Suche nach der gewonnenen Zeit

Ebenso wie ein Onlinecall schon *vor* dem eigentlichen Gesprächstermin beginnt, ist er auch noch nicht zu Ende, *nachdem* sich alle Teilnehmenden rausgeklickt haben – zumindest nicht organisatorisch.

- Sind Sie eine teilnehmende Person? Dann erwarten Sie noch die im Videocall besprochenen Unterlagen per E-Mail.
- Sind Sie die organisierende Person oder in der Rolle Protokollant, Whiteboard-Fotografin oder Ähnliches? Dann müssen Sie die Unterlagen aufbereiten und versenden.

Zudem ist es hilfreich, das Onlinegespräch im Nachhinein zu reflektieren. Das gilt besonders für die organisierende Person, ist prinzipiell aber für alle Beteiligten von Nutzen. Wir entwickeln uns nur weiter, wenn wir uns bewusst machen, woran wir arbeiten können.

4.7.1 Zeitgewinn nutzen

Wichtig ist, nach jedem Videocall ca. 15 Minuten einzuplanen, bevor Sie in den nächsten Termin gehen. Sehen Sie diese 15 Minuten nicht als verlorene Zeit an, im Gegenteil:

Es ist die Zeit, die Sie sparen, weil Sie eben nicht zurück an Ihren Platz laufen oder gar fahren müssen. In einem Präsenz-Meeting könnten Sie sich ja auch nicht einfach so zurück auf Ihren Arbeitsplatz beamen. Die Verschiebung von Gesprächen und Meetings in den digitalen Raum hat also auch viel Positives. Wenn Sie die gewonnene Zeit nutzen, optimieren Sie Ihr Zeitmanagement und steigern Ihre Produktivität.

Wenn wir dagegen keine 15-minütigen Zeitpuffer einplanen und von Meeting zu Meeting »hüpfen«, löst dies Stress und schließlich Unzufriedenheit in uns aus. Organisieren wir davon auch noch einige Meetings, stehen wir am Ende des Tages mit rauchendem Kopf da und fragen uns: Was hatte ich im ersten Videocall noch mal besprochen? Wir sitzen vor einem riesigen Stapel an Nachbereitungsaufgaben. Und das, obwohl wir doch bald Feierabend hätten.

Wenn Sie sich diese kurzen Zeithäppchen zwischen den Terminen nehmen, können Sie die Aufgaben direkt abarbeiten und bekommen Ihren Kopf frei für den nächsten Onlinecall. Dieses Vorgehen wirkt zudem magisch gegen »Aufschieberitis«. Online-Meetings bieten eine wunderbare Möglichkeit, an der eigenen Effizienz zu arbeiten. Es hat etwas sehr Befreiendes, wenn eine Aufgabe vom Tisch ist. Planen Sie diese 15-Minuten-Phase also ganz gezielt ein. Denn: Wenn wir sie nicht planen, machen wir sie auch nicht – ein klassisches Problem.

4.7.2 Die E-Mail danach

Neben Ihrer persönlichen Produktivitätssteigerung gibt es einen weiteren wichtigen Grund, warum Sie die E-Mail unmittelbar nach dem Onlinegespräch versenden sollten: Wir Menschen vergessen schnell. Je länger Sie mit der E-Mail warten, desto mehr geraten die im Videocall besprochenen Aspekte in Vergessenheit – und umso unwichtiger wird die E-Mail in den Augen der Teilnehmenden. Das betrifft im Prinzip jeden Onlinecall. Am besten lässt sich dieses Phänomen aber anhand von Verkaufsgesprächen nachvollziehen: Je länger Sie mit dem Angebot warten, desto stärker kühlt das Interesse des potenziellen Kunden ab – bis er sich gar nicht mehr an Sie erinnert. Die E-Mail dient also auch dazu, dem Online-Meeting mehr Nachhaltigkeit zu verleihen. Wenn Sie wissen, dass Sie nach dem Videocall ein Protokoll oder weitere Informationen an die Teilnehmenden verschicken werden, bereiten Sie die E-Mail idealerweise schon vorab vor. So müssen Sie die Unterlagen nachher nur noch kurz einfügen und können die E-Mail fast unmittelbar nach dem Onlinecall absenden.

Inhalt

Die »E-Mail danach« kann entweder sehr kurz sein und lediglich ein einfaches Gesprächsprotokoll enthalten. Sie kann aber auch – je nach Umfang und Gesprächsinhalt des Calls – wesentlich ausführlicher sein und Folgendes beinhalten:

- **Infografiken**
  mit Eckdaten, die für die Teilnehmenden nützlich sind
- **Screenshots**
  von Karten, Whiteboard- oder Flipchart-Zeichnungen
- **Umfrageergebnisse,**
  die Sie im Call mit den Teilnehmenden erhoben haben
- **Transferübungen,**
  die im Folgetermin besprochen werden. Diesen Aspekt haben Sie am besten schon in der Einladung angekündigt. Dann sorgt er im Termin nicht plötzlich für Unmut über zusätzliche Aufgaben.
- **Rollenwechsel**
  Bei Folgeterminen mit Rollenwechsel (Protokollantin, Zeitwächter etc.) können Sie die Personen schon einmal darauf hinweisen, auf welche Rolle sie sich beim nächsten Mal vorbereiten sollten. So vermeiden Sie Missverständnisse.
- **Textchat**
  Wenn es beispielsweise Frage-und-Antwort-Runden im Textchat gab, können Sie den Chat herunterladen und an die Teilnehmenden versenden.
- **Screen Recording**
  ist eine abwechslungsreiche Alternative zu »statischen« Dokumenten. In einem kurzen Video *(Loom)* fassen Sie noch mal die wichtigsten Fakten zusammen. Zu sehen sind die Fakten (Screenshots, Whiteboard etc.) und ein kleines Fenster mit Ihnen als erklärender Person. Das ist in wenigen Minuten gemacht. Den Link können Sie dann per E-Mail versenden – und sparen sich massenweise Anhänge.

Zusatz: Tools statt E-Mail
Jedes Unternehmen hat seine eigenen Regeln, welche Tools intern benutzt werden dürfen und welche nicht. Darum möchte ich nur kurz zwei Beispiele nennen, wie Sie Ihre Onlinecalls mithilfe von Tools nachbereiten können, anstatt eine E-Mail zu schreiben. In manchen Fällen ist das tatsächlich der bessere Weg – vor allem, wenn es sich um wiederkehrende Online-Meetings handelt. Wer beispielsweise *MS Teams* nutzt, befindet sich bei jedem erneuten Teammeeting wieder im selben Teamkanal mit den gleichen Teilnehmenden. Dort ist die gesamte Historie des Chats schon abgebildet. Dokumente, die Sie im Meeting besprechen, können Sie dort einfach hochladen. So haben Sie ein zentrales Tool, in dem alle Unterlagen gesammelt sind und auf das jede Person Zugriff hat. Ein anderes Coworking-Tool, mit dem Sie ebenfalls Inhalte an einem zentralen Ort sammeln und Aufgaben verteilen können, ist *Trello*. So sparen Sie sich die E-Mail danach und haben alles in der »Cloud«.

Es gibt unzählige weitere Tools, die Sie in Ihrem von Online-Meetings geprägten Arbeitsalltag unterstützen können und die eine tolle Zusammenarbeit im Team ermöglichen. Machen Sie sich im Internet schlau. Ich habe festgestellt: Dazu gibt es fast nichts, was es nicht gibt.

4.7.3 Das Gespräch reflektieren

Sobald Sie die notwendigen Informationen an die Teilnehmenden des Videocalls gesendet haben, ist es Zeit, in sich zu gehen und das Gespräch zu rekapitulieren. Das unterstützt Sie bei Ihrer persönlichen Weiterentwicklung im Bereich der digitalen Rhetorik. Wie heißt es doch so schön: »Erfolg hat drei Buchstaben: TUN.« Und nur, wenn Sie sich noch einmal bewusst machen, was gut gelaufen ist und woran Sie noch arbeiten möchten, können Sie das auch tun und sich verbessern. Übrigens ist eine Reflexion auch hilfreich, wenn Sie »nur« an dem Call teilgenommen haben.

Welche Aspekte können Sie beispielsweise beleuchten?
- Wie haben Sie sich im Gespräch gefühlt?
- Gab es kritische Momente für Sie – emotional wie organisatorisch?
- Wie haben Sie diese gelöst? Was würden Sie beim nächsten Mal anders machen?
- Gab es Probleme mit der Technik? Wie wurden diese gelöst?
- Welche Medien und Tools haben gut funktioniert?
- Bei welchen Tools hatten Sie als organisierende Person Schwierigkeiten?
- Wo hatten die Teilnehmenden Probleme?
- Wie war der Mix aus Aktivierung, Beteiligung und Input?
- Haben Sie alle sieben Minuten einen Medien- oder Themenwechsel einfädeln können?
- Hat der Zeitrahmen gepasst?
- Sind alle bei den geplanten Inhalten geblieben oder ist eine Diskussion ausschweifend geworden und in eine völlig andere Richtung gelaufen als erwartet?
- Wer hat sich sehr aktiv beteiligt? Wer weniger?
- Hat die moderierende Person allen Teilnehmenden ungefähr den gleichen Redeanteil angeboten?
- Wie zufrieden wirkten die Teilnehmenden im Call?
- Wie war die Aufmerksamkeit der Teilnehmenden?
- Wie haben Sie Ihre Mimik und Gestik eingesetzt?

Mögliche Missverständnisse sofort aufklären
Waren Sie im Gespräch bei einer Situation mal nicht sicher, wie Ihr Gegenüber das Gesagte gemeint hat (oder Ihre Aussage aufgefasst hat), dann hadern Sie nicht. Sprechen Sie diese Person im Anschluss direkt an und fragen Sie nach. Auch hier gilt: Lieber früher als später.

Wenn Sie das Onlinegespräch aufzeichnen, dann nehmen Sie sich die Zeit, es sich anzuschauen und zu analysieren: Wo war ich gut? Wo nicht? Wo gab es einen Konflikt? War diese Person wirklich so seltsam zu mir oder kam mir das nur so vor? Sie müssen sich nicht die komplette Aufzeichnung anschauen. Es reichen die Stellen, die Sie als kritisch empfunden haben. Beim wiederholten Anschauen stellt sich manchmal schon heraus, dass Sie beispielsweise viel souveräner gewirkt haben, als Sie sich gefühlt haben. Auch können Sie so die Reaktionen der Teilnehmenden beobachten. Wenn Sie nicht die organisierende Person sind, können Sie diese bitten, Ihnen die Videoaufzeichnung zu senden. Dann haben auch Sie die Möglichkeit, sich im Call zu analysieren.

Zusammengefasst !

- Ein Onlinegespräch beginnt mit einem Eisbrecher und Small Talk.
- Erst danach geht es zum Wesentlichen über.
- Eine hohe Interaktion mit den Teilnehmenden macht jeden Videocall spannend und wirksam.
- Für die Interaktion gibt es viele Tools und Methoden.
- Lassen Sie sich nicht durch streikende Technik oder toxische Teilnehmende aus der Ruhe bringen.
- Planen Sie die Nachbereitung des Calls vorab – so sparen Sie Zeit.

5 Methoden und Tools für erfolgreiche Online-Meetings

5.1 Grundvoraussetzungen für den Einsatz von Methoden

Es gibt eine enorme und stetig wachsende Vielzahl an Methoden und Tools für unterschiedlichste Zwecke im Videocall. Inzwischen ist klar: Ein gelungenes Online-Meeting richtet sich gleichermaßen auf den Inhalt, das menschliche Wohlergehen, den sozialen Kontakt und natürlich den Spaßfaktor aus. In Zeiten von Homeoffice dreht es sich in wirksamen Onlinegesprächen nicht nur um das rein Geschäftliche, sondern auch um das Leben abseits davon – im Wahnsinn zwischen Kochtöpfen, Wäscheständern, Kindern und anderen Mitbewohnern. Gute Videocalls lockern lange Termine auf, bringen Teilnehmende in die richtige Stimmung und überbrücken jede Form von Distanz – ob persönliche, geografische oder digitale. Die Anwesenden rücken somit näher zusammen, lernen sich besser kennen, finden Gemeinsamkeiten, bilden Sympathien und wecken das gegenseitige Vertrauen. Die passenden Tools und Methoden helfen, das soziale Miteinander im Videocall gezielt zu fördern.

Der Einsatz sollte gut überlegt, gut geplant und vor allem thematisch passend sein. Überlegen Sie sich: Welchen Zweck soll das Tool oder die Methode im Onlinegespräch erfüllen: Kennenlernen, Teambildung, Aktivierung, thematische Einleitung, auflockern, zum Lachen bringen oder Spaß haben? Wer es schafft, eine wirklich passende Übung auszuwählen, die sich im besten Fall noch mit den Inhalten des Meetings verbinden lässt, kann hier richtig Sympathiepunkte sammeln. Mit dem korrekten Einsatz kann die moderierende Person ihre Expertise untermauern und signalisiert den Teilnehmenden: Ich habe das große Ganze im Blick und achte auf eure persönlichen Bedürfnisse. Die Teilnehmenden fühlen sich dadurch wesentlich besser abgeholt und mitgenommen. Sie sind Mitgestaltende und aktiv Beteiligte. Sehr wichtig sind ein Einstieg (Check-in) und ein Ausstieg (Check-out), die losgelöst vom beruflichen Kontext sind. Fallen Sie nicht mit der Tür ins Haus und starten direkt mit dem Geschäftlichen. Holen Sie die Leute erst einmal ab, bevor Sie thematisch einsteigen – und leiten Sie sie ebenfalls wieder heraus.

Die Grundüberlegungen

Bevor wir uns den Methoden zuwenden, schauen wir uns zuerst die wichtigsten Grundüberlegungen zum Einsatz von Tools und Methoden an. Diese sind:

- Störfaktoren vermeiden
- langsam heranführen
- in der Gruppe Vertrauen aufbauen
- den Sinn aufzeigen/den Grund erläutern

- Regeln oder Durchführung der Methoden aufschreiben und teilen, wenn sie komplizierter sind
- als organisierende Person selbst intensiv mitmachen oder auch selbst starten

Was kann die Anwesenden hemmen mitzumachen?
- zu viele unbekannte oder hierarchisch übergeordnete Personen dabei
- es wird aufgezeichnet
- es bringt sie generell aus der Komfortzone

Typische Fehler, die das Mitmachen der Teilnehmenden erschweren:
- halbherzig starten
- keine Beispiele geben
- keine Visualisierung nutzen
- zu lang erklären
- zu frühes Startsignal – es sind noch nicht alle bereit oder wichtige Informationen fehlen

Vor dem Start aktiv Feedback einholen:
- Frage: »Haben es alle verstanden? Dann bitte Daumen hoch in die Webcam.«

Weitere Aspekte, die es beim Einsatz von Tools und Methoden zu beachten gilt:
- In welchen Räumlichkeiten befinden sich die Teilnehmenden? Wer in einem vollbesetzten Großraumbüro sitzt, möchte vielleicht nicht zehn Liegestütze und fünf Hampelmänner als Aktivierung machen oder Äpfel von einem virtuellen Baum pflücken – vor allem dann nicht, wenn die Person direkt einem strengen Vorgesetzten gegenübersitzt.
- Was ist das Ziel der Übung? Wie trägt die Übung zum Meetingerfolg bei? Warum machen wir das?
- Zeit berücksichtigen!
- Gut vorbereiten. Alles, was schriftlich festgehalten und an die Teilnehmenden kommuniziert werden sollte, muss auch festgehalten und kommuniziert werden. Klare Anleitung, am besten mit Bildern – und immer nach dem KISS-Prinzip (Keep it short and simple).
- Übungen sind Mittel zum Zweck – sie sind nicht der Zweck selbst. Machen Sie also keine Übung, nur weil sie Ihnen besonders gut gefällt. Wenn eine Übung keinen Mehrwert oder Nutzen für die Gruppe oder das Thema bringt, dann wenden Sie sie nicht an. Lösen Sie sich (auch emotional) von allem, was in dem Kontext keinen Mehrwert bietet.
- Ist das Meeting oder der Workshop eine Serie, die öfter stattfindet? Dann sollten Sie andere Methoden wählen als bei einmaligen Veranstaltungen.
- Fragen Sie sich immer: Welche Technik ist zur Durchführung der Übung notwendig? Ist das technisch leicht machbar oder muss ich mit Schwierigkeiten rechnen?

- Nicht jede Übung kann auf beliebig viele Teilnehmende angewandt werden. Überprüfen Sie immer die maximale Teilnehmerzahl, für die sich die Methode eignet.
- Sollten die Teilnehmenden für die Übung ihre Kamera aktiviert haben?
- Müssen alle ihr Mikrofon bei der Übung selbst laut oder stumm stellen können?

Sobald Sie sich zu diesen Fragen Gedanken gemacht haben, können Sie überlegen:
- Welche Übungen sind zu welchem Abschnitt im Meeting hilfreich und unterstützend?
- Wie können die Methoden Ihnen dabei helfen, die Anwesenden optimal zu aktivieren, ihre Aufmerksamkeitsfähigkeit zu fördern oder das gewünschte Arbeitsergebnis zu erreichen?

Im Folgenden stelle ich Ihnen eine Auswahl an praktischen Übungen vor, die Sie für Ihre Videocalls nutzen können. Diese Auswahl ist bei Weitem nicht vollständig. Machen Sie sich also gerne weiter auf die Suche nach spannenden Methoden und interessanten Tools.

5.2 Die Methodenfundgrube

Jede Übung verfolgt ein bestimmtes Ziel – oder auch mehrere. Die folgenden Übungen können sowohl in Onlinegesprächen mit nur zwei Personen als auch bei regelmäßigen Teammeetings, großen Videokonferenzen oder Onlineworkshops eingesetzt werden.

Die für mich wichtigsten Gruppierungen der Methoden sind:
- Eisbrecher
- Aktivierungsmethoden
- Kennenlernmethoden
- Kreativitätsmethoden
- Methoden zur Wiederholung
- Methoden für den Transfer
- Methoden zum Feedbackgeben

Für optimalen Arbeitsfluss: »X« im Chat oder virtueller Ball?
Um den Arbeitsfluss während der Übung effizient zu gestalten und zu vermeiden, dass mehrere Personen gleichzeitig sprechen oder sich keiner traut, den Anfang zu machen, gibt es folgende Lösungen:
- Jede Person schreibt vor der Übung ein »X« in den Chat. Die Reihenfolge, in der das »X« eintrifft, ist die Reihenfolge für den Verlauf der Übung. Das erste »X« beginnt, dann kommt das zweite usw.
- Bei kleineren Gruppen können sich die Beteiligten einen virtuellen Ball zuwerfen. Die sprechende Person entscheidet dann, wem sie den Ball als Nächstes zukom-

men lässt. Dabei kann sie gerne so tun, als würde sie einen Ball werfen. Sie nennt den Namen der Person, die den Ball fangen soll. Diese Person fängt den fiktiven Ball – vielleicht fällt sie dabei fast vom Stuhl – und macht im Anschluss mit der Aufgabe weiter. Danach gibt sie den Ball weiter.
- Sie können auch alphabetisch vorgehen – mal vorwärts und mal rückwärts.

Im Folgenden finden Sie nun eine Auswahl hilfreicher und praxiserprobter Übungen und Methoden, aus der Sie sich gerne für Ihren nächsten Videocall bedienen können. Der Einfachheit halber sind sie alphabetisch sortiert. In der Übersicht erkennen Sie auf einen Blick, welche Methode Sie wofür verwenden können.

Übersicht

Name	Eisbrecher	Kennenlernen	Aktivierung	Kreativ	Transfer	Feedback
Alltagsgegenstand	×	×	×	×	×	×
Ampel-Feedback			×			×
Bingo	×	×	×			
Chat-Blitzlicht	×	×	×	×	×	×
Chatstorm	×	×	×	×	×	×
Ein Bild (GIF) sagt mehr als tausend Worte	×	×	×	×	×	×
Fünf-Finger-Feedback			×			×
Geräusch und Bewegung	×	×	×			
Geschenke verteilen			×			×
Gute Frage!	×	×	×	×	×	×
Improvisationstheater	×	×	×	×	×	×
Körperliche Aktivitäten	×		×			
Kreativer Name	×	×	×			
Lass die Kamera an/ Heb die Hand, wenn …	×	×	×		×	×
Meetingkarten	×	×	×	×	×	×
Monster zeichnen	×	×	×	×	×	×

Name	Eis-brecher	Kennen-lernen	Aktivie-rung	Kreativ	Transfer	Feedback
Montagsmaler	×		×	×	×	
Porträtspiel		×	×	×		
PowerPoint-Karaoke		×	×	×	×	
Quiz, Rätsel, Umfrage etc.	×	×	×	×	×	×
Rollenvergabe			×	×	×	×
Rucksack und Mülleimer			×	×	×	×
Schere, Stein, Papier			×			
Schlüsselbund	×	×	×	×	×	×
Skalenabfrage und soziometrische Auf-stellung	×	×	×	×	×	×
Smileys im Chat	×	×	×		×	×
Speeddating und ge-heimer Drilling	×	×	×			
Stadt, Land, Fluss			×	×		
Stimmungsbarometer	×		×			×
Story Cubes	×	×	×	×	×	×
Tabu	×		×	×	×	
Überraschungsei	×	×	×	×	×	×
Vernissage	×	×	×	×	×	×
Videos			×			
WOL	×	×	×	×		
World Café		×	×	×	×	
Zwei Wahrheiten, eine Lüge	×	×	×	×		
Zitate	×	×	×	×	×	×

Tab. 5.1: Die Übersicht: Welche Übung ist für welche Situation geeignet?

5.2.1 Alltagsgegenstand

Alltagsgegenstände lassen sich fantastisch in Aktivierungs-, Kennenlern- oder auch Feedbackübungen einbauen.

- Variante eins:
  Keine Vorabinformation. Die Teilnehmenden werden spontan gebeten, sich einen Gegenstand in ihrer Reichweite zu greifen, in die Kamera zu halten und sich anhand dessen vorzustellen, Feedback zu geben etc.
- Variante zwei:
  Die Teilnehmenden erhalten vorab die Information, dass sie einen bestimmten Gegenstand mitbringen sollen. Sie erinnern sich an den Stein oder die Nuss aus Kapitel 2? Es können Gegenstände sein, die im übertragenen Sinne – symbolisch – für etwas stehen und die während des Online-Meetings in die Hand genommen und betrachtet, beschrieben oder an denen gerochen werden soll. Welche Gegenstände das sein könnten, bleibt Ihnen überlassen: die Lieblingstasse, der Lieblingspulli, das Lieblingsbuch etc.
- Variante drei:
  Schnitzeljagd. Die Teilnehmenden bekommen die Aufgabe, in zwei Minuten ein paar Dinge zu suchen und in die Kamera zu halten. Zum Beispiel: etwas Grünes, etwas Rundes, etwas Haariges, etwas Lebendiges, etwas Hartes, etwas Weiches etc. Auch das lässt sich fantastisch mit etwas Kreativität in die Inhalte eines Online-Meetings einbauen.
- Variante vier:
  Türme bauen. Entweder sollen die Teilnehmenden vorab schon Materialien mitbringen und bekommen dann im Meeting die Aufgabe, daraus einen möglichst hohen Turm zu bauen. Das wirkt sich positiv auf die Kreativität aus, weckt den Spieltrieb und kann Lösungsprozesse erleichtern. Insbesondere wenn alle die gleichen Gegenstände nutzen, ist es spannend zu sehen, wie unglaublich vielseitig die Ergebnisse ausfallen. Auch das kann wieder auf die Inhalte und Prozesse im Meeting übertragen werden. Alternativ kann ein Turm spontan mit allem, was in Reichweite zur Verfügung steht, gebaut werden. Man darf sich nicht vom Platz wegbewegen. Wer den höchsten Turm baut, hat gewonnen.

5.2.2 Ampel-Feedback

Für das Ampel-Feedback lohnt es sich, vorab drei runde farbige Moderationskarten per Post an alle Teilnehmenden zu senden. Die Farben sprechen für sich: Grün ist positiv, Gelb ist mittelmäßig und Rot ist negativ. Dann können alle die farbigen Karten in die Kamera halten, sobald die Abfrage kommt. Das Ampel-Feedback kann beispielsweise nach jeder Sequenz in einem Meeting oder Workshop gegeben werden – bevor Sie zum nächsten Thema übergehen. Sobald die Karten auf dem Monitor zu sehen sind, können Sie einen Screenshot machen. So erkennen Sie im Anschluss, welche Sequenzen den Teilnehmenden gut gefallen haben und welche weniger.

5.2.3 Bingo

Online-Meeting-Bingo ist ein schönes Auflockerungsspiel. Es kann aber auch gespielt werden, um sich bestimmte Begriffe einzuprägen. Das klassische Bingo geht so:

- Jeder bekommt eine Karte mit Zahlen drauf.
- Die moderierende Person zieht nun eine Zahl.
- Alle, die diese Zahl auf ihrer Karte haben, kreuzen sie an.
- Dann wird die nächste Zahl gezogen usw.
- Die Person, die zuerst eine Reihe (senkrecht, waagerecht oder diagonal) voll hat, gewinnt.

Bei größeren Unternehmen, die im Onboarding-Prozess gleich mehrere Mitarbeitende für dieselbe Abteilung einführen, kann Bingo beispielsweise mit Produktnamen statt mit Zahlen gespielt werden.

Eine weitere interessante Variante ist das Online-Meeting-Bingo, das Ihnen als Download über den Link im Bild »Online-Meeting-Bingo-Vorlage« zur Verfügung steht.

Abb. 5.1: Online-Meeting-Bingo-Vorlage zur persönlichen Individualisierung

5.2.4 Chat-Blitzlicht

Beim Chat-Blitzlicht geht es darum, kurz und knapp von allen Teilnehmenden Informationen einzufordern. Das Chat-Blitzlicht kann vielseitig eingesetzt werden. Sie können es zu Beginn anwenden, um Vorwissen in Erfahrung zu bringen oder um die Teilnehmenden thematisch einzustimmen. Sie können diese Methode auch am Ende eines Onlineworkshops nutzen, als Wiederholung: »Jede Person schreibt jetzt einen Punkt auf, der ihr in dieser Session am deutlichsten im Kopf geblieben ist.«

5.2.5 Chatstorm

Chatstorm ist die digitale Variante eines Brainstormings. Es geht darum, im Chat Ideen zu sammeln, die zunächst nicht von den anderen bewertet werden. Diese Methode eignet sich, wenn Sie viele Ideen sammeln möchten, aber vermeiden wollen, dass die Anwesenden von den Ideen der jeweils anderen beeinflusst werden.

Bei dieser Übung müssen Sie mehrmals betonen, dass erst auf Enter gedrückt werden darf, wenn Sie das Zeichen dazu geben. Die Teilnehmenden sollen Begriffe zu einer Fragestellung im Chat notieren. Am besten geben Sie vor, wie viele Begriffe ungefähr genannt werden sollen, damit es nicht völlig unausgewogen ist und alle auf gleiche Art und Weise gefordert werden. Weisen Sie die Teilnehmenden darauf hin, dass sie keine Absätze im Chatfenster machen dürfen (mit »Enter« werden die Chatbeiträge verschickt) und ihre Beiträge einfach mit einem Semikolon voneinander trennen sollen. So vermeiden Sie, dass plötzlich doch ganz viele Nachrichten schon kommen, obwohl Sie noch gar nicht das »Go« gegeben haben. Im Anschluss können Sie vergleichen, welche Begriffe genannt wurden. Zudem sehen Sie relativ schnell, bei welchen Aspekten Überschneidungen bestehen.

Erweiterung: Nach der quantitativen Ideensammlung können Sie beispielsweise mit einem Live-Abstimmungstool die Ideen validieren lassen – bis die besten fünf Ideen von der Gruppe gewählt wurden. Dafür eignet sich wieder ein Whiteboard-Tool wie *Mural* oder *Miro*. Wenn Sie die Begriffe aus dem Chat kopieren und auf dem Whiteboard auf »Einfügen« gehen, werden automatisch für jeden Begriff einzelne Post-its erstellt. Diese können Sie dann sortieren, gruppieren und mit der Umfragefunktion die Teilnehmenden abstimmen lassen.

5.2.6 Ein Bild (GIF) sagt mehr als 1000 Worte

Nutzen Sie so oft wie möglich Bilder in Ihren Übungen. Möglichkeiten dafür sind:

- Kennenlernen: Jede Person bringt ein eigenes persönliches Bild mit, das sie bei etwas zeigt, über das die anderen etwas erfahren sollen. Alternativ kann (z. B. auf *Mural*) jeder ein Bild aus dem Internet auswählen und auf dem Whiteboard einfügen. Für den Zweck des Kennenlernens muss jede Person zu Wort kommen, ihr Bild beschreiben und erklären, warum sie das Bild ausgewählt hat.
- Ideen sammeln, wenn es darum geht, bestimmte Fragestellungen bildhaft zu beantworten. Beispielsweise bei der Frage: »Welche Emotionen soll unser Produkt auslösen?« Oder: »Worauf freut ihr euch bei der anstehenden Jahreszeit am meisten?« Dann suchen die Teilnehmenden passende Bilder oder auch GIFs heraus und sammeln diese auf einem geteilten Whiteboard oder in einem Dokument.
- Es bieten sich viele weitere Zwecke an, beispielsweise für das Feedback oder den Transfer.

5.2.7 Fünf-Finger-Feedback

Das Fünf-Finger-Feedback ist eine tolle Feedbackmethode, für die es sich lohnt, die Aufgabenstellung schriftlich festzuhalten und zu teilen. Die Teilnehmenden geben Feedback anhand aller Finger einer Hand:

- Daumen: Das hat mir gut gefallen.
- Zeigefinger: Das merke ich mir./Hier sollten wir aufpassen.
- Mittelfinger: Das hat mir gestunken.
- Ringfinger: Das war besonders wertvoll.
- Kleiner Finger: Das ist mir zu kurz gekommen.

Je nach Anzahl der Teilnehmenden und verbleibender Zeit kann sich jede Person auch einen Finger (eine Bewertung) aussuchen, zu dem sie etwas sagen möchte. Für ein umfangreiches Feedback ist es toll, wenn die Zeit es hergibt, dass alle zu jedem Finger etwas sagen oder mit der Methode Chatstorm in den Chat schreiben.

5.2.8 Geräusch und Bewegung

Die Übung »Geräusch und Bewegung« eignet sich zu Beginn, zum Beispiel in Onlineworkshops, bei denen Sie die Teilnehmenden noch nicht gut kennen und unsicher sind, ob alle mit der Technik klarkommen oder sich trauen, sich zu Wort zu melden. Voraussetzung: Alle Kameras sind aktiviert und jeder kann jeden sehen. Dann haben alle nacheinander die Aufgabe, ein Geräusch mit einer Bewegung zu kombinieren. Beides zusammen soll Aufschluss über die Stimmung beziehungsweise den Gemütszustand der Person geben. Sobald eine Person das vorgemacht hat, sollen alle anderen gleichzeitig das Geräusch und die Bewegung nachmachen. Danach gibt die Person die Rolle weiter an eine andere – vielleicht mit dem virtuellen Ball. Zum Beispiel: Timo startet, macht eine Siegesfaust in die Luft und ruft dabei »Yeah«, denn er hat gerade eine sehr erfreuliche Nachricht bekommen. Alle anderen machen die Faust und den Yeah-Ruf nach – gleichzeitig. Diese Übung eignet sich gut dazu, Hemmungen abzubauen – den Teilnehmenden fällt es hinterher deutlich leichter, sich zu Wort zu melden und sich vor der Kamera zu zeigen. Zudem ist die Übung einfach, braucht keine Vorbereitung und kann schnell und spontan eingesetzt werden.

5.2.9 Geschenke verteilen

Im Online-Meeting sind wir so viel bei TCB *(Taking Care of Business)*, dass wir das Thema Wertschätzung und Lob schnell vergessen. Mit dieser Methode ist jeder aufgefordert, einer anderen Person ein Geschenk zu machen – und das auch zu begründen: »Liebe Sara, für mich hast du heute maßgeblich zum Meetingerfolg beigetragen, weil du in deiner Rolle als Timekeeperin uns immer wieder zurück zur Agenda geholt hast.

Dadurch haben wir uns nicht verzettelt. Als Geschenk bekommst du von mir einen Joker für einen Rollentausch. Falls dir das nächste Mal eine Meetingrolle widerstrebt, darfst du diese mit mir einmal tauschen.« Wichtig: Es geht hierbei nicht um materielle Geschenke, sondern um Gesten, liebe Worte und Wertschätzung.

5.2.10 Gute Frage!

Fragen können einfach und ohne große Vorbereitung zu Beginn eines Meetings als Eisbrecher, bei kreativen Übungen, zum Kennenlernen und für viele weitere Zwecke verwendet werden. Das Problem: Oft fehlt uns im richtigen Moment der kreative Einfall für passende Fragen. Deshalb habe ich hier für Sie eine umfangreiche Übersicht zusammengetragen, damit Sie für jede Situation eine bereithaben. Wie Sie die Fragen einsetzen möchten, ist Ihnen überlassen. Sie können sich eine Frage raussuchen und diese an alle Teilnehmenden weitergeben. Diese sollen dann entweder nacheinander oder im Chat ihre Antworten darauf geben. Sie können auch eine Auswahl von fünf Fragen über ein Whiteboard an die Teilnehmenden geben. Dann sucht sich jeder eine Frage aus, die er oder sie über die Kommentarfunktion beantwortet.

- Wer ist dein Role Model?
- Welches Lied versetzt dich jederzeit in eine gute Stimmung?
- Was ist dein Lieblingssong?
- Welcher Song beschreibt dich heute am besten?
- Nenne eine Lieblingsband aus deiner Kindheit.
- Was war dein außergewöhnlichstes Erlebnis?
- Worüber hast du heute/diese Woche schon gelacht?
- Was sind deine Top-3-Buchempfehlungen?
- Welchen Film hast du zuletzt gesehen?
- Was ist dein Lieblingsfilm?
- Wenn ich eine Jahreszeit wäre, wäre ich ...
- Welche Gerüche bringen dich auf positive Gedanken?
- Welche Sportarten hast du schon ausgeübt?
- Nenne ein Gericht, das du gerne kochst.
- Mach ein Foto von einem Gegenstand bei dir zu Hause. Teile das Foto mit uns und erzähl etwas dazu.
- Welche »Superkräfte« hättest du heute gerne?
- Wenn du die Möglichkeit hättest, mit einer Zeitmaschine zu reisen – wohin würdest du reisen? Warum? Was würdest du dort tun? Kommst du zurück?
- Welcher Superheld oder welche Superheldin wärst du?
- Welche berühmte Persönlichkeit wärst du?
- Welche Wettervorhersage bist du heute?
- Wenn du jetzt nicht hier wärst und frei wählen könntest, wo wärst du stattdessen am liebsten?

- Mit welchen drei Wörtern würde dein bester Freund/deine beste Freundin dich uns beschreiben?
- Wenn du frei wählen könntest, ...
  - in welchem Land würdest du leben?
  - in welchem Ort würdest du leben?
  - welchen Architekturstil hätte das Haus, in dem du wohnst?
  - welche Arbeit würdest du verrichten?
  - welchen Sport würdest du machen?
  - welche Personen wären bei dir?
- Wenn du eine Fernbedienung mit nur einem Knopf hättest, mit dem du etwas in deinem Leben kontrollieren oder steuern kannst, wofür wäre dieser Knopf?
- Was machst du (heute), wenn deine Batterien leer sind?
- Was hast du als Kind wahnsinnig geliebt?
- Was ist der wundervollste Ort, an dem du jemals warst?
- Was brauchst du, um in diesem Meeting mit voller Konzentration dabei zu sein?
- Erzähle uns etwas, das du in der letzten Woche gelernt hast.

Sie sehen, es gibt unzählige Möglichkeiten, die sowohl auf Privates, Persönliches, Berufliches als auch den Verlauf des Online-Meetings aufbauen. Suchen Sie sich ein paar Fragen heraus, die Sie in Ihrem nächsten Online-Meeting einsetzen. Sie werden überrascht sein, wie positiv die Resonanz ist.

5.2.11 Improvisationstheater: Konfuzius sagt, ...

Bei einer Onlineweihnachtsfeier habe ich eine tolle Form des Improvisationstheaters kennengelernt. Sie klingt etwas kompliziert, macht aber unglaublich viel Spaß. Benötigt werden mindestens drei Personen. Der Ablauf ist folgender:

1. Die Personen eins und drei überlegen sich eine Aussage zu einem vorgegebenen Thema und schreiben diese auf einen Zettel. Bei einer Weihnachtsfeier liegt das Thema »Weihnachten« natürlich nahe. Die Aussagen werden hier noch nicht mit den anderen Anwesenden geteilt.
2. Person eins liest nun ihre Aussage laut vor, zum Beispiel: »Wenn an Weihnachten Vollmond ist, schlafen alle Menschen gut.«
3. Person zwei greift die Aussage von Person eins auf – und verstärkt sie durch Übertreibungen, zum Beispiel: »Wenn an der wundervollen Weihnacht ein strahlender Vollmond ist, schläft die ganze Welt tief und fest.«
4. Die dritte Person hat nun die Aufgabe, mit der Aussage von Person zwei und ihrer eigenen Aussage (z. B.: »Früher war mehr Lametta«) einen philosophischen Satz zu formen. Dieser kann beispielsweise so aussehen: »Konfuzius sagt: Wenn am wun-

dervoll glänzenden Weihnachtsabend bei Schnee ein Vollmond strahlender und größer als die Sonne ist und infolgedessen das Universum wie Dornröschen schläft, ist am Folgetag mehr Lametta am Baum zu finden.«

Danach geht es von vorne los und die Rollen werden weitergegeben. Es dauert meist zwei Runden, bis alle den Ablauf verstanden haben. Je nachdem, wie kreativ und aufgeschlossen die Teilnehmenden sind, verspreche ich Ihnen, dass Sie Tränen lachen werden.

Alternativ gibt es natürlich noch eine Vielzahl an anderen Methoden aus dem Improvisationstheater, die sich als Eisbrecher, Aktivierung etc. nutzen lassen und insbesondere auch bei Kreativitätsprozessen hilfreich sein können. Hier finden Sie weitere Möglichkeiten:

- Übungen fürs Theater und Improtheater: https://improwiki.com/de/uebungen
- Zap A Lot Spielesammlung (Übungen und Spiele für das Improvsationstheater: http://www.impro-theater.de/dmdocuments/spielesammlung_zapalot.pdf

5.2.12 Körperlich aktiv werden

Wenn Sie feststellen, dass die Teilnehmenden müde oder unkonzentriert sind, lohnt sich eine kurze Sequenz körperlicher Aktivierung, bei der alle mitmachen. Das kann zum Beispiel sein:

- **Skifahren:**
  Leiten Sie die Übung am besten mit der direkten Frage ein: »Wer von euch geht gerne Skifahren? Bitte Hand heben.« Im besten Fall sind das die meisten Anwesenden. Dann wissen Sie schon, dass Sie ihnen gleich etwas Gutes tun werden mit dieser Übung. Bitten Sie die Teilnehmenden, sich hinzustellen, die Augen zu schließen und sich vorzustellen, sie würden auf einem schneebedeckten Berg stehen. Sie atmen die klare, kalte Luft ein, genießen den Blick in das weiße Tal oder auf den Horizont mit den weißen Bergkuppen. Noch einmal kurz checken, ob die Skibrille sitzt und ... Jetzt geht es los! (Bis zu dieser Stelle müssen Sie den Teilnehmenden noch gar nicht sagen, dass sie jetzt gemeinsam Ski fahren werden. Nutzen Sie ruhig den Überraschungsmoment.) Die Stöcke in den Schnee und hinunter den Hang! Die Teilnehmenden sollen nun leicht in die Knie gehen und sich nach vorn beugen. Dann können Sie angeben, ob eine Rechts- oder Linkskurve kommt, ob Sie eine Buckelpiste oder Schuss fahren – und alle sollen mitmachen. Danach sind die Teilnehmenden in der Regel wach und die Assoziationen, die Sie mit der Ge-

dankenreise in die Berge geschaffen haben, sorgen in der Regel für eine positive und freudige Atmosphäre.

- **Springreiten:**
  Mein Lieblingssport eignet sich auch gut zur Aktivierung, insbesondere wenn es Hochsommer ist und sich das Bedürfnis nach Skifahren in Grenzen hält. Dabei können Sie zum Beispiel auch eine Fuchsjagd über Stock und Stein machen. Hilfreich ist auch hier, die Teilnehmenden zuvor zu bitten, die Augen zu schließen und sich gedanklich in das Szenario hineinzuversetzen. Dann fällt der Startschuss und Sie führen die Teilnehmenden »durch den Wald«. Dabei dürfen Sie sich gerne anhören wie ein Sportmoderator: »Es geht los, wir nehmen Geschwindigkeit auf, hüa, das erste Hindernis kommt, ein riesiger Baumstamm und das Pferd hebt ab und – hui – weiter geht es, Linkskurve und: Oh, ein Ast, schnell ausweichen ...« usw. Auf die gleiche Art können Sie eine Fahrradtour mit dem Mountainbike machen. Der Kreativität sind wie immer keine Grenzen gesetzt.
- **Gemeinsame Sporteinheit:**
  Sie können auch gemeinsam mit der Gruppe fünf Minuten Frühsport machen. Dabei kann sich jede anwesende Person eine Übung aussuchen. Zum Beispiel: Alexander startet und möchte, dass alle fünf Hampelmänner machen. Danach übernimmt Marion – sie sagt, alle sollen auf der Stelle laufen und dabei die Knie hochziehen. Und so weiter.
  Der Vorteil dieser Übung: Jeder meldet sich einmal zu Wort und ist aktiv. Damit fällt einerseits eine erste kleine Hürde zu Beginn des Onlinecalls – denn jeder war präsent. Gleichzeitig steigt die Wahrscheinlichkeit, dass sich später beim eigentlichen Thema alle ungehemmter beteiligen. Und das Beste ist: Die Übung ist einfach und unkompliziert durchzuführen. Sie aktiviert, motiviert und macht den meisten Leuten Spaß.

Hier finden Sie noch weitere Anregungen, was Sie am Schreibtisch an Übungen machen können, um Körper und Geist etwas Gutes zu tun: https://www.we-go-wild.com/buerogymnastik-fit-im-buero.

5.2.13 Kreativer Name

Die Methode »kreativer Name« eignet sich gut zum Kennenlernen, da wir damit auf einfache und nachhaltige Art und Weise etwas mehr über die Eigenschaften einer Person erfahren.

Abb. 5.2: Kreativer Name

5.2.14 »Lass die Kamera an, wenn du ...« oder »Heb die Hand, wenn du ...«

»Lass die Kamera an/Heb die Hand, wenn du ...« ist eine wunderbare Kennenlernmethode, die sich auch für Stimmungsbilder, Quiz oder Abfragen eignet. Die erste Variante ist (je nach Videokonferenzsystem) durch die Anzahl der Teilnehmenden begrenzt. Sie ist vor allem dann sinnvoll, wenn Sie im wahrsten Sinne ein Bild von der Auswertung bekommen möchten. Die zweite Variante »Heb die Hand« kann auf zwei Arten umgesetzt werden.

1. Bei wenigen Teilnehmenden kann die Hand in die Kamera gehoben werden.
2. Bei sehr vielen Teilnehmenden kann die virtuelle Hand gehoben werden. Dafür ist es notwendig, dass die Teilnehmerliste im Videokonferenzsystem von jedem aufgerufen werden kann. So ist für alle ersichtlich, wer die Hand gehoben hat und wer nicht.

Sie können alltägliche Dinge sagen, wie zum Beispiel: »Lass die Kamera an, wenn du heute schon herzlich gelacht hast.« All diejenigen, die noch nicht herzlich gelacht haben, machen dann ihre Kamera aus. Oder: »Wer hat seine Ziele im heutigen Meeting schon erreicht?« etc. Danach folgt die nächste Frage.

5.2.15 Meetingkarten

Online-Meetingkarten eignen sich für unterschiedlichste Zwecke:

- Die Teilnehmenden können jederzeit eine Karte in die Kamera halten und damit ihre Bedürfnisse, Probleme oder Wünsche zum Ausdruck bringen, ohne sich dabei zu Wort melden oder jemanden im Wortfluss unterbrechen zu müssen.
- Die Karten können für Abstimmungen genutzt werden.
- Die Karten unterstützen die jeweiligen Rollenverantwortlichen, ihrer Rolle gerecht zu werden. Zum Beispiel kann vereinbart werden, dass der oder die Zeitverantwortliche immer eine Minute vor Ablauf der Zeit zu einem Thema eine Karte mit einer Sanduhr in die Kamera hält. So wissen alle (sofern die Kameras eingeschaltet sind): »Wir müssen zum Ende kommen« – ohne dass der Redefluss unterbrochen wird.
- Die Karten können für den Check-in, den Check-out oder das Feedback in einem Online-Meeting genutzt werden. So sucht sich jeder eine Karte aus und erzählt anhand dieser Karte eine kurze Geschichte über sich, über die nächsten Arbeitsschritte oder Ähnliches. Zum Beispiel: Die Karte »Blick in die Kamera« kann dafür stehen, dass die Person einen neuen Blick auf ihre Prioritäten werfen oder ihren Fokus neu ausrichten möchte.

Das Großartige an Karten ist: Im Team können sich dadurch auch introvertierte Personen leicht Gehör verschaffen – und das in Situationen, in denen sie sonst nichts sagen würden. Es ist deutlich einfacher, eine Karte in die Kamera zu halten, als sich zu Wort zu melden und »Gefahr« zu laufen, jemanden zu unterbrechen oder zeitgleich mit einer anderen Person zu sprechen. Zudem schwingt mit der Karte kein Unterton mit, der gegebenenfalls falsch aufgefasst werden könnte. Ich kann Ihnen die Karten wärmstens empfehlen. Scannen Sie bei Interesse mithilfe der smARt-Haufe-App die folgende Abbildung: Hier können Sie die Karten, die meine Kollegin und ich entworfen haben, einsehen und zum Ausdrucken und Ausschneiden herunterladen. Alternativ können Sie die Karten auch als fertiges Kartenset auf meiner Website www.digitale-rhetorik.com käuflich erwerben.

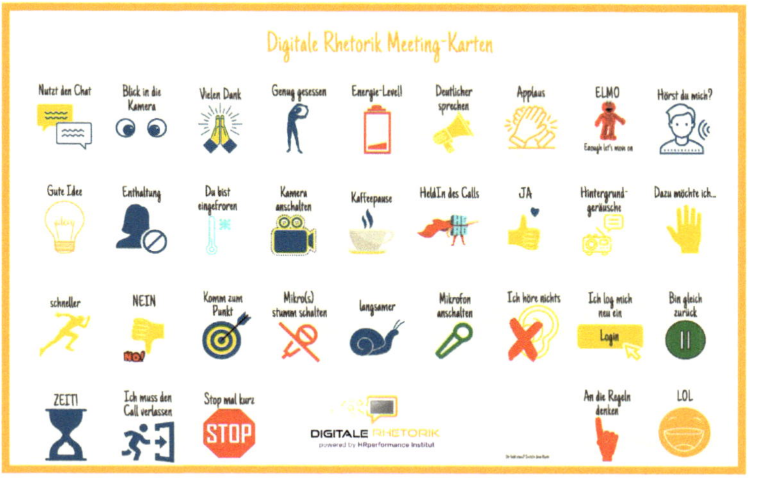

Abb. 5.3: Online-Meetingkarten zum Herunterladen und Ausdrucken

5.2.16 Monster zeichnen

Monster zu zeichnen ist eine weitere Kreativitätsmethode. Hierbei werden alle Teilnehmenden aufgefordert, eine einfache Form, zum Beispiel einen Kreis oder ein Dreieck, auf ein Blatt Papier zu zeichnen. Danach hat jeder ein bis zwei Minuten Zeit, aus dieser Grundform ein Monster entstehen zu lassen. Zum Beispiel: Ihr Thema ist Zeitmanagement. Jede Person soll nun ihr eigenes Zeitmanagement-Monster entwickeln. Wie das geschieht, ist jedem selbst überlassen. Die zu Beginn gezeichnete Form bildet nur eine visuelle Grundlage und Stütze für diejenigen, die Mühe haben, so etwas aus dem Stegreif zu zeichnen. Je nach Teilnehmerzahl können die Monster anschließend im Plenum oder in digitalen Gruppenräumen vorgestellt werden. Meine Erfahrung hat gezeigt: Es ist sehr hilfreich, Probleme zu verbildlichen, um sie intensiver angehen zu können – ganz egal ob Struktur-, Prozess-, Projekt- oder persönliche Probleme. Die Methode wurde in Online-Meetings bisher immer sehr geschätzt.

5.2.17 Montagsmaler

Beim Montagsmaler kommt jede Person einmal an die Reihe. Pro Person gibt es eine Minute Zeit. Die Person malt ein Bild und die anderen müssen erraten, was das Gemalte darstellt. Bei dieser Methode können die Teilnehmenden mit einem Tool wie *OneNote* oder gängigen Whiteboard-Tools Gegenstände zeichnen. Die Begriffe dafür können sie sich selbst aussuchen oder Sie schicken im privaten Chat der Person einen Begriff, den sie malen soll. Diese Person teilt ihren Bildschirm oder das Whiteboard und dann geht es los. Sobald der Begriff erraten wurde, fängt die Person mit dem zweiten Bild an, bis die Zeit abgelaufen ist. Falls Sie einen Wettbewerbsgedanken mit dieser Übung verfolgen, können Sie die Anwesenden in zwei Gruppen aufteilen, die gegeneinander spielen.

5.2.18 Porträtspiel

Das Porträtspiel dient der Auflockerung. Die Methode ist besonders wirksam, wenn sich die Teilnehmenden ausreichend kennen und eine gute Beziehung zueinander haben. Das Porträtspiel ist eine Möglichkeit, zum Beispiel das Zeichnen mit der Maus auf *OneNote* oder einem anderen Notiztool zu üben. Dafür schicken Sie jeder Person im privaten Chat den Namen einer anderen Person, die sie malen soll. Am Ende zeigen alle die Bilder und es wird geraten, welches Bild wen darstellt. Anschließend raten alle im Chat, wer welches Bild gemalt hat. Ein Beispiel: »Martin hat Susanne gemalt.« Sehr spannend wird die Auswertung, wenn Sie sie mit der Methode Chatstorm kombinieren und alle gleichzeitig ihre Ergebnisse abschicken. Zeitlich sollten Sie sowohl das Zeichnen als auch die Auswertungen unbedingt begrenzen. Es darf gerne Zeitdruck dabei herrschen.

5.2.19 PowerPoint-Karaoke

Ich habe diese Übung in meinen Offline-Rhetoriktrainings lieben gelernt. Sie ist ein gutes Mittel, um kreativ und spontan bei einer Stegreifrede zu reagieren. Online ist PowerPoint-Karaoke eine tolle Aktivierungsmethode, bei der sich alle einbringen können und viel gelacht wird. Sie brauchen dafür eine gewisse Anzahl an Begriffen – am besten drei pro teilnehmende Person. Ob es sich um Alltagsbegriffe oder thematisch relevante Begriffe handelt, liegt bei Ihnen Dann geht es reihum. Die erste Person startet und bekommt von Ihnen über den privaten Chat den ersten Begriff zugespielt. Sie soll möglichst anschaulich und unterhaltsam – bei inhaltlich relevanten Themen auch tiefgründig und fachlich fundiert – zu dem Begriff etwas sagen. Nach 30 Sekunden gibt es den nächsten Begriff, weitere 30 Sekunden später den dritten. Danach kommt die nächste Person an die Reihe.

5.2.20 Quiz, Umfrage

Hierfür bietet sich vor allem das Tool *Mentimeter* an. Die kostenfreie Version ist relativ limitiert in Bezug auf Anwendungsmöglichkeiten. Wenn Sie dieses Tool regelmäßig nutzen möchten, empfehle ich Ihnen, eine kostenpflichtige Version zu erwerben. *Mentimeter* ist nicht nur einfach in der Handhabung, sondern sorgt auch für eine nutzerfreundliche visuelle Darstellung und tolle Übersichtlichkeit der Antworten. Weiter unten (in Kapitel 5.3) finden Sie noch mehr Tools, die Sie für Umfragen etc. gut nutzen können. Alles mit dem Fokus auf intensive Teilnehmerinteraktion.

5.2.21 Rollenvergabe

Die klassischen Rollen für ein Meeting habe ich in Kapitel 2 bereits umfangreich beschrieben. Sie können, insbesondere wenn Kreativität gefragt ist, aber auch andere Rollen oder »Hüte« im Meeting vergeben. Das geht zum Beispiel mit der Walt-Disney-Methode (Träumer, Realist, Kritiker), aber auch mit Persönlichkeitstypen, möglichen Interessengruppen etc. Der Wechsel in eine Rolle oder das Aufsetzen eines Huts ermöglicht in der Regel eine deutlich kritischere und neutralere Betrachtungsweise, als es sonst der Fall wäre. Zudem trauen sich die Teilnehmenden eher, sich im Rahmen ihrer Rolle zu äußern.

5.2.22 Rucksack und Mülleimer

Bei Feedback und der Zusammenfassung von bestimmten Inhalten bieten sich bildliche Symbole besonders gut an. Diese Übung hat den Zweck, sich das Gelernte oder Besprochene noch einmal bildlich bewusst zu machen und somit fester in den Köpfen zu verankern. Präsentieren Sie Ihren Teilnehmenden ein Bild von einem Rucksack – und eins von einem Mülleimer (z. B. auf einem digitalen Whiteboard oder einem Flipchart). Sie sollen nun Post-its schreiben, auf denen steht, was sie aus dem Meeting mitnehmen, und sie in den Rucksack packen. In den Mülleimer kommt das, was sie zurücklassen. Das müssen nicht unbedingt Dinge sein, die Sie im Meeting besprochen haben und die inhaltlich relevant sind. Es können auch Verhaltensweisen sein. Zum Beispiel können die Teilnehmenden ihre »Ähms«, andere Weichspüler, negative Eigenschaften oder Verhaltensweisen in den Mülleimer »werfen«. Alternativ zu Rucksack und Mülleimer können Sie auch eine Glühbirne, einen Koffer, einen Obstbaum oder einen Kompost wählen.

5.2.23 Schere, Stein, Papier

Diesen Klassiker können Sie ebenfalls online durchführen. Es finden sich immer zwei Teilnehmende zusammen und spielen das Spiel. Schere schlägt Papier, Papier schlägt Stein und Stein schlägt Schere. Wer verliert, stellt die Kamera aus. Die Gewinner finden sich wieder zu Pärchen zusammen und spielen. So bleibt am Ende ein Gruppensieger.

5.2.24 Schlüsselbund

Bei dieser Kennenlernmethode wird wieder die Haptik angesprochen, was im digitalen Kontext sehr förderlich ist. Alle Teilnehmenden sind aufgefordert, ihren Schlüsselbund in das Online-Meeting mitzubringen. Alle zeigen ihren Schlüsselbund und erklären, was dranhängt. Zum Beispiel: »Das ist der Schlüssel zu meiner Dachgeschosswohnung mit Blick über den Rhein. Das ist der Schlüssel zu meinem Fahrradschloss. Ich habe kein Auto und bin nur mit dem Zweirad unterwegs. Diesen Mickey-Maus-Anhänger haben mir meine Eltern gekauft, als ich fünf Jahre alt war und wir in Florida in Disney World waren.« In dieser besonderen Vorstellungsrunde finden Sie oft Dinge über die Personen heraus, die sonst nicht angesprochen werden. So entsteht eine größere Vertrauensbasis untereinander. Die Methode ist vor allem dann interessant, wenn sich die Meetings wiederholen und sich die Teilnehmenden näher kennenlernen sollen. Allerdings sollte diese Übung mit nicht mehr als zehn Teilnehmenden durchgeführt werden. Je nachdem, wie viel Zeit Ihnen zur Verfügung steht, können Sie die Ausführungen auf eine Minute pro Person limitieren.

5.2.25 Skalenabfrage und soziometrische Aufstellung

Auf einem digitalen Whiteboard wird eine Skala dargestellt. Anhand einer Fragestellung platzieren sich die Teilnehmenden auf dieser Skala (Post-it mit Name oder Kommentarfunktion). Die Fragen können zum Beispiel lauten: »Wie wohl fühlst du dich vor der Webcam auf einer Skala von 1 bis 10? Eins bedeutet sehr schlecht, zehn bedeutet sehr wohl.« Anschließend können Sie fragen: »Was hat dich dazu veranlasst, dich an dieser Stelle zu platzieren? Was müsste passieren, damit du auf der Skala einen Punkt weiter nach vorne rückst?« Mithilfe dieser Übung nehmen die Teilnehmenden eine Selbsteinschätzung vor und schaffen somit ein Bewusstsein dafür, wo sie stehen. Gleichzeitig erfährt die moderierende Person viel über die Bedürfnisse der Teilnehmenden. Alternativ können Sie für diese Frage auch *Mentimeter* nutzen und die Teilnehmenden dort über die Funktion »Skala« abstimmen lassen.

5.2.26 Smileys im Chat

Diese Methode verwende ich gerne, wenn es schnell gehen muss oder viele Teilnehmende dabei sind. Sie kann als Stimmungsabfrage zu Beginn eines Calls verwendet werden. Dabei sollen alle Teilnehmenden ein Smiley im Chat posten, der ihre aktuelle Stimmung oder Verfassung beschreibt. Daraus können Sie interessante Dinge ableiten. Wenn Sie zum Beispiel sehen, dass drei Viertel der Teilnehmenden einen müden oder schlafenden Smiley posten, ist es für Sie ein gutes Indiz, eine Aktivierungsübung zu starten (z. B. Skifahren) oder sie mit einer anderen Übung direkt einzubinden. Hinterfragen Sie ruhig das eine oder andere Smiley und lassen Sie die Teilnehmenden etwas mehr dazu erzählen, wenn es Ihre Zeit erlaubt.

5.2.27 Speeddating und geheimer Drilling

Diese beiden Methoden eignen sich sehr gut zum Kennenlernen und sind besonders in Kombination miteinander sehr wirkungsvoll. Beim Speeddating werden zwei Personen in einen digitalen Gruppenraum geschickt. Zuvor legen Sie fest, wie lang die Redezeit sein darf, bis der Gesprächspartner gewechselt werden muss. Nachdem sich beide Personen ausgetauscht haben, wechseln sie die Räume – so lange, bis jede Person mit allen gesprochen hat. Außerdem müssen alle Personen im Speeddating einen »geheimen Drilling zeugen«, heißt: drei Gemeinsamkeiten finden. Zum Beispiel: Der geheime Drilling von Susanne und Franz ist: Skifahren, Pizza Funghi essen und Urlaub auf den Kanaren machen. Der geheime Drilling von Max und Franz ist: Sketchnotes erstellen, Ausbildung in einer Bank und der Traum von einem eigenen Segelschiff.

5.2.28 Stadt, Land, Fluss

Auch dieser Klassiker kann online gut gespielt werden. Inzwischen gibt es auch lustige Abwandlungen, wie zum Beispiel »Stadt, Land, Vollpfosten« oder »Tier, Pflanze, Maschine«. Das Spiel ist eine sehr schöne Auflockerungsübung in längeren Meetings.

5.2.29 Stimmungsbarometer

Das Bild eines Stimmungsbarometers ist auf einem geteilten Dokument oder Whiteboard zu sehen. Mit der Kommentarfunktion oder Post-its können die Teilnehmenden sich auf dem Barometer per Name markieren, je nachdem, wie ihre Stimmung ist. Anschließend können einige oder alle erklären, warum sie sich dort platziert haben – und was sie gebraucht hätten, um sich an einer anderen Stelle zu platzieren. Dafür eignen sich wieder Tools wie *Mural, Miro* oder auch das *Google Jamboard*.

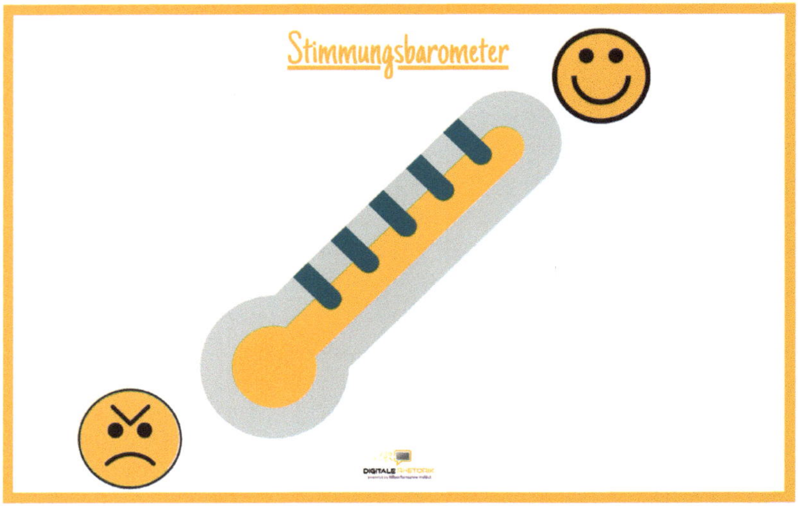

Abb. 5.4: Beispiel für ein Stimmungsbarometer, auf das die Teilnehmenden ihren Namen schreiben

5.2.30 Story Cubes

Story Cubes lassen sich super als Kreativitätsmethode einsetzen oder auch als spaßige Übung zwischendurch, mit der automatisch die Fähigkeit des Storytellings gefördert wird. Story Cubes können Sie auch online würfeln. Dabei sind es immer neun Würfel mit unterschiedlichen Symbolen. Die Person, die gewürfelt hat, erzählt eine Geschichte, in der sie alle Symbole, die gewürfelt wurden, einfließen lässt. Sie können dazu unterschiedliche Regeln aufstellen:

- Die Reihenfolge, in der die Symbole in der Geschichte genannt werden sollen, ist durch die Würfelreihenfolge festgelegt.
- Die Reihenfolge, in der die Symbole in der Geschichte genannt werden, kann frei gewählt werden.
- Sie geben ein Thema vor, um das sich jede Geschichte drehen soll.
- Die Teilnehmenden wählen selbst ein Thema für eine Geschichte, in die sie alle Würfelsymbole einfließen lassen.

Online würfeln können Sie unter: https://scratch.mit.edu/projects/158896002/studios/

5.2.31 Tabu

Dass Tabu mein Lieblingsspiel ist, um digitale Rhetorik zu lernen, wissen Sie bereits. Es lässt sich natürlich auch ohne die Regeln zur digitalen Rhetorik umsetzen und entweder zur Auflockerung einbauen oder dazu nutzen, gelernte Inhalte besser zu vertiefen.

Allgemeine Tabu-Regeln:

- Zwei Teams spielen gegeneinander.
- Auf den Karten steht oben fett ein Wort, das eine Person ihrer Gruppe beschreiben muss.
- Das Wort selbst, dessen Bestandteile, Übersetzungen oder Abkürzungen dürfen nicht genannt werden.
- Unter dem Wort stehen zusätzliche Wörter, die nicht genannt werden dürfen.
- Wenn bei einer Person die Zeit vorbei ist, kommt aus dem anderen Team jemand dran. Richtig erratene Begriffe werden gezählt. Das Team mit den meisten erratenen Begriffen gewinnt.
- Eine Person aus dem gegnerischen Team ist der Zeitnehmer.

Besondere Tabu-Regeln für digitale Rhetorik:

- Der Blick der erklärenden Person muss zu 100 Prozent in die Kamera gehen – Abschweifen ist tabu.
- Die Hände der erklärenden Person dürfen nicht zu sehen sein – auch das ist tabu.
- Füllwörter und Weichspüler sind tabu.
- Das Wort »und« ist tabu.

Für den ersten Durchlauf sollten ruhig zwei Minuten angesetzt werden, dann kann die Erklärzeit aber auch reduziert werden.

Verstößt die erklärende Person gegen eine der genannten Regeln, klatscht das gegnerische Team laut in die Hände. Hilfreich ist es, wenn die Teammitglieder klar verteilen, wer auf die Einhaltung welcher Regel achten soll. Andernfalls ist es ganz schön fordernd, auf alles gleichzeitig zu achten. Auch das Klatschen will erfahrungsgemäß geübt sein. Lassen Sie deshalb am besten vor dem Start alle Teilnehmenden einmal laut applaudieren.

5.2.32 Überraschungsei

Diese Methode war schon offline eine meiner Lieblingsmethoden. Online finde ich sie sogar noch toller! Voraussetzung ist, dass alle Teilnehmenden ein Überraschungsei in das Meeting mitbringen. Zu gegebener Zeit dürfen alle ihr Ei öffnen – natürlich auch essen, wenn sie mögen (Zucker bewirkt ja manchmal Wunder) – und das Spielzeug zusammenbauen. Das allein hat schon eine tolle Wirkung, denn dadurch aktivieren die Personen ihre Haptik und Sensorik, was in Online-Meetings generell zu kurz kommt. Zudem wird der Spieltrieb in fast jedem geweckt. Das löst positive Gefühle und Assoziationen aus. Die Teilnehmenden bekommen anschließend eine Frage gestellt und sollen mit ihrer Figur Bezug darauf nehmen.

Zum Beispiel: Sie haben einen kleinen Affen zusammengebaut, der an einem Ast baumelt. Die Fragestellung ist: »Was nimmst du dir für dieses Jahr ganz besonders vor?« Eine mögliche Antwort darauf wäre: »In diesem Jahr werde ich besonders darauf achten, mich einfach mal baumeln und treiben zu lassen und alles ein wenig lockerer zu nehmen.« Ich bin immer wieder überwältigt von den unglaublich kreativen Ideen, die durch die Kombination von Fragestellung und Überraschungsei-Gegenstand entstehen.

5.2.33 Vernissage

Eine Vernissage lässt sich gut mit dem *Google Jamboard* durchführen. Jede Person bekommt den Link dazu und kann sich auf dem Jamboard frei bewegen. Auf jeder Folie ist ein Bild zu sehen. Die Teilnehmenden sollen sich nun von Folie zu Folie klicken und zu den Bildern auf digitalen Post-its etwas schreiben. In meinen Digitale-Rhetorik-Trainings sind auf meinen Bildern der Vernissage unter anderem ein Ohr, Augen, Mund und Hände zu sehen. Die Teilnehmenden sollen dann überlegen, was zu den jeweiligen Körperteilen im Onlinegespräch besonders zu beachten ist. Pro Bild wird ein Post-it geschrieben. Dadurch entsteht eine bunte und umfangreiche Übersicht, alle sind beteiligt und aktiviert. Dadurch, dass die Kommentare der anderen gesehen werden, können sich die Teilnehmenden entweder in ihren Ideen beflügeln – oder es entstehen Fragen, die sie in einer Plenumsdiskussion im Anschluss besprechen können.

5.2.34 Videos

Videos sind eine großartige Möglichkeit für Abwechslung – und ein spannendes Element, das sich sowohl vor, während als auch nach dem Meeting einsetzen lässt. Noch nie war es so einfach, Videos selbst zu erstellen. Meine liebsten Einsatzmöglichkeiten:

- **Begrüßungsvideo:**
  In einem kurzen Video stelle ich mich knapp vor, damit die Teilnehmenden schon mal mein Gesicht gesehen und meine Stimme gehört haben. Je nach Umfang des Meetings gehe ich auf dem Bildschirm kurz die Agenda durch oder erkläre ein paar Tools, die wir nutzen werden. Die wichtigsten Informationen im Begrüßungsvideo sind aber Hinweise zum Einloggen und zu ersten Handgriffen, damit jeder sicher im Meetingraum ankommen kann.
- **Technik-/Toolvideos:**
  Falls ein Tool intensiv genutzt wird, mache ich dazu ein eigenes Video, indem ich meinen Bildschirm aufnehme und das Tool erkläre. Dabei führe ich die Teilnehmenden durch die einzelnen Schritte, sodass sie bereits im Vorfeld ein Bild vom

»Look & Feel« des Tools bekommen. Dann sind sie später im Call nicht völlig verloren oder orientierungslos, wenn sie es zum ersten Mal öffnen.

- **Inhaltliche Videos/Erklärvideos:**
  Um die Teilnehmenden schon vor dem Meeting thematisch abzuholen und einzustimmen, können Erklärvideos zu bestimmten Inhalten sehr hilfreich sein. Die Videos können Sie vorab versenden – oder gemeinsam im Meeting anschauen. Erklärvideos, bei denen es so aussieht, als würde eine Hand auf einem Whiteboard oder einer Tafel malen, können auch wie eine Geschichte aufgebaut sein. Hier ist Ihre Fähigkeit als Storyteller oder Storytellerin gefragt (mehr dazu in Kapitel 3). Solche Videos wecken das Interesse, sind relativ gut zu verarbeiten und werden auch gerne mehrfach angesehen. Zudem sind sie mit der richtigen Software relativ leicht zu erstellen. Einmal erstellt, lassen sich zügig Abwandlungen davon machen, die Sie anderweitig verwenden können.
  Ich nutze dafür das Tool *Doodly*. Für inhaltliche Erklärvideos können Sie sich auch vor einem Whiteboard oder Flipchart platzieren, Ihre Erklärungen ausführen und sich mit Ihrer Handykamera aufnehmen. Dabei können Sie mit Moderationskarten Prozesse aufzeigen. Achten Sie darauf, vorgeschriebene Karten zu verwenden und nicht während des Videos zu schreiben. Als Karten nutze ich für diese Zwecke ausschließlich *Slickit*-Karten, die statisch haften und somit nur auf das Flipchart oder Whiteboard aufgelegt werden. Auch wenn Sie genau das Gleiche während des Online-Meetings machen könnten: Die Tatsache, dass Sie ein Video einspielen, hat eine positive Auswirkung auf die Konzentration und Aufmerksamkeit der Teilnehmenden – denn es findet ein Medienwechsel statt (Stichwort: Sieben-Minuten-Regel).
- **Nachbereitungsvideos:**
  Ein Video nach dem Onlinecall ist ebenfalls eine tolle Sache. In einem kurzen Video fassen Sie noch mal die wichtigsten besprochenen Informationen zusammen – per Screen-Recording – und bedanken sich für die Teilnahme. So ein Video ist in wenigen Minuten gemacht und ergibt eine andere Art der Protokollführung.

Die Herausforderung bei den Videos ist der Versand. Videos sind oftmals zu groß, um per E-Mail verschickt zu werden. Zudem haben einige Unternehmen Datentransfer-Plattformen wie *WeTransfer* gesperrt. Welche Möglichkeiten haben Sie?

- Video auf *YouTube* oder *Vimeo* als privater Nutzer hochladen, sodass es nicht für jeden frei zugänglich ist. Den Videolink versenden Sie dann an die Teilnehmenden.
- Video mit *Loom* erstellen. Das ist bei Videos mit einer Dauer von bis zu fünf Minuten gratis und im Anschluss kann ebenfalls einfach ein Link versendet werden.
- Video mit einem passenden Tool komprimieren. Hier leidet gegebenenfalls die Qualität. Ein Komprimierungstool ist zum Beispiel *Handbrake*.
- Auf Social Media, zum Beispiel *LinkedIn*, einen Beitrag erstellen, der nur für die teilnehmenden Personen sichtbar ist, und das Video dort hochladen.

Fragen Sie immer erst bei den Teilnehmenden nach, in welcher Form Sie Videos verschicken dürfen. So ersparen Sie sich unnötige Arbeit und den anderen eine E-Mail-Flut mit Links, die sie nicht öffnen können oder dürfen.

5.2.35 WOL – Working Out Loud: Zehn Fakten über mich

Diese Methode eignet sich hervorragend im Businesskontext, beispielsweise als Einstieg in einen Akquise-Onlinecall. Anstatt wie üblich zu beginnen, erläutern Sie, dass Sie gerne ein paar Minuten investieren möchten, um die andere(n) Person(en) besser kennenzulernen. Jeder nennt nacheinander zehn (oder fünf oder drei) Fakten über sich – je nach vorhandener Zeit. Die jeweils anderen Personen überlegen, bei welchen der Fakten sie eine Verbindung sehen. Sie können bei dieser Methode auch Regeln vorgeben. Zum Beispiel dürfen es nur private oder nur berufliche Fakten sein, Fakten zu der Person aus einem bestimmten Jahr oder einer bestimmten Zeit etc. Um keine kostbare Zeit zu vertrödeln, können Sie mit gutem Vorbild vorangehen und effektiv nur Fakten nennen, wie Sie es im unten stehenden Bild von mir sehen. Dann werden sich die anderen aller Wahrscheinlichkeit nach auch kurzhalten.

Falls Sie mehr über die Methode Working Out Loud erfahren möchten, empfehle ich Ihnen das Experteninterview mit Katharina Krentz in Kapitel 4.

Abb. 5.5: Beispiel – zehn Fakten über mich

5.2.36 World Café

Diese Kreativitätsmethode ist offline sehr verbreitet und kann online genauso gut angewandt werden. Dafür werden gewisse Fragestellungen zu einem Thema oder Problem ausgearbeitet und digitale Gruppenräume erstellt. Pro Gruppenraum gibt es eine Fragestellung. Die Teilnehmenden werden in die Gruppen aufgeteilt und haben zum Beispiel zehn Minuten Zeit, sich zu der Fragestellung in ihrem Raum so viele Gedanken wie möglich zu machen. Alles wird visualisiert und schriftlich festgehalten, beispielsweise mit *Sketchnotes*. Ist die Zeit abgelaufen, wechseln die Teilnehmenden in einen anderen Raum. Wichtig ist, dass immer eine Person als Raumverantwortliche bleibt und für die Folgegruppen die Moderation zu der Frage übernimmt. Die Person erklärt den anderen kurz, was zuvor besprochen wurde. Danach überlegen die neuen Teilnehmenden, was sie ihrerseits noch ergänzen möchten. Dann wird wieder gewechselt – nur die raumverantwortliche Person bleibt und empfängt die nächsten Teilnehmenden. Am Ende haben Sie sehr viele Ideen und Inputs und die Teilnehmenden wurden in ihrer Kreativität durch die anderen Gruppen bereichert.

5.2.37 Zwei Wahrheiten, eine Lüge

Diese Methode eignet sich, um Besonderheiten über die anderen Anwesenden herauszufinden. Alle Teilnehmenden überlegen sich zwei Wahrheiten und eine Lüge über sich. Bitten Sie sie, dabei möglichst einfallsreich zu sein. Je nach Anzahl der Teilnehmenden werden die Aussagen im Plenum oder in Kleingruppen ausgetauscht. Es ist die Aufgabe der jeweils anderen zu überlegen, welche der Aussagen die Lüge ist.

5.2.38 Zitate

Das World Wide Web ist voll mit Zitaten zu den unterschiedlichsten Themen und Bereichen. Bitten Sie die Teilnehmenden, sich vor dem Online-Meeting ein Zitat herauszusuchen, anhand dessen sie sich im Meeting vorstellen werden. Oder sie sollen während einer Übung Zitate heraussuchen, die für sie im Zusammenhang mit einer Problemstellung stehen oder Ähnliches.

5.3 Hilfreiche Tools

Tools sind wunderbare Wirkungspotenzierer. Es gibt eine Vielzahl an Online- und Offlinetools, die Ihnen dabei helfen, das digitale Gespräch, Meeting oder Seminar noch wirksamer, abwechslungsreicher und lebhafter zu gestalten. Doch auch hier gilt: Tools sind Mittel zum Zweck. Überlegen Sie sich schon während der organisatorischen Vorbereitung Ihres Onlinegesprächs:

- Möchten Sie überhaupt Tools verwenden?
- Welchem Zweck sollten sie dienen?
- Handelt es sich um Online- oder Offlinewerkzeuge?
- Was müssen Sie bei der Vorbereitung beachten?

Nehmen Sie sich Zeit, diese Fragen zu beantworten. Am Ende entscheiden *Sie*, wobei ich Sie hiermit dennoch ein wenig beeinflussen und auf jeden dieser Punkte kurz eingehen möchte: Ich empfehle unbedingt die Verwendung von Tools – idealerweise für jeden Agendapunkt mindestens eins. Im digitalen Raum hat der Spruch »Weniger ist mehr« in Bezug auf Abwechslung keine Bedeutung. Vielmehr geht es darum, die Teilnehmenden so viel wie möglich mit unterschiedlichen Impulsen zu triggern, um sie bei der Stange zu halten. Welchem Zweck können Tools dienen? Sie können unter anderem

- inspirieren,
- informieren,
- aktivieren,
- zu Kreativität anregen,
- etwas erarbeiten lassen,
- Ideen sammeln,
- den Spaßfaktor erhöhen.

Bei der Frage »Offline oder online?« können Sie abwägen: Onlinetools bergen das Risiko, dass die Technik mal nicht funktioniert. Das ist bei Offlinetools nicht der Fall. Fragen Sie sich also vorab, ob die Teilnehmenden besondere Voraussetzungen mitbringen müssen, um die Tools zu nutzen. Und denken Sie wie der Bruchpilot Sullenberger aus Kapitel 2: Was kann im schlimmsten Fall passieren? Was können Sie tun, wenn das Onlinetool streikt? Wie sieht Ihr Plan B aus?

Ein bewährter Plan B ist, zu jedem Onlinetool eine Offlinealternative in der Hinterhand zu haben. Zum Beispiel: Ihre ursprüngliche Idee war, ein digitales Whiteboard zu verwenden, was aber aus irgendeinem Grund nicht funktioniert. Also bitten Sie die Teilnehmenden, ihre Gedanken gut leserlich und groß auf ein DIN-A4-Blatt zu schreiben und in die Kamera zu halten. Davon machen Sie dann einen Screenshot, den Sie anschließend über Ihren Bildschirm teilen. Die Gruppe sollte hierfür nicht zu groß sein und mit virtuellen Hintergründen ist das nicht möglich.

Typische Offlinetools sind Karten, Schilder, Gegenstände, Flipcharts, Spielzeuge, Whiteboards. Wenn Sie diese Tools vorbereiten, haben Sie die Kontrolle darüber. Wenn die Teilnehmenden etwas vorbereiten sollen, kann es vorkommen, dass sie mal etwas vergessen. Überlassen Sie also auch hier nichts dem Zufall und überlegen Sie sich, wie Sie in einem solchen Fall vorgehen möchten.

Zuletzt möchte ich Ihnen noch eine kleine Checkliste mitgeben, die Sie nutzen können, wenn Sie sich für ein bestimmtes Tool entschieden haben:

- Haben Sie das Tool bereits mit mehreren Personen in einem Onlinecall ausprobiert?
- Sind die Teilnehmenden mit dem Tool vertraut?
- Ist das Tool selbsterklärend?
- Ist es hilfreich, wenn die Teilnehmenden das Tool vorab ausprobieren?
- Ist es sinnvoll, ein Erklärvideo oder eine PDF-Beschreibung zu versenden?
- Bei Offlinetools: Wie gut sind sie in der Kamera erkennbar?
- Ist es sinnvoll, den Teilnehmenden bestimmte Karten, Schilder oder Gegenstände vorab per Post zu senden – um sicherzugehen, dass alle die Tools zur Verfügung haben?

Erstellen Sie für sich ein Dokument, in dem Sie alle Verlinkungen zu den Tools in Abfolge der Agenda speichern. Dazu gehören auch Bilder, Videos, Musik, Onlinedokumente etc. Sorgen Sie dafür, dass alles auf einen Blick ersichtlich und schnell abrufbar ist.

Denken Sie an die Nachbereitung. Überlegen Sie sich, welche Ergebnisse, die über die Tools erreicht werden, in welcher Form an die Teilnehmenden verschickt werden. Wie setzen Sie das um? Müssen Sie Screenshots machen? Dateien abspeichern? Bereiten Sie die E-Mail schon vor, sodass Sie nach dem Termin nur noch die Dokumente und Bilder einfügen müssen.

5.3.1 Gruppenräume

Gruppenräume als Methode zu betrachten ist wahrscheinlich nicht ganz korrekt. Denn in der Regel werden *in* den Gruppenräumen die Methoden angewandt. An dieser Stelle möchte ich Ihnen zur Nutzung der Gruppenräume noch einige Hinweise geben, damit alles reibungslos abläuft und die Arbeitsaufträge erfolgreich ausgeführt werden können.

- **Vorbereitung:**
  - In manchen Videokonferenzsystemen können Sie die Gruppenräume vorbereiten. Dabei können Sie den Räumen auch besondere Namen geben. Das ist insbesondere dann eine schöne Sache, wenn Sie bereits in der Einladung/ Agenda ein bestimmtes Thema ausgewählt haben (siehe Kap. 2.2.5).
  - Überlegen Sie sich, ob Sie eine feste Gruppenkonstellation haben oder die Gruppen per Zufall vom System verteilen lassen möchten.
- **Zeit:**
  - Wie lange haben die Teilnehmenden, um die Arbeitsaufträge in den Gruppen fertigzustellen?
  - Rechnen Sie unbedingt Pufferzeit dazu, da es in der Regel etwas dauert, bis alle im Gruppenraum »angekommen« sind.

  - Geben Sie den Teilnehmenden am besten einen voreingestellten Timer mit (https://e.ggtimer.com). Nicht alle Systeme bieten die Möglichkeit, eine fixe Dauer für die Gruppenräume einzugeben, nach der die Teilnehmenden dann automatisch in den Hauptraum zurückgeholt werden.
- **Arbeitsauftrag:**
  - Halten Sie die Arbeitsaufträge am besten schriftlich fest.
  - Teilen Sie diese mit den Teilnehmenden im Chat.
  - Wenn die Teilnehmenden für die Bearbeitung gewisse Unterlagen oder Links brauchen, müssen sie vorab wissen, wie sie an die Dokumente und Informationen kommen.
  - Sorgen Sie dafür, dass die Teilnehmenden in den Gruppenräumen ebenfalls auf die Arbeitsaufträge zugreifen können. Wenn sie im Hauptraum geteilt wurden, müssen sie kopiert und in den Gruppenräumen eingefügt werden.
  - Wenn die Teilnehmenden bei einem Auftrag Whiteboards erstellen, müssen die Gruppen wissen, dass sie diese kopieren und in den Hauptraum mitbringen müssen.
  - Wenn im Anschluss die Ergebnisse aus der Gruppe vorgestellt werden sollen, muss auch das vorab klar sein. Die Gruppe bekommt dann die Aufgabe, jemanden zu bestimmen, der im Plenum die Ergebnisse den anderen Gruppen erklärt.
- **Schwierigkeiten vermeiden:**
  - Bereiten Sie die Teilnehmenden darauf vor, was passiert, sobald Sie die Gruppenräume aktiviert haben. Sie werden im wahrsten Sinne »gebeamt«. Für Personen, die das nicht kennen, kann es ungewohnt sein, dass sich auf ihrem Monitor etwas tut und sie keine Handhabe haben.
  - Informieren Sie die Teilnehmenden, wie sie Sie erreichen können, falls etwas schiefläuft.
  - Sagen Sie den Teilnehmenden, ob sie selbständig nach Ablauf der Zeit in den Hauptraum zurückkommen sollen – und wie das geht (z. B. über die Schaltfläche »zum Hauptraum zurückkehren«) – oder ob sie automatisch vom System wieder in den Hauptraum geholt werden.
- **Reihenfolge:**
  - In dem Gruppenraum selbst herrscht oft Scheu, wer als Erstes spricht und wer die Führung übernimmt. Legen Sie deshalb zum Beispiel vorher pro Gruppe eine Person fest, die die Moderationsfunktion übernimmt.
  - Alternativ können Sie als Anreiz geben, dass im Gruppenraum die Reihenfolge durch die alphabetische Reihenfolge der Vornamen festgelegt wird.
- **Kontrolle:**
  - Gehen Sie, wenn möglich, in jeden Gruppenraum persönlich rein und überprüfen Sie nochmals, ob die Arbeitsaufträge klar sind, ob die Gruppe bereits »in Aktion« ist und ob noch Hilfestellung oder Unterstützung mit den Tools erforderlich ist.

5.3.2 Virtuelle Whiteboards

Häufig verwendete Whiteboard-Tools sind zum Beispiel:
- Google Jamboard
- Mural
- Miro
- Conceptboard
- Deon
- Padlet

Die Grundfunktionen und Möglichkeiten dieser virtuellen Whiteboards sind ähnlich, wobei das *Google Jamboard* die niedrigste Funktionalität hat. Mithilfe dieser Tools können alle Teilnehmenden auf ein digitales Whiteboard zugreifen und dort gemeinsam etwas erarbeiten – wie es sonst mit Moderationskarten und einer Pinnwand der Fall sein könnte. Es lassen sich Post-its, Grafiken und Mindmaps erstellen, Bilder, GIFs und Videos einfügen sowie Kommentare zu Abbildungen erfassen. Sie können Umfragen zu Karten auf dem Whiteboard machen und auf eine Vielzahl von Vorlagen zurückgreifen.

Wenn Sie ein Whiteboard-Tool nutzen möchten, überlegen Sie sich, was Ihnen daran besonders wichtig ist. Im nächsten Schritt stellt sich die Frage: Mit wem möchten Sie auf den Whiteboards arbeiten? Und: Können die Personen oder Unternehmen auf das Whiteboard zugreifen? Da die genannten Whiteboards unterschiedliche Serverstandorte haben, kann sich die Auswahlmöglichkeit für manche Unternehmen auf europäische Anbieter beschränken. Klären Sie also in Ihrer Rechtsabteilung und aufseiten der Teilnehmenden, welche Whiteboards Sie nutzen dürfen. Alternativ können Sie auch eine PowerPoint-Präsentation als Whiteboard verwenden. Doch je nach System und Firewall der Unternehmen können manchmal nicht alle darauf zugreifen.

Mein »Haupt-Whiteboard-Tool« ist *Mural*. Nicht zuletzt auch, weil es dort eine Gratisversion für Trainer und Consultants gibt und ich so mit ausreichend Zeit alles in Ruhe ausprobieren konnte. Inzwischen bin ich sehr zufrieden damit. Viele empfinden das Tool *Miro* von der Benutzeroberfläche her ansprechender und das Erstellen von Mindmaps soll dort intuitiver sein. Für welches Tool Sie sich entscheiden, ist vollkommen Ihnen überlassen. Von den Funktionen her sind die meisten ähnlich. Wichtig ist, dass das Tool Ihren Anforderungen gerecht wird und Sie gerne damit arbeiten.

5.3.3 Dokumentenkamera

Erinnern Sie sich noch an die OH-Projektoren in der Schule oder Universität – diese grauen Klötze, mit denen die Lehrkräfte beschriebene Klarsichtfolien an die Wand projizierten? Die Dokumentenkamera ist so etwas wie ein digitaler OH-Projektor. Sie wird per USB-Kabel an den Rechner angeschlossen und Sie können damit Dokumente auf den Bildschirm »projizieren«. Sie können aber auch 3-D-Objekte unter die Kamera legen, etwas auf Papier zeichnen oder zusammenbauen. Die Kamera ist so angebracht, dass die Zuschauenden das Gefilmte direkt über das Screensharing mitverfolgen können. Hierzu habe ich in Kapitel 4 schon ausführlich geschrieben.

5.3.4 Videotools

Im digitalen Zeitalter ist das Erstellen und Editieren eigener Videos dank unzähliger Videotools zur Leichtigkeit geworden kann. Drei sehr nutzerfreundliche Tools dafür sind:

- Loom – Erstellen von Screenvideos, die per Link verschickt werden können
- Doodly – Erstellen von Erklärvideos
- Movavi Video Suite – zum Schneiden und Aufbereiten von Videos

5.3.5 Timer

Bei bestimmten Gruppenarbeiten ist es sinnvoll, einen Timer zu nutzen, um die Zeit nicht aus den Augen zu verlieren. Der Eggtimer ist eine digitale Eieruhr. Hier können Sie die Zeit voreinstellen und dann per Link an die Teilnehmenden senden – beispielsweise für Arbeiten in digitalen Gruppenräumen. Aber auch für Onlinespiele, wie zum Beispiel Tabu, können Sie den Timer hervorragend nutzen. Den Eggtimer finden Sie unter https://e.ggtimer.com/.

5.3.6 Umfragen, Abfragen, Wordclouds, Quiz, Gamification etc.

Für Umfragen, Quiz und Ähnliches eignen sich zum Beispiel folgende Tools:

- Mentimeter
- Surveymonkey
- Articulate
- Wooclap
- Slido

Alle Tools haben viel zu bieten. Je nachdem, wie Sie die Tools einsetzen möchten, haben Sie auch Zugriff auf Gratisversionen. Schauen Sie sich hier die Produktseiten genau an, um herauszufinden, welches Tool Ihren Zwecken am besten entspricht.

Auf der Seite https://www.educaplay.com finden Sie eine Vielzahl an Onlinespielen und können auch eigene Spiele kreieren.

5.3.7 Überprüfen der Internetverbindung

Je nach Tool oder Methode sind Sie auf eine stabile Internetverbindung angewiesen. Im Idealfall prüfen Sie diese vor dem Call. So schließen Sie bei unvorhergesehenen technischen Problemen schon mal eine Problemursache aus.

- speedtest.net
- speedmeter.de
- fast.com

5.3.8 Website für Icebreaker- oder Reflexionsfragen (nur auf Englisch)

Wenn Ihnen keine Fragen einfallen oder Sie nach dem Zufallsprinzip auf Fragen zugreifen können möchten, mit denen Sie das Eis brechen können, besuchen Sie einfach die Seite http://checkin.daresay.io/. Dort gibt es eine Vielzahl an kreativen Fragen auf Englisch. Am besten teilen Sie dafür die Seite über Ihren Bildschirm und klicken selbst schnell durch die Fragekarten. Die Person, die mit der Beantwortung der Frage dran ist, ruft irgendwann »Stopp!« und gibt dann ihre Antwort. Danach geht es mit der nächsten Person weiter.

5.3.9 Stock-Bildquellen

Im Internet gibt es einige Websites, von denen Sie gratis Bilder herunterladen können. Die kostenpflichtigen Websites sind natürlich deutlich umfangreicher und vielseitiger vom Angebot her. Denken Sie auf jeden Fall an die Urheberrechte und die korrekten Quellenangaben.

Gratisbilder finden sie hier:

- www.pixabay.com
- www.pexels.com
- www.freepik.com
- www.unsplash.com

Eine kostenpflichtige Variante, die sich preislich sehr im Rahmen hält, ist *Canva*. Für eine Monatsgebühr können Sie auf eine Vielzahl von Bildern zurückgreifen und das System direkt dafür nutzen, ansprechende Einladungen, Agendas und Präsentationen zu erstellen: www.canva.com.

Weitere Plattformen für kostenpflichtige Bilder sind:

- www.istock.com
- www.adobestock.com

5.4 Gute Planung hilft immer

Auch beim Einsatz von Tools und Methoden ist eine gute Vorbereitung enorm wichtig. Sobald Sie Methoden und Tools zur Aktivierung und zum Einbeziehen der Teilnehmenden festgelegt haben, überprüfen Sie noch mal: Sind Sie mit den Übungen und Werkzeugen vertraut und haben Sie sie bereits mit Gruppen ausprobiert? Der Fokus liegt hier auf »Gruppen«. Ich habe kürzlich von einer Freundin gehört, die bei einem Online-Livetraining mitgemacht hat: Der Kurs wurde sehr interaktiv gestaltet und als ein Whiteboard eingesetzt wurde, auf dem alle ihre Ideen sammeln sollten, haben die Moderatoren festgestellt, dass alle übereinanderschreiben – was erst mal zu Frust und Irritation geführt hat. Das können Sie natürlich nur wissen, wenn Sie das Tool vorab mit einer kleinen Gruppe von Vertrauten ausprobiert haben. Dann können Sie die Teilnehmenden vorab schon darauf hinweisen, dass alle Notizzettel auf dem Whiteboard an derselben Stelle erscheinen und jeder seinen Notizzettel mit der Maus greifen und an eine freie Stelle ziehen soll, bevor mit dem Schreiben begonnen wird.

Aus meiner persönlichen Erfahrung kann ich Ihnen sagen: Bereiten Sie sich wirklich auf alle Eventualitäten gut vor und probieren Sie die Übungen mehr als einmal vorab aus. Zudem empfehle ich Ihnen, einen zusätzlichen zeitlichen Puffer einzuplanen, falls Sie ein neues Tool in Ihr Online-Meeting einbauen möchten. Rechnen Sie lieber fünf Minuten mehr ein. Es kann immer etwas dauern, bis alle Teilnehmenden bereit für die Übung oder Nutzung des Tools sind.

Auch wenn Sie den Call nicht organisieren: Schauen Sie sich die unterschiedlichen Tools und Methoden an. Wenn Sie selbst Übungen kennen, können Sie diese im Call auch vorschlagen. Damit entlasten Sie die moderierende Person und sorgen direkt für eine höhere Interaktion. Wer sich aktiv einbringt und mitgestaltet, macht Online-Meetings besser – und davon profitieren alle Beteiligten. Am besten erstellen Sie sich einen übersichtlichen Best-of-Katalog, damit Sie für jede Situation eine passende Übung aus dem Ärmel zaubern können.

! **Zusammengefasst**

- Tools und Methoden machen Online-Meetings wirksamer.
- Eine Mischung aus Online- und Offlinetools sorgt für Interaktion und kontinuierliche Aufmerksamkeit.
- Je mehr Übungen Sie kennen, desto dynamischer können Sie Ihren Videocall gestalten.
- Auch als teilnehmende Person ist die Kenntnis von Tools und Methoden hilfreich.

Nachwort

Viel Spaß und Erfolg beim Ausprobieren

Ich hoffe, Sie haben sich an der einen oder anderen Stelle wiedergefunden – und konnten so manchen Absatz mit Humor nehmen. Auch wünsche ich mir, dass Sie nun ein größeres Bewusstsein dafür haben, was ein wirksames Online-Meeting ausmacht. Vielleicht haben Sie schon Ideen, wie Sie Ihren nächsten Call organisieren oder mitgestalten möchten. Was ich Ihnen zum Schluss nun wärmstens empfehlen möchte: Probieren Sie es aus! Arbeiten Sie aktiv an einer Verbesserung von Onlinecalls, an Ihrem Auftritt vor der Kamera, an einem leichteren Workflow – und mehr Spaß für alle Beteiligten. Nur wenn Sie es selbst ausprobieren und Fehler machen, können Sie besser werden und andere besser machen. Üben Sie mit Bekannten, holen Sie sich Feedback ein. Werden Sie selbst zum Detektiv oder zur Detektivin. Entwickeln Sie ein Gespür für digitale Rhetorik – und sehen Sie sich als Unterstützer und Unterstützerin für andere Menschen, die Mühe damit haben, wirksame Onlinecalls zu organisieren und durchzuführen. Konfuzius sagte passend: »Der Weg ist das Ziel.« Üben Sie unermüdlich und befähigen Sie auch Ihre Mitmenschen. Das kann anstrengend sein, ist aber zielführend.

Vor allem wenn wir Dinge üben, müssen wir manchmal etwas übertreiben. Hierzu möchte ich Ihnen nun eine letzte Geschichte aus meiner Zeit im Profireitsport mitgeben:

Wenn wir uns im Trainingslager auf Turniere vorbereitet haben, wollte ich immer die hohen Hürden springen üben. Doch meine Trainer ließen mich nur über auf dem Boden liegende Stangen galoppieren. Ich habe mich immer etwas genervt gefragt, was das soll. »Im Turnier muss ich über 1,60 Meter hohe Hürden, was soll ich mit der Stange auf dem Boden?« Mein Trainer antwortete mir: »Dein Pferd kann locker 1,60 Meter springen. Allerdings sind es im Turnier die kleinen Details, die dich und das Tier zu Fall bringen können. Die repetitive Galoppübung über die Stangen prägen dir und deinem Pferd die kleinen Bewegungsabläufe ein. Und diese machen den Unterschied aus.« Heute bin meinen Trainern sehr dankbar für ihre peniblen Detailübungen. Denn sie haben mir auch in anderen Situationen gezeigt: Immer wieder auszuprobieren und auf die kleinen Dinge zu achten bringt uns zu wahrer Größe.

Und: Selbst ich breche manchmal meine eigenen Regeln. Ein Online-Meeting vor dem Küchenschrank oder mit krankem Kind neben mir auf dem Sofa kommt schon mal vor. Das ist auch in Ordnung, wenn es sich nicht anders einrichten lässt. Das ist menschlich. Wichtig ist in meinen Augen vor allem, dass wir uns dieser Aspekte bewusst sind – und sie dann auch bewusst benennen können. So entwickeln wir echte Souveränität.

Kommunikation bedeutet immer Dialog. Und zu diesem möchte ich Sie herzlich einladen. Wenn Sie Lust haben,

- schreiben Sie mir. Entweder per E-Mail unter kontakt@digitale-rhetorik.com oder über das Kontaktformular auf kontakt@digitale-rhetorik.com.
- vernetzen Sie sich mit mir auf LinkedIn und Instagram. Ich freue mich immer über den Austausch und spannende Fragen zum Thema »digitale Rhetorik« und beantworte selbstverständlich jede einzelne.
- melden Sie sich für unseren Newsletter an, der Ihnen wöchentlich kurz und knackig einen praktischen »Digitale-Rhetorik-Tipp« liefert. Natürlich nach dem KISS-Prinzip.

Zum Schluss noch zwei Dinge:

- Ein Danke: Danke, dass Sie sich für mein Buch interessiert haben und dass Sie es bis hierhin gelesen haben.
- Eine Bitte: Wenn Ihnen mein Buch gefallen hat und Sie das Gefühl haben, dass viele andere davon profitieren können, empfehlen Sie es bitte weiter und schreiben Sie gerne eine Rezension, zum Beispiel auf Amazon. Damit leisten Sie einen weiteren Beitrag dazu, dass Online-Meetings künftig spannend und erfolgreich verlaufen.

Herzlichst

Andrea Heitmann

Literatur

Aronson, E.; Willerman, B.; Floyd, J.: The effect of a pratfall on increasing interpersonal attractiveness. Psychonomic Science, 4(6), 1966, 227–228.

Attril, Alison: Cyberpsychology. Oxford 2015.

Baethge, Anja; Rigotti, Thomas: Arbeitsunterbrechungen und Multitasking – Ein umfassender Überblick zu Theorien und Empirie unter besonderer Berücksichtigung von Altersdifferenzen. Bundesanstalt für Arbeitsschutz und Arbeitsmedizin, Dortmund – Berlin – Dresden, 2010.

Bhargava, Rohit: Virtual Meetings & Remote Work (When you just can't be there in person). Ideapress Publishing 2020.

Budde, Christina: Mitten ins Herz – Storytelling im Coaching. managerSeminare 2015.

Carnegie, Dale: Wie man Freunde gewinnt – Die Kunst, beliebt und einflussreich zu werden. Fischer Verlag 2014.

Cuddy, Amy: Dein Körper spricht für dich – Von innen wirken, überzeugen, ausstrahlen. mosaik 2016.

Ehlers, Michael: Rhetorik – Die Kunst der Rede im digitalen Zeitalter. Books4Success 2018.

Fritzsche, Thomas: Wer hat den Ball? Mitarbeiter einfach führen. Herder 2017.

Funcke, Amelie; Havermann-Feye, Maria: Training mit Theater. managerSeminare 2015.

Göschel, Astrid: Rhetoriktrainings erfolgreich leiten. managerSeminare, 2. Auflage 2012.

Harnacke, Uli: Online-Meetings und -Seminare effizient und fesselnd gestalten. Haufe 2020.

Jacob, Cersten: Von Prüfungsangst zu Prüfungsmut, von Lampenfieber zu Auftrittslust. Schattauer 2014.

Kaiser, Ben: Wirkungsvolle Webinare und Onlineseminare gestalten: In 7 Schritten zum erfolgreichen Webinar. Selfpublishing 2020.

Kreisel, Uwe: KulturSchlüssel USA. Andere Länder entdecken & verstehen. Hueber 2003.

Kreyßig, Nele: Warum es Bullshit ist, andere ändern zu wollen. Gabal 2020.

Luber, Silvia; Geisler, Inga: Online-Trainings und Webinare. Beltz 2016.

Maslow, A. H.: A theory of human motivation. Psychological Review, 50(4), 1943, 370–396.

Messer, Barbara: Ungewöhnliche Trainingspfade betreten. managerSeminare 2014.

Precht, Richard David: Jäger, Hirten, Kritiker: Eine Utopie für die digitale Gesellschaft. Goldmann 2018.

Reuter, Daniela: 202 Methoden … die begeistern. Selfpublishing 2020.

Schulz von Thun, Friedemann: Miteinander reden: 1 – Störungen und Klärungen. Rowohlt Taschenbuch, 56. Auflage 2019.

Siebel, Caspar: Wilde Workshop-Spiele. Selfpublishing 2020.

Spitzer, Manfred: Digitale Demenz – Wie wir uns und unsere Kinder um den Verstand bringen. Droemer 2014.

Trepte, Sabine; Reinecke, Leonard: Medienpsychologie. Kohlhammer, 2. Auflage 2019.

Wilhelm, Jens: Wirksame Webinare und Online-Seminare. neokom.tv Akademie 2019.

Stichwortverzeichnis

R

S

T

V

Die Autorin

Andrea Heitmann ist Trainerin und Coach für Kommunikation und Auftrittskompetenz. Ihre beruflichen Wurzeln liegen in der Luxushotellerie, wo sie in dem Fairmont Hotel *Vier Jahreszeiten* in Hamburg eine Ausbildung zur Restaurant- und Hotelfachfrau genießen konnte. Bedingungslose Kundenorientierung und ein stark ausgeprägter Servicegedanke sind seither ihre treuen Begleiter.

Die Springreiterei, die sie zwei Jahrzehnte erfolgreich als Leistungssport auf internationalem Niveau ausübte, hat sie im Anschluss an die Ausbildung nach Kanada gezogen. Die Erfahrungen aus dem Leistungssport und die Arbeit mit Pferden waren ausschlaggebend für sie, Trainerin und Coach zu werden. Es folgten Stationen unter anderem bei Media Markt, Dufry und Julius Bär & Co., bis sie sich mit ihrem umfangreichen Wissen selbständig machte. In der Zwischenzeit durchlief sie diverse Weiterbildungen, unter anderem zur Marketingkauffrau, Ausbilderin mit eidgenössischem Fachausweis und zur INSIGHTS-MDI-Beraterin.

Heute ist sie im Auftrag diverser Firmen als Trainerin und Coach unterwegs und bedient dabei eine Vielzahl an Branchen. In Ihrem erfolgreichen Onlinekurs »Digitale Rhetorik. Online. Wirksam.« gibt sie ihr Wissen und die Methoden weiter (www.digitale-rhetorik.com).

Feedback